电子信息前沿技术丛书

网络化高阶多智能体非线性系统的分布式优化算法

袁家信　著

清華大学出版社
北　京

内 容 简 介

本书在归纳分析国内外关于多智能体系统分布式优化控制算法的基础上，研究了针对外部干扰、系统未建模动态、系统状态受限、固定时间内系统稳定等具体需求的高阶非线性多智能体系统的分布式控制器设计。主要内容包括：设计基于神经网络的自适应控制算法，利用神经网络的逼近能力对系统内的未建模动态进行估计，并通过设计神经网络自适应律和自适应控制律，使得系统的输出收敛到全局最优解的附近。设计一个二阶固定时间内收敛的扩张观测器，将系统中每一阶状态进行扩展，利用扩张观测器获得系统内未建模动态以及外部干扰的估计值，并最终通过固定时间稳定性分析得出构造出的分布式控制协议能够使多智能体系统的输出在固定时间内收敛到全局最优解的附近。设计仿真实验，给出多智能体系统的具体模型，并设计好控制协议中的每个所需参数，利用 MATLAB 自带的仿真模块验证算法性能及理论分析的结果。

本书可作为计算机科学与技术、控制科学与工程、人工智能、优化理论等专业硕士研究生、博士研究生的专业课、选修课教材，也可供计算机科学与技术、控制科学与工程、人工智能、网络优化等领域的科技人员参考。

图书在版编目(CIP)数据

网络化高阶多智能体非线性系统的分布式优化算法/袁家信著. —北京：清华大学出版社，2024.9
(电子信息前沿技术丛书)
ISBN 978-7-302-64484-2

Ⅰ. ①网… Ⅱ. ①袁… Ⅲ. ①人工智能－最优化算法 Ⅳ. ①TP18

中国国家版本馆 CIP 数据核字(2023)第 153676 号

责任编辑：文 怡
封面设计：王昭红
责任校对：韩天竹
责任印制：宋 林

出版发行：清华大学出版社
网 址：https://www.tup.com.cn，https://www.wqxuetang.com
地 址：北京清华大学学研大厦 A 座 **邮 编**：100084
社 总 机：010-83470000 **邮 购**：010-62786544
投稿与读者服务：010-62776969，c-service@tup.tsinghua.edu.cn
质量反馈：010-62772015，zhiliang@tup.tsinghua.edu.cn
课件下载：https://www.tup.com.cn，010-83470236
印 装 者：三河市龙大印装有限公司
经 销：全国新华书店
开 本：185mm×230mm **印 张**：10 **字 数**：188 千字
版 次：2024 年 9 月第 1 版 **印 次**：2024 年 9 月第1 次印刷
印 数：1～1500
定 价：65.00 元

产品编号：103442-01

前言

PREFACE

多智能体系统是由多个自主体系统所组成的网络化系统，并且每个自主体系统对环境有一定的计算和感知能力，相互之间能够信息共享，通过获取的信息来自我调整，其在合作监督、传感器网络和无人驾驶飞行器编队等许多领域中有着广泛应用，备受研究者关注。研究多智能体系统控制的主要目的是：多智能体系统能够通过各子系统的互联互通以及协同控制实现面的覆盖同时完成多个子任务，因此整个系统具有良好的经济性、高效性、可扩展性和稳定性，尤其适合在具有动态性、危险性甚至对抗性的复杂环境下完成各类协同任务。近年来，基于多智能体协调技术的分布式优化算法受到广泛关注，得益于分布式优化具有可扩展性好、灵活性高、协作性强、隐私数据泄露少等优点，因此被广泛应用于智能电网经济调度、传感器网络最优资源配置、多机器人系统定位等领域。

作者一直从事高阶多智能体非线性系统控制的研究和教学工作，为了促进多智能体分布式优化控制在高阶非线性系统上的发展和进步，将反演多智能体系统控制设计思路与目前分布式优化算法的最新研究成果开创式地结合，解决了分布式优化算法难以解决的高阶控制问题，并使广大工程技术人员能了解、掌握和应用这一领域的最新技术。作者编写本书，期望能抛砖引玉，供广大读者学习参考。

本书以反演控制技术为框架，以非线性反馈系统为研究对象，考虑系统状态不完全可测、系统未建模动态、外部干扰等问题，采用固定时间控制算法、扩张观测器等技术设计分布式控制器实现系统的优化控制。本书共 7 章。第 1 章为绪论，介绍多智能体系统控制以及分布式优化控制的发展状况。第 2 章研究分数阶高阶非线性多智能体系统分布式优化控制问题，基于分数阶李雅普诺夫(Lyapunov)稳定性理论，设计基于状态观测器的自适应神经网络反演控制器，确保智能体输出与最优解之间的误差收敛以及闭环系统中所有信号保持有界。第 3 章针对拓扑变换下多智能体切换系统的分布式优化控制问题，通过构造惩罚函数,将一致性问题与分布式优化问题结合,并利用负梯度的思路及 Lyapunov 稳定性理论构造自适应神经网络反演控制器,使智能体在通信拓扑变换及系统切换的条件下实现输出在分布式优化问题最优解的极小邻域内。第 4 章针对具有状态约束的多智能体系统的分布式优化控制问题,基于障碍 Lyapunov 稳定性理论提出一种自适应神经网络动态面控制器。第 5 章针对含外部干扰的高阶多智能体非线性系统资源分配问题,通过状态观测器技术以及自适应滑模技术,提出一种固定时间自适应神经网络控制器,所提出的控制算法可以使智能体在固定时间内收敛到含有不等式约束条件的资源分配问题最优解的极小邻域内。第 6 章研究含外部干扰的高阶多智能体非线性系统资源分配问题,通过设计固定时间二阶扩张观测器,同时解决了系统内未建模动态及外部干扰的问题,所设计的控制算法能够使智能体在不等式约束条件下收敛到局部目标函数最优解的极小邻域内。第 7 章介绍了固定时间高阶多智能体系统分布式优化算法,利用固定时间 Lyapunov 稳定性理论以及固定时间扩张观测器设计分布式反演控制算法,通过固定时间控制协议,多智能体系统中的每个智能体能够在固定时间内达成一致性后收敛到分布式优化的最优解的极小邻域内。

本书理论推导部分重点参考了辽宁工业大学佟绍成教授近年来的研究成果,编程实现参考了北京航空航天大学刘金琨教授的著作《RBF 神经网络自适应控制及 MATLAB 仿真》,在此作者对佟绍成教授及刘金琨教授表示由衷的感谢。

本书得到上海工程技术大学著作出版专项资助。

由于作者水平有限,书中难免出现一些不足和疏漏之处,欢迎广大读者批评指正。假如读者对书中有疑问,可通过 E-mail 联系(tupwenyi@163. com)。

作 者

2024 年 9 月

目录

CONTENTS

第1章

绪　论

1.1　研究背景与意义

随着计算机技术以及网络技术的出现与发展，集中式控制已经不能完全适应多变的工作环境，网络化/分布式计算和分布式控制技术营运而生。分布式控制技术与集中式控制技术不同的是，其通过网络交换不同智能体的系统组件（传感器、控制器、执行器等）之间的信息并协作实现复杂的控制目标。分布式控制与集中式控制相比，其更为灵活，而且操作更为方便，因此分布式控制策略的研究得到了迅速发展。受自然界中观察到的分布式协作行为，如鸟类群体迁徙和鱼群的群集行为的启发，多智能体系统的协作意识、任务分配和智能控制引起了各个领域的广泛关注。近年来，多智能体协作智能技术为机器人、复杂网络和交通的实际应用带来了革命性的变化。

多智能体系统是指一组智能体之间能够相互作用，协调它们的行为，并合作实现一些共同的目标。在多智能体系统中，每个智能体具有自主性、交互性、协调性、目标性、社会性、协作性、持续性、适应性、分布性和智能性等特性。多智能体系统与单智能体系统相比，其通过协作智能为解决各种复杂问题提供了一种更有效、更稳健的方法。在交互层面，信息不仅在智能体之间交换，而且在智能体与其周围环境之间通过通信网络或传感器感知进行交换。目前，在多智能体系统控制器的结构设计中，根据其所依赖状态信息的多少，主要分为集中式控制器和分布式控制器。集中式控制器在控制过程中需要所有智能体的状态信息,而分布式控制器只需要智能体自身状态信息和局部邻接智能体的状态信息。此外,分布式控制结构还具有更强的容错能力,某个局部智能体出现故障,不会导致整体系统的崩溃;而集中式控制的中央控制器出现故障,会导致整个多智能体系统的崩溃。

作为运筹学与系统控制科学研究中的核心问题之一,近年来优化问题受到了研究人员的关注。在实际工程中,工程师不仅关注某种预期水平上系统设计的可行性,而且关注能够提高系统性能的最优设计,这促使研究人员对优化算法进行了深入研究并使得优化算法迅速发展。然而,目前较为成熟的优化算法大多是集中式的,这类算法需要收集多智能体系统中每个智能体的局部信息,最终汇总成全局信息,这在给多智能体系统带来了诸多限制的同时还浪费大量的资源。此外,智能体在与中央处理器传输数据时,会遇到一些相对隐私的数据无法上传。鉴于分布式控制结构下只在局部智能体之间进行数据交换,其数据安全性和隐私性相较于集中式结构而言更好。考虑到分布式控制结构的优势,一些学者提出了许多分布式控制策略。这种将大规模复杂的优化问题分布到多智能体系统上进行分布式的计算,并且每个智能体根据设计好的控制协议进行自身的优化与决策,再通过通信网络与邻接智能体不停地交换彼此信息,从而极小化它们局部目标函数之和,以寻找全局最优解的问题,称为分布式优化问题。随着科学技术发展的需要,可实现并行计算的分布式优化算法在许多领域得到应用,如传感器网络、电网控制、分布式数据回归等。

在分布式优化控制策略中,每个智能体都拥有动态状态,即优化变量的估计值,并根据自己的局部信息和通过通信网络获取的邻接智能体的信息来更新状态值。具体来说,考虑由 N 个智能体构成的多智能体系统,每个智能体用 $1,2,\cdots,N$ 分别进行编号。第 i 个智能体可以描述为

$$\begin{cases}\dot{x}_i(t)=f_i(x_i(t),u_i(t))\\ y_i(t)=h_i(x_i(t))\end{cases},\quad i=1,2,\cdots,N \tag{1-1}$$

式中:$x_i(t)$为智能体的状态;$x_i(t)\in\mathbb{R}^p$;$u_i(t)$为智能体的控制输入;$u_i(t)\in\mathbb{R}^p$;$y_i(t)$为智能体的输出;$y_i(t)\in\mathbb{R}^p$;f_i、h_i 为足够光滑的函数。

假设第 i 个智能体被分配了一个局部目标函数,记作 $c_i(y_i)$。分布式优化问题的目标是设计一个分布式控制策略在获得预期目标的同时最小化一个由局部目标函数之和构成的全局目标函数。全局目标函数记为

$$\min_{y_i\in\mathbf{R}^p}\sum_{i=1}^{N}c_i(y_i) \tag{1-2}$$

式(1-2)的通用形式在分布式大规模机器学习、模型预测控制、无线通信等领域得到广泛应用。传统的分布式控制策略主要针对一阶多智能体系统设计,在高阶多智能体系统上难以实现预期控制效果。因此,研究基于高阶多智能体的分布式优化与控制问题具有重要的工程意义和理论意义。

1.2 国内外研究现状及发展趋势

1.2.1 反演控制技术

反演控制技术于1991年由Ioannis Kanellakopoulos等首先提出,其具有良好的饱和补偿性能,被广泛用于非线性系统的稳定;其在航空航天领域成功应用于飞机和高超速飞行器的控制,备受研究者关注。近年来,随着自适应控制的提出以及反演控制技术的兴起,非线性系统控制已经取得了长足的发展,包括非线性系统的自适应状态反馈控制、自适应输出反馈控制以及有限时间控制等。例如,Su等针对非线性系统执行器部件中同时存在的死区和故障特征约束,提出了一种以Tunning Function为技术框架的直接自适应补偿方法;Ma等针对含有执行器故障和不匹配扰动的严格反馈非线性系统,研究系统的自适应渐近跟踪控制问题。目前,反演控制常与其他先进控制方法,如自适应反演滑模控制、自适应神经网络或模糊反演控制、自适应动态面控制,强化学习反演控制等结合,研究经典非线性控制问题。鉴于反演控制技术优异的控制性能,继续将先进的控制技术与反演控制技术结合发展,研究基于反演控制的新型控制技术并在实际工程系统中应用具有重要意义。

1.2.2 多智能体系统控制技术

多智能体系统目前是控制领域的研究热点,多智能体协同控制已经应用于无人驾驶系统、空间开发与探测、海洋勘探和作战智能体模型等领域。多智能体协同控制中最基本的问题是一致性控制问题,一致性控制是指设计合适的协议和算法,最终使系统中所有智能体的状态收敛至领导者信号。迄今为止,多智能体一致性问题取得了许多进展,如自适应控制、滑模控制、模糊控制、基于线性矩阵不等式控制等。例如:Zhao等研究了针对未知动力学模型的非周期性运行非线性离散时间多智能体系统一致性控制;Yao等研究具有全状态约束与输入延迟的非线性多智能体系统实际固定时间一致性控制问题；Zhang 等考虑非负图和元部件故障下连续时间线性多智能体系统的容错输出一致性控制。

作为一种特殊的编队控制方式，包含控制是指在控制输入作用下，编队领导者形成期望队形的同时，跟随机器人进入由领导者形成的安全凸包内。包含控制在机器人编队控制中具有潜在的实际应用，当机器人执行货物分流任务时，在领导者机器人上设置检测装置，使其具有检测障碍能力，从而可以形成安全区域。其他具有运输能力的机器人称为跟随者，跟随者机器人可以在由领导者机器人构成的安全区域移动。近年来，在包含控制技术方面已经取得了许多成就，例如：Xu 等研究了在固定有向拓扑下多机械臂系统的包含控制问题，分别设计了静态领导者情况下的分布式事件触发自适应控制律和动态领导者情况下的分布式事件触发神经网络控制律；Li 等利用势函数方法研究了在障碍物环境下多拉格朗日(Lagrange)系统的编队-包含控制问题。

1.2.3 分布式优化控制

在分布式优化问题中，多个智能体通过通信网络与邻居智能体之间进行信息交互，共同合作，并通过最小化它们的局部目标函数之和，即全局目标函数，以寻找全局最优解。这类问题在资源分配、大规模机器学习、无线网络等领域有着广泛的应用。近年来，在分布式优化问题方面已经取得了许多成就，例如：Duchi 等借助邻近函数提出了对偶次梯度平均法求解确定及随机情形的分布式问题，并给出了与网络规模和拓扑相关的收敛速度上界；Yuan 等设计了一个固定步长的分布式正则原始-对偶次梯度算法求解不等式约束的分布式优化问题；对于连续时间的情形，Yi 等基于 KKT(Karush-Kuhn-Tucker)条件和拉格朗日乘子法设计了二阶分布式算法去求解局部凸不等式约束仅对每个智能体是已知的分布式优化问题。虽然研究人员在分布式优化问题上取得了一些成果和突破，然而针对高阶多智能体非线性系统上的控制算法仍处于起步阶段。

1.3 预备知识

1.3.1 径向基函数神经网络

径向基函数(Radial Basis Function，RBF)神经网络具有通用逼近特性，被广泛应用于不确定非线性系统的识别和控制。使用 RBF 神经网络技术来识别非线性函数,则未知函数 $f(\boldsymbol{Z})$可以表示为

$$f_{nn}(\boldsymbol{Z})=\boldsymbol{\theta}^{\mathrm{T}}\boldsymbol{\varphi}(\boldsymbol{Z}) \tag{1-3}$$

式中:$\boldsymbol{\theta}$ 为权值向量;$\boldsymbol{\varphi}(\boldsymbol{Z})$为高斯基函数向量。

对于在紧集 $\boldsymbol{U}$ 上定义的未知函数 $f(\boldsymbol{Z})$,存在神经网络$\boldsymbol{\theta}^{*\mathrm{T}}\boldsymbol{\varphi}(\boldsymbol{Z})$和任意精度 $\varepsilon(\boldsymbol{Z})$,使得

$$f(\boldsymbol{Z})=\boldsymbol{\theta}^{*\mathrm{T}}\boldsymbol{\varphi}(\boldsymbol{Z})+\varepsilon(\boldsymbol{Z}) \tag{1-4}$$

式中:$\boldsymbol{\theta}^*$ 为最优逼近参数向量,满足$\boldsymbol{\theta}^*=\underset{\boldsymbol{\theta}\in\boldsymbol{\Omega}}{\operatorname{argmin}}[\sup\limits_{\boldsymbol{Z}\in\boldsymbol{U}}|f(\boldsymbol{Z})-\boldsymbol{\theta}^{\mathrm{T}}\boldsymbol{\varphi}(\boldsymbol{Z})|]$。

1.3.2 图论

智能体之间的信息交互一般通过无向图描述。在多智能体控制问题中,使用无向图 $G=(w,\varepsilon,\bar{\boldsymbol{A}})$ 进行智能体之间的信息交互,其中 $w=\{n_1,n_2,\cdots,n_N\}$。边集合表示为 $\varepsilon=\{(n_1,n_N)\}\in w\times w$,表示跟随者 i 和跟随者 j 之间具有信息交互,$N_i=\{j|(n_i,n_j)\in\varepsilon\}$表示跟随者 i 的邻接集合。$\bar{\boldsymbol{A}}=\{a_{ij}\}\in\mathbb{R}^{N\times N}$ 为邻接矩阵,若$(n_i,n_j)\notin\varepsilon$,则 $a_{ij}=0$;若$(n_i,n_j)\in\varepsilon$,则 $a_{ij}=1$。定义拉普拉斯矩阵 $\boldsymbol{L}=[\boldsymbol{L}_{ij}]\in\mathbb{R}^{N\times N}$ 和对角矩阵 $\boldsymbol{D}=\operatorname{diag}(d_1,d_2,\cdots,d_N)$,其中 $d_i=\sum\limits_{j\in N_i}a_{ij}$。若 $i\neq j$,则 $L_{ij}=-a_{ij}$。

对一类时变联通拓扑描述。给定切换信号 $\kappa(t)=\Lambda\in\{1,2,\cdots,K\}$表示在 t 时刻多智能体系统拓扑图切换到第 Λ 个图,其中 $t\in[t_p,t_{p+1})$,$p=0,1,2,\cdots$。假设切换时间序列 $\{t_p\}_{p=0}^{+\infty}$ 满足 $t_0<t_1<t_2<\cdots<\infty$,其中映射 $\kappa(t)$:$[0,+\infty)$是连续随机的并且是右连续分段的。在每个时间间隔$[t_p,t_{p+1})$中仍可划分为若干时间子序列 p_m,有$[t_p,t_{p+1})=\bigcup\limits_{m=1}^{n_m+1}[t_{p_m},t_{p_m+1})$且 $t_{p_m+1}-t_{p_m}<\tau,\tau>0$。

1.3.3 定义和引理

定义 1.1 连续可导函数 $f(t)$的 $\alpha(\alpha>0)$阶 Riemann-Liouville 分数阶求导的定义如下:

$$ {}_0^{\mathrm{RL}}I_t^{\alpha}f(t)=\frac{1}{\Gamma(n-\alpha)}\frac{\mathrm{d}^n}{\mathrm{d}t^n}\int_0^t\frac{f(\tau)}{(t-\tau)^{1+\alpha-n}}\mathrm{d}\tau \tag{1-5} $$

函数 $f(t)$的 $\alpha(\alpha>0)$阶 Caputo 分数阶求导为

$$ {}_0^{\mathrm{C}}D_t^{\alpha}f(t)=\frac{1}{\Gamma(n-\alpha)}\int_0^t\frac{f^{(n)}(\tau)}{(t-\tau)^{1+\alpha-n}}\mathrm{d}\tau \tag{1-6} $$

式中：n 为不小于 α 的最大整数，即 $n-1<\alpha\leqslant n$；$f^{(n)}(\cdot)$为 $f(\cdot)$的 n 阶导数；$\Gamma(\cdot)$为伽马函数。

定义 1.2 含有两个参数 $\alpha,\beta\in C$ 的 Mittag-Leffler 的定义如下：

$$ E_{\alpha,\beta}(\varsigma)=\sum_{k=0}^{\infty}\frac{\varsigma^k}{\Gamma(\alpha k+\beta)},\quad \alpha>0,\beta>0 \tag{1-7} $$

定义 1.3 若对于所有的 $\lambda>0$，方程 $\mathbf{V}$：$\mathbb{R}^n\to\mathbb{R}$ 满足 $V(\lambda^{r_1}x_1,\lambda^{r_2}x_2,\cdots,\lambda^{r_n}x_n)=\lambda^d V(x_1,x_2,\cdots,x_n)$，则方程 $\mathbf{V}$ 具有权重为$(r_1,r_2,\cdots,r_n)\in\mathbb{R}^n_{>0}$，度数为 d 的齐次性。

定义 1.4 若对于所有的 $1\leqslant i\leqslant n$ 和 $\lambda>0$，向量 $\mathbf{V}$：$\mathbb{R}^n$ 中第 i 个元素 V_i 满足

$$ V_i(\lambda^{r_1}x_1,\lambda^{r_2}x_2,\cdots,\lambda^{r_n}x_n)=\lambda^{r_i+d}V_i(x_1,x_2,\cdots,x_n) \tag{1-8} $$

则 V_i 元素是度数具有 r_i+d 的齐次性，向量 $\mathbf{V}$ 具有权重为$(r_1,r_2,\cdots,r_n)\in\mathbb{R}^n_{>0}$，度数为 d 的齐次性。

引理 1.1 令 $\alpha\in(0,2)$并且 β 是任意一个实数。对于$(\pi\alpha/2)<\upsilon\leqslant\min\{\pi,\pi\alpha\}$能够得到

$$ |E_{\alpha,\beta}(\varsigma)|\leqslant\frac{\mu}{1+|\varsigma|} \tag{1-9} $$

式中：$\mu>0$；$\upsilon\leqslant|\arg(\varsigma)|\leqslant\pi$；$|\varsigma|\geqslant0$。

引理 1.2 在分数阶非线性系统中，若 Lyapunov 函数的 α 阶导数满足

$$ D^{\alpha}V(t,x)\leqslant -CV(t,x)+\zeta \tag{1-10} $$

则

$$ V(t,x)\leqslant V(0)E_{\alpha}(-Ct^{\alpha})+\frac{\zeta\mu}{C},\quad t\geqslant0 \tag{1-11} $$

式中：$0<\alpha<1$；$C>0$；$\zeta\geqslant0$；μ 为在引理 1.1 中定义的正实数。

则 $V(t,x)$在$[0,t]$上是有界的，并且分数阶系统是稳定的。

引理 1.3 定义一个包含 N 个元素并且所有元素都为 1 的列向量 $\mathbf{1}_N$。记半正定矩阵

$L\in\mathbb{R}^{N\times N}$ 是无向图$G=(w,\varepsilon,\bar{A})$的拉普拉斯矩阵,并且$L$存在一个特征向量为$\mathbf{1}_N$的特征值0。矩阵$L$的特征值满足$\lambda_{\max}(A)=\lambda_m(A)\geqslant\cdots\geqslant\lambda_2(A)\geqslant\lambda_1(A)=\lambda_{\min}(A)$。此外,若对于$x\in\mathbb{R}^N$,有$\mathbf{1}_N^{\mathrm{T}}x=0$,则$\boldsymbol{x}^{\mathrm{T}}\boldsymbol{L}\boldsymbol{x}\geqslant\lambda_2(\boldsymbol{L})\boldsymbol{x}^{\mathrm{T}}\boldsymbol{x}$成立。

引理 1.4 给定方程$\boldsymbol{V}$: $\mathbb{R}^n\to\mathbb{R}$对于任意初始状态$x(t_0)\in\Omega$满足$V(0)=0$,并且$0\leqslant V_1(\|x(t)\|)\leqslant V(x(t))\leqslant V_2(\|x(t)\|)$,其中$V_1(\cdot)$和$V_2(\cdot)$是一类$\mathcal{K}$方程,$\Omega$是一个紧集。若存在两个正实数$C$和$\zeta$满足

$$\dot{V}(x(t))\leqslant -CV(x(t))+\zeta \tag{1-12}$$

则系统内的所有信号是半全局一致最终稳定的。

引理 1.5 给定两个正实数$k_{i,b1}$和$s_{i,1}$,满足$|s_{i,1}|\leqslant k_{i,b1}$,则有

$$\log\frac{k_{i,b1}^2}{k_{i,b1}^2-s_{i,1}^2}<\frac{s_{i,1}^2}{k_{i,b1}^2-s_{i,1}^2} \tag{1-13}$$

引理 1.6 对于一个正定光滑函数$V(x)$,若有$V(x)$: $\mathbb{R}^n\to\mathbb{R}$,$V(x)\geqslant0$,并且满足不等式关系$\dot{V}(x)\leqslant-(\mu V(x)^{\alpha}+\varphi V(x)^{\beta})^k+\xi$,其中$\mu$、$\varphi$、$\alpha$、$\beta$和$k$是正实数,且$\alpha k<1$和$\beta k>1$,则系统内的状态$x$能够在固定时间$T$内收敛到邻域$Y=\left\{x\,\middle|\,\|x\|\leqslant\min\left\{\frac{1}{\mu}\left(\frac{\xi}{1-\iota}\right)^{\frac{1}{k\alpha}},\frac{1}{\varphi}\left(\frac{\xi}{1-\iota}\right)^{\frac{1}{k\beta}}\right\}\right\}$内。固定时间$T$满足$T\leqslant T_{\max}\doteq1/(\mu^k\iota^k(1-\alpha k))+1/(\varphi^k\iota^k(\beta k-1))$,其中$\iota\in(0,1)$。

引理 1.7 对于实变量s和t,以及任意正实数ρ、τ和$\tilde{w}$,存在以下不等式关系:

$$|s|^{\rho}|t|^{\tau}\leqslant\frac{\rho}{\rho+\tau}\tilde{w}|s|^{\rho+\tau}+\frac{\tau}{\rho+\tau}\tilde{w}^{\frac{-\rho}{\tau}}|t|^{\rho+\tau} \tag{1-14}$$

引理 1.8 给定任意实数$\psi\in\mathbb{R}$,$\theta\in\mathbb{R}$和$\alpha>1$,满足以下不等式关系:

$$\theta(\psi-\theta)^{\alpha}\leqslant\frac{\alpha}{\alpha+1}(\psi^{\alpha+1}-\theta^{\alpha+1}) \tag{1-15}$$

引理 1.9 对于任意实数$\forall x_1,\cdots,x_m\in\mathbb{R}$,若$0<q\leqslant1$,则有

$$\left(\sum_{i=1}^{m}|x_i|\right)^q\leqslant\sum_{i=1}^{m}|x_i|^q$$

若$q>1$,则有

$$\left(\sum_{i=1}^{m}|x_i|\right)^q\leqslant m^{1-q}\sum_{i=1}^{m}|x_i|^q$$

引理 1.10 给定高增益微分追踪器形式如下:

$$\begin{cases}\dot{\delta}_1(t)=\delta_2(t)\\ \dot{\delta}_2(t)=-\zeta^2\left[\kappa_1\operatorname{sign}(\delta_1(t)-x_{i^*}(t))\,|\,\dot{\delta}_1(t)-x_{i^*}(t)\,|^{\frac{1}{2}}+\kappa_2\operatorname{sign}\left(\frac{\delta_2(t)}{\zeta}\right)\left|\frac{\delta_2(t)}{\zeta}\right|^{\frac{2}{3}}\right]\end{cases} \tag{1-16}$$

若当$\zeta\to\infty$时，对于$i=0,1,2,\cdots,\kappa_1>0,\kappa_2>0,\zeta>0$，信号$x_{i^*}(t)$满足$\sup_{t\in[0,\infty)}|x_{i^*}^{(i)}(t)|<\infty$，则存在$\varsigma_{1^*}>0$和$\varsigma_{2^*}>0$，有

$$|\,\delta_1(t)-x_{i^*}(t)\,|\leqslant\varsigma_{1^*},\quad |\,\delta_2(t)-\dot{x}_{i^*}(t)\,|\leqslant\varsigma_{2^*} \tag{1-17}$$

引理 1.11 若方程$V(x)$，$\boldsymbol{x}\in\mathbb{R}^n$具有权重为$(r_1,\cdots,r_n)\in\mathbb{R}^n_{>0}$，度数为$d$的齐次性并且关于$x_n$可导，则$\partial V(x)/\partial x_n$满足

$$\lambda^{r_n}\frac{\partial}{\partial x_n}V(\lambda^{r_1}x_1,\lambda^{r_2}x_2,\cdots,\lambda^{r_n}x_n)=\lambda^d\frac{\partial}{\partial x_n}V(x_1,x_2,\cdots,x_n) \tag{1-18}$$

引理 1.12 若连续实数方程V_1和V_2具有相同权重，度数分别为$d_1>0$和$d_2>0$，并且方程V_1是正定的，则对于每个$\boldsymbol{x}\in\mathbb{R}^n$，有

$$[\min_{\{z:\,V_1(z)=1\}}V_2(z)][V_1(x)]^{\frac{d_2}{d_1}}\leqslant V_2(x)\leqslant[\max_{\{z:\,V_1(z)=1\}}V_2(z)][V_1(x)]^{\frac{d_2}{d_1}} \tag{1-19}$$

引理 1.13 方程$f(\boldsymbol{x})$：$\mathbb{R}^m\to\mathbb{R}$是连续可导的凸函数，并且只有当$\nabla f(\boldsymbol{x}^*)=0$时，函数$f(\boldsymbol{x})$能够在$\boldsymbol{x}^*$取得最小。

1.3.3 凸函数分析

若函数$f(\cdot)$：$\mathbb{R}^n\to\mathbb{R}$满足

$$f(\alpha\boldsymbol{x}+(1-\alpha)\boldsymbol{y})\leqslant\alpha f(\boldsymbol{x})+(1-\alpha)f(\boldsymbol{y}),\quad\forall\,\boldsymbol{x},\boldsymbol{y}\in\mathbb{R}^n,0\leqslant\alpha\leqslant1 \tag{1-20}$$

则函数$f(\cdot)$是凸函数。

若函数$f(\cdot)$：$\mathbb{R}^n\to\mathbb{R}$在$\mathbb{R}^n$上满足

$$(\boldsymbol{x}-\boldsymbol{y})^{\mathrm{T}}(\nabla f(\boldsymbol{x})-\nabla f(\boldsymbol{y}))\geqslant\omega\,\|\,\boldsymbol{x}-\boldsymbol{y}\,\|^2,\quad\forall\,\boldsymbol{x},\boldsymbol{y}\in\mathbb{R}^n,\omega>0 \tag{1-21}$$

则函数$f(\cdot)$是强凸函数。

1.3.4 符号标注

记$\boldsymbol{I}_n$为$n\times n$的单位矩阵，$\mathbf{1}_N=[1,\cdots,1]^{\mathrm{T}}\in\mathbb{R}^N$。对于向量$\boldsymbol{x}_i=[x_i^1,\cdots,x_i^N]^{\mathrm{T}}\in\mathbb{R}^N$，

定义$(\boldsymbol{x}_i)^\alpha=[(x_i^1)^\alpha,\cdots,(x_i^N)^\alpha]^\mathrm{T}$，其中$x_i^1,\cdots,x_i^N\in\mathbb{R}$。定义函数$\mathrm{sig}^\alpha(\boldsymbol{x}_i)=[\mathrm{sig}^\alpha(x_i^1),\cdots,\mathrm{sig}^\alpha(x_i^N)]^\mathrm{T}$，其中$\mathrm{sig}^\alpha(x_i^1)=\mathrm{sign}(x_i^1)|x_i^1|^\alpha$，$\mathrm{sign}(\cdot)$和$|\cdot|$分别代表符号函数和绝对值函数。记$\|\boldsymbol{x}_i\|\in\mathbb{R}$是向量$\boldsymbol{x}_i$的二范数。记方程$f(\boldsymbol{x}_i)$：$\mathbb{R}^N\to\mathbb{R}$的梯度是$\nabla f(\boldsymbol{x}_i)=[\nabla f^1(\boldsymbol{x}_i),\cdots,\nabla f^N(\boldsymbol{x}_i)]^\mathrm{T}$。对于一个对称矩阵$\boldsymbol{A}\in\mathbb{R}^{m\times m}$，它的特征值大小排序为$\lambda_{\max}(\boldsymbol{A})=\lambda_m(\boldsymbol{A})\geqslant\cdots\geqslant\lambda_2(\boldsymbol{A})\geqslant\lambda_1(\boldsymbol{A})=\lambda_{\min}(\boldsymbol{A})$。符号“$\otimes$”代表克罗内克积。记$D^\alpha$为${}_0^\mathrm{C}D_t^\alpha$的简写。

第2章

分数阶高阶非线性多智能体分布式优化

2.1 问题描述

2.1.1 系统描述

考虑如下一类分数阶高阶非线性严格反馈系统：

$$\begin{cases} D^{\alpha} x_{i,1}(t) = x_{i,2}(t) + g_{i,1}(x_{i,1}(t)) \\ D^{\alpha} x_{i,l}(t) = x_{i,l+1}(t) + g_{i,l}(x_{i,1}(t), x_{i,2}(t), \cdots, x_{i,l}(t)) \\ D^{\alpha} x_{i,n}(t) = u_i(t) + g_{i,n}(x_{i,1}(t), x_{i,2}(t), \cdots, x_{i,n}(t)) \\ y_i(t) = x_{i,1}(t) \end{cases}, \quad l = 2, \cdots, n-1 \tag{2-1}$$

式中：$u_i(t)$为系统的控制输入；$y_i(t)$为系统输出；$g_{i,l}(x_{i,1}(t), x_{i,2}(t), \cdots, x_{i,l}(t))$为未知非线性函数。定义第 i 个智能体的系统状态向量 $\boldsymbol{X}_{i,l} = (x_{i,1}(t), x_{i,2}(t), \cdots, x_{i,l}(t))^{\mathrm{T}} \in \mathbb{R}^{l}$。

将第 i 个智能体的系统式(2-1)重写为如下形式：

$$\begin{cases} D^{\alpha} \boldsymbol{X}_{i,n} = \boldsymbol{A}_i \boldsymbol{X}_{i,n} + \boldsymbol{K}_i y_i + \sum_{l=1}^{n} \boldsymbol{B}_{i,l} [g_{i,l}(\boldsymbol{X}_{i,l})] + \boldsymbol{B}_i u_i(t) \\ y_i = \boldsymbol{C}_i \boldsymbol{X}_{i,n} \end{cases} \tag{2-2}$$

式中：$\boldsymbol{A}_i=\begin{bmatrix}-k_{i,1} & & & \\ \vdots & \boldsymbol{I}_{n-1} & & \\ -k_{i,n} & 0 & \cdots & 0\end{bmatrix}$，$\boldsymbol{I}_{n-1}$ 为 $(n-1)\times(n-1)$ 阶单位矩阵，$\boldsymbol{K}_i=[k_{i,1},\cdots,k_{i,n}]^{\mathrm{T}}$；$\boldsymbol{B}_i=[\underbrace{0\cdots0}_{n-1}\quad 1]^{\mathrm{T}}$，$\boldsymbol{B}_{i,l}=[0\cdots\underset{i}{1}\cdots0]^{\mathrm{T}}$；$\boldsymbol{C}_i=[1\quad\underbrace{0\cdots0}_{n-1}]$。

选择向量 $\boldsymbol{K}_i$ 使得矩阵 $\boldsymbol{A}_i$ 是严格赫尔维茨(Hurwitz)矩阵，则给定一个正定矩阵 $\boldsymbol{Q}_{\mathrm{i}}^{\mathrm{T}}=\boldsymbol{Q}_i$，存在唯一的正定矩阵 $\boldsymbol{P}_i^{\mathrm{T}}=\boldsymbol{P}_i$ 满足

$$\boldsymbol{A}_i^{\mathrm{T}}\boldsymbol{P}_i+\boldsymbol{P}_i\boldsymbol{A}_i=-2\boldsymbol{Q}_i \tag{2-3}$$

2.1.2 构造含惩罚项的优化问题

考虑路径追踪问题的局部目标函数：

$$\begin{aligned}f_i(x_{i,1})&=a_i(x_{i,1}-x_{\mathrm{d}})^2+c\\&=a_ix_{i,1}^2+b_ix_{i,1}+c_i\end{aligned} \tag{2-4}$$

式中：x_{d} 为智能体追踪的目标信号；$a_i>0,b_i=-2a_ix_{\mathrm{d}},c_i=a_ix_{\mathrm{d}}^2+c,1\leqslant i\leqslant N$ 且 a_i、c 为常数。

定义全局目标函数 $f:\mathbb{R}^N\to\mathbb{R}$ 为

$$f(\boldsymbol{x}_1)=\sum_{i=1}^{N}f_i(x_{i,1}) \tag{2-5}$$

考虑局部目标函数 f_i 是可导的强凸函数，全局目标函数 f 也是可导的强凸函数。定义向量 $\boldsymbol{x}_1=[x_{1,1},x_{2,1},\cdots,x_{N,1}]^{\mathrm{T}}$。根据引理 1.3，对于某一常数 $\alpha\in\mathbb{R}$，若有 $\boldsymbol{x}_1=\alpha\cdot\mathbf{1}_N$，则可得

$$\boldsymbol{L}\boldsymbol{x}_1=0 \tag{2-6}$$

基于上式，设计如下惩罚项：

$$\boldsymbol{x}_1^{\mathrm{T}}\boldsymbol{L}\boldsymbol{x}_1=0 \tag{2-7}$$

定义如下惩罚函数：

$$P(\boldsymbol{x}_1)=\sum_{i=1}^{N}f_i(x_{i,1})+\boldsymbol{x}_1^{\mathrm{T}}\boldsymbol{L}\boldsymbol{x}_1 \tag{2-8}$$

因为全局目标函数是强凸函数，所以可以得到惩罚函数也是强凸函数的结论。

本章的目标是设计控制器$(u_1,\cdots,u_N)$，对每个 $i=1,\cdots,N$，使得 $\lim\limits_{t\to\infty}x_{i,1}\to x_{i,1}^*$。定义

向量 $\boldsymbol{x}_1^*=(x_{1,1}^*,\cdots,x_{N,1}^*)$,其中第 i 个智能体的分布式优化问题最优解 $x_{1,1}^*$ 定义如下:

$$(x_{1,1}^*,\cdots,x_{N,1}^*)=\underset{(x_{1,1},\cdots,x_{N,1})}{\operatorname{argmin}} P(\boldsymbol{x}_1) \tag{2-9}$$

2.2 基于观测器的自适应神经网络反演控制

2.2.1 神经网络观测器设计

假设 2.1 根据 RBF 神经网络逼近技术,假设未知函数 $g_i(\boldsymbol{X})$可以表示为

$$g_i(\boldsymbol{X}_i \mid \boldsymbol{\theta}_i)=\boldsymbol{\theta}_i^{\mathrm{T}}\boldsymbol{\psi}_i(\boldsymbol{X}_i), \quad 1 \leqslant i \leqslant n \tag{2-10}$$

式中:$\boldsymbol{\theta}_i$ 为理想常数向量;$\boldsymbol{\psi}_i(\boldsymbol{X}_i)$为基函数向量,本书采用高斯基函数构成基函数向量,即

$$\boldsymbol{\psi}_{i,l}^p(\boldsymbol{X}_{i,l})=\exp\left(\frac{\|\boldsymbol{X}_{i,l}-c_{i,l}^p\|^2}{b_{i,l}^2}\right), \quad p=1,2,\cdots,q \tag{2-11}$$

式中:$c_{i,l}^p$ 为隐含层第 p 个神经元高斯基函数中心点,$c_{i,l}^p \in \mathbb{R}^l$;$b_{i,l} \in \mathbb{R}$ 为高斯基函数的宽度。

假设系统式(2-2)的状态变量不完全可知,因此需设计观测器估计系统状态,从而使用观测器输出变量进行控制器设计,观测器设计为

$$\begin{aligned}
&D^\alpha \hat{\boldsymbol{X}}_{i,n}=\boldsymbol{A}_i\hat{\boldsymbol{X}}_{i,n}+\boldsymbol{K}_i y_i+\sum_{l=1}^{n}\boldsymbol{B}_{i,l}[\hat{g}_{i,l}(\hat{\boldsymbol{X}}_{i,l} \mid \boldsymbol{\theta}_{i,l})]+\boldsymbol{B}_i u_i(t)\\
&\hat{y}_i=\boldsymbol{C}_i\hat{\boldsymbol{X}}_{i,n}
\end{aligned} \tag{2-12}$$

式中:$\boldsymbol{C}_i=[1\cdots0\cdots0]$;$\hat{\boldsymbol{X}}_i=(\hat{x}_1,\hat{x}_2,\cdots,\hat{x}_n)^{\mathrm{T}}$ 为 $\boldsymbol{X}_i=(x_1,x_2,\cdots,x_n)^{\mathrm{T}}$ 的估计。

令 $\boldsymbol{e}=\boldsymbol{X}-\hat{\boldsymbol{X}}$ 为系统的状态观测误差,根据式(2-2)和式(2-12)可得

$$D^\alpha \boldsymbol{e}_i=\boldsymbol{A}_i\boldsymbol{e}_i+\sum_{l=1}^{n}\boldsymbol{B}_{i,l}[g_{i,l}(\hat{\boldsymbol{X}}_{i,l})-\hat{g}_{i,l}(\hat{\boldsymbol{X}}_{i,l} \mid \boldsymbol{\theta}_{i,l})+\Delta g_{i,l}] \tag{2-13}$$

式中

$$\Delta g_{i,l}=g_{i,l}(\boldsymbol{X}_{i,l})-g_{i,l}(\hat{\boldsymbol{X}}_{i,l})$$

通过假设 2.1 可得

$$\hat{g}_{i,l}(\hat{\boldsymbol{X}}_{i,l} \mid \boldsymbol{\theta}_{i,l})=\boldsymbol{\theta}_{i,l}^{\mathrm{T}}\boldsymbol{\psi}_{i,l}(\hat{\boldsymbol{X}}_{i,l}), \quad 1 \leqslant i \leqslant n \tag{2-14}$$

将最优参数的向量定义为

$$\boldsymbol{\theta}_{i,l}^{*}=\operatorname{argmin}_{\boldsymbol{\theta}_{i,l}\in\boldsymbol{\Omega}_{i,l}}\left[\sup_{\hat{\boldsymbol{X}}_{i,l}\in\boldsymbol{U}_{i,l}}\left|\hat{g}_{i,l}(\hat{\boldsymbol{X}}_{i,l}\mid\boldsymbol{\theta}_{i,l})-g_{i,l}(\hat{\boldsymbol{X}}_{i,l})\right|\right] \tag{2-15}$$

式中：$\boldsymbol{\Omega}_i$、$\boldsymbol{U}_i$ 分别为 $\boldsymbol{\theta}_i$、$\hat{\boldsymbol{X}}_i$ 的紧集。

定义最优逼近误差和参数估计的误差分别为

$$\begin{cases}\delta_{i,l}=g_{i,l}(\hat{\boldsymbol{X}}_{i,l})-\hat{g}_{i,l}(\hat{\boldsymbol{X}}_{i,l}\mid\boldsymbol{\theta}_{i,l}^{*})\\ \tilde{\boldsymbol{\theta}}_{i,l}=\boldsymbol{\theta}_{i,l}^{*}-\boldsymbol{\theta}_{i,l},\quad l=1,2,\cdots,n\end{cases} \tag{2-16}$$

假设 2.2　最优逼近误差有界，存在正常数 δ_0 满足 $|\delta_{i,l}|\leqslant\delta_{i0}$。

假设 2.3　存在一组已知常数 $\gamma_{i,l}$，使得以下关系式成立：

$$\left|g_{i,l}(\boldsymbol{X}_{i,l})-g_{i,l}(\hat{\boldsymbol{X}}_{i,l})\right|\leqslant\gamma_{i,l}\left\|\boldsymbol{X}_{i,l}-\hat{\boldsymbol{X}}_{i,l}\right\| \tag{2-17}$$

通过式(2-13)和式(2-16)可得

$$\begin{aligned}D^{\alpha}\boldsymbol{e}_i&=\boldsymbol{A}_i\boldsymbol{e}_i+\sum_{l=1}^{n}\boldsymbol{B}_{i,l}\left[g_{i,l}(\hat{\boldsymbol{X}}_{i,l})-\hat{g}_{i,l}(\hat{\boldsymbol{X}}_{i,l}\mid\boldsymbol{\theta}_{i,l})+\Delta g_{i,l}\right]\\&=\boldsymbol{A}_i\boldsymbol{e}_i+\sum_{l=1}^{n}\boldsymbol{B}_{i,l}\left[\delta_{i,l}+\Delta g_{i,l}+\tilde{\boldsymbol{\theta}}_{i,l}^{\mathrm{T}}\boldsymbol{\psi}_{i,l}(\hat{\boldsymbol{X}}_{i,l})\right]\\&=\boldsymbol{A}_i\boldsymbol{e}_i+\Delta g_i+\boldsymbol{\delta}_i+\sum_{l=1}^{n}\boldsymbol{B}_{i,l}\left[\tilde{\boldsymbol{\theta}}_{i,l}^{\mathrm{T}}\boldsymbol{\psi}_{i,l}(\hat{\boldsymbol{X}}_{i,l})\right]\end{aligned} \tag{2-18}$$

式中：$\boldsymbol{\delta}_i=[\delta_{i,1},\cdots,\delta_{i,n}]^{\mathrm{T}}$；$\boldsymbol{\Delta g}_i=[\Delta g_{i,1},\cdots,\Delta g_{i,n}]^{\mathrm{T}}$。

构造 Lyapunov 函数：

$$V_0=\sum_{i=1}^{N}V_{i,0}=\sum_{i=1}^{N}\frac{1}{2}\boldsymbol{e}_i^{\mathrm{T}}\boldsymbol{P}_i\boldsymbol{e}_i \tag{2-19}$$

对其进行求导，可得

$$\begin{aligned}D^{\alpha}V_0&\leqslant\sum_{i=1}^{N}\left\{\frac{1}{2}\boldsymbol{e}_i^{\mathrm{T}}(\boldsymbol{P}_i\boldsymbol{A}_i^{\mathrm{T}}+\boldsymbol{A}_i\boldsymbol{P}_i)\boldsymbol{e}_i+\boldsymbol{e}_i^{\mathrm{T}}\boldsymbol{P}_i(\boldsymbol{\delta}_i+\boldsymbol{\Delta g}_i)+\sum_{l=1}^{n}\boldsymbol{e}_i^{\mathrm{T}}\boldsymbol{P}_i\boldsymbol{B}_{i,l}\left[\tilde{\boldsymbol{\theta}}_{i,l}^{\mathrm{T}}\boldsymbol{\psi}_{i,l}(\hat{\boldsymbol{X}}_{i,l})\right]\right\}\\&\leqslant\sum_{i=1}^{N}\left\{-\boldsymbol{e}_i^{\mathrm{T}}\boldsymbol{Q}_i\boldsymbol{e}_i+\boldsymbol{e}_i^{\mathrm{T}}\boldsymbol{P}_i(\boldsymbol{\delta}_i+\boldsymbol{\Delta g}_i)+\boldsymbol{e}_i^{\mathrm{T}}\boldsymbol{P}_i\sum_{l=1}^{n}\boldsymbol{B}_{i,l}\tilde{\boldsymbol{\theta}}_{i,l}^{\mathrm{T}}\boldsymbol{\psi}_{i,l}(\hat{\boldsymbol{X}}_{i,l})\right\}\end{aligned} \tag{2-20}$$

由 Young's 不等式和假设 2.3 可得

$$\begin{aligned}\boldsymbol{e}_i^{\mathrm{T}}\boldsymbol{P}_i(\boldsymbol{\delta}_i+\boldsymbol{\Delta g}_i)&\leqslant\left|\boldsymbol{e}_i^{\mathrm{T}}\boldsymbol{P}_i\boldsymbol{\delta}_i\right|+\left|\boldsymbol{e}_i^{\mathrm{T}}\boldsymbol{P}_i\boldsymbol{\Delta g}_i\right|\\&\leqslant\frac{1}{2}\|\boldsymbol{e}_i\|^2+\frac{1}{2}\|\boldsymbol{P}_i\boldsymbol{\delta}_i\|^2+\frac{1}{2}\|\boldsymbol{e}_i\|^2+\frac{1}{2}\|\boldsymbol{P}_i\|^2\|\boldsymbol{\Delta g}_i\|^2\\&\leqslant\|\boldsymbol{e}_i\|^2+\frac{1}{2}\|\boldsymbol{P}_i\boldsymbol{\delta}_i\|^2+\frac{1}{2}\|\boldsymbol{P}_i\|^2\sum_{l=1}^{n}\|\Delta g_{i,l}\|^2\end{aligned}$$

$$\leqslant \|\boldsymbol{e}_i\|^2 + \frac{1}{2}\|\boldsymbol{e}_i\|^2 \|\boldsymbol{P}_i\|^2 \sum_{l=1}^{n} \gamma_{i,l}^2 + \frac{1}{2}\|\boldsymbol{P}_i \boldsymbol{\delta}_i\|^2$$

$$\leqslant \|\boldsymbol{e}_i\|^2 \left(1 + \frac{1}{2}\|\boldsymbol{P}_i\|^2 \sum_{l=1}^{n} \gamma_{i,l}^2\right) + \frac{1}{2}\|\boldsymbol{P}_i \boldsymbol{\delta}_i\|^2 \tag{2-21}$$

和

$$\boldsymbol{e}_i^{\mathrm{T}} \boldsymbol{P}_i \sum_{l=1}^{n} \boldsymbol{B}_{i,l} \tilde{\boldsymbol{\theta}}_{i,l}^{\mathrm{T}} \boldsymbol{\psi}_{i,l}(\hat{\boldsymbol{X}}_{i,l}) \leqslant \frac{1}{2} \boldsymbol{e}_i^{\mathrm{T}} \boldsymbol{P}_i^{\mathrm{T}} \boldsymbol{P}_i \boldsymbol{e}_i + \frac{1}{2} \sum_{l=1}^{n} \tilde{\boldsymbol{\theta}}_{i,l}^{\mathrm{T}} \boldsymbol{\psi}_{i,l}(\hat{\boldsymbol{X}}_{i,l}) \boldsymbol{\psi}_{i,l}^{\mathrm{T}}(\hat{\boldsymbol{X}}_{i,l}) \tilde{\boldsymbol{\theta}}_{i,l}$$

$$\leqslant \frac{1}{2} \lambda_{i,\max}^2(\boldsymbol{P}_i) \|\boldsymbol{e}_i\|^2 + \frac{1}{2} \sum_{l=1}^{n} \tilde{\boldsymbol{\theta}}_{i,l}^{\mathrm{T}} \tilde{\boldsymbol{\theta}}_{i,l} \tag{2-22}$$

式中：$0 < \boldsymbol{\psi}_{i,l}(\cdot) \boldsymbol{\psi}_{i,l}^{\mathrm{T}}(\cdot) \leqslant 1$；$\lambda_{i,\max}(\boldsymbol{P}_i)$为矩阵 $\boldsymbol{P}_i$ 的最大特征值。

通过式(2-20)～式(2-22)可得

$$D^{\alpha} V_0 \leqslant \sum_{i=1}^{N} \left(-q_{i,0} \|\boldsymbol{e}_i\|^2 + \frac{1}{2}\|\boldsymbol{P}_i \boldsymbol{\delta}_i^*\|^2 + \frac{1}{2} \sum_{l=1}^{n} \tilde{\boldsymbol{\theta}}_{i,l}^{\mathrm{T}} \tilde{\boldsymbol{\theta}}_{i,l}\right)$$

$$\leqslant -q_0 \|\boldsymbol{e}\|^2 + \frac{1}{2}\|\boldsymbol{P}\boldsymbol{\delta}\|^2 + \sum_{i=1}^{N} \sum_{l=1}^{n} \frac{1}{2} \tilde{\boldsymbol{\theta}}_{i,l}^{\mathrm{T}} \tilde{\boldsymbol{\theta}}_{i,l} \tag{2-23}$$

式中

$$q_{i,0} = \lambda_{i,\min}(\boldsymbol{Q}_i) - \left(1 + \frac{1}{2}\|\boldsymbol{P}_i\|^2 \sum_{l=1}^{n} \gamma_{i,l}^2 + \frac{1}{2} \lambda_{i,\max}^2(\boldsymbol{P}_i)\right), \quad q_0 = \sum_{i=1}^{N} q_{i,0}$$

2.2.2 自适应神经网络反演控制器设计

本节将基于 Lyapunov 稳定性理论，在自适应反演控制的框架下设计自适应神经网络控制器，常规反演设计过程中虚拟控制律多次求导可能产生“微分爆炸”，因此本节通过滤波器技术获取虚拟控制律的导数。首先定义如下变量转换关系：

$$\begin{cases} s_{i,1} = x_{i,1} - x_{i,1}^* \\ s_{i,l} = \hat{x}_{i,l} - v_{i,l}, \quad l = 2, \cdots, n \\ w_{i,l} = v_{i,l} - x_{i,l}^* \end{cases} \tag{2-24}$$

式中：$s_{i,l}$ 为误差面；$v_{i,l}$ 为滤波器输出；$x_{i,l}^*$ 为虚拟控制律；w_i 为 $v_{i,l}$ 和 $x_{i,l}^*$ 的误差。

第 1 步　计算惩罚函数式(2-8)的梯度值：

$$\frac{\partial P(\boldsymbol{x}_1)}{\partial \boldsymbol{x}_1} = \mathrm{vec}\left(\frac{\partial f_i(x_{i,1}(t))}{\partial x_{i,1}}\right) + \boldsymbol{L}\boldsymbol{x}_1 \tag{2-25}$$

式中：$\mathrm{vec}\left(\frac{\partial f_i(x_{i,1}(t))}{\partial x_{i,1}}\right)$为元素$\frac{\partial f_i(x_{i,1}(t))}{\partial x_{i,1}}$的列向量。

由于惩罚函数 $P(\boldsymbol{x}_1)$是一个强凸函数,因此可以得到分布式优化问题的最优解满足如下形式：

$$\frac{\partial P(\boldsymbol{x}_1^*)}{\partial \boldsymbol{x}_1^*}=0 \tag{2-26}$$

由式(2-8)和式(2-25)可得

$$\frac{\partial f_i(x_{i,1}^*(t))}{\partial x_{i,1}^*}+\sum_{j\in N_i}a_{ij}(x_{i,1}^*-x_{j,1}^*)=0 \tag{2-27}$$

由式(2-4)和式(2-27)可得

$$2a_i(x_{i,1}^*-x_{\mathrm{d}})+\sum_{j\in N_i}a_{ij}(x_{i,1}^*-x_{j,1}^*)=0 \tag{2-28}$$

由式(2-4)和式(2-28)可得

$$\begin{aligned}\frac{\partial P(x_1)}{\partial x_{i,1}}&=\frac{\partial f_i(x_{i,1}(t))}{\partial x_{i,1}}+\sum_{j\in N_i}a_{ij}(x_{i,1}-x_{j,1})\\&=2a_i(x_{i,1}-x_{\mathrm{d}})+\sum_{j\in N_i}a_{ij}(x_{i,1}-x_{j,1})\\&=2a_i(x_{i,1}-x_{\mathrm{d}})+\sum_{j\in N_i}a_{ij}(x_{i,1}-x_{j,1})-2a_i(x_{i,1}^*-x_{\mathrm{d}})+\sum_{j\in N_i}a_{ij}(x_{i,1}^*-x_{j,1}^*)\\&=2a_is_{i,1}+\sum_{j\in N_i}a_{ij}(s_{i,1}-s_{j,1})\end{aligned} \tag{2-29}$$

取 $\boldsymbol{s}_1=[s_{1,1},\cdots,s_{N,1}]^{\mathrm{T}}$,根据式(2-29)可得

$$\frac{\partial P(\boldsymbol{x}_1)}{\partial \boldsymbol{x}_1}=\boldsymbol{H}\boldsymbol{s}_1 \tag{2-30}$$

式中：$\boldsymbol{H}=\boldsymbol{A}+\boldsymbol{L}$,$\boldsymbol{A}=\mathrm{diag}\{2a_i\}$。

构造 Lyapunov 函数：

$$\begin{aligned}V_1&=V_0+\frac{1}{2}\left(\frac{\partial P(\boldsymbol{x}_1)}{\partial \boldsymbol{x}_1}\right)^{\mathrm{T}}\boldsymbol{H}^{-1}\left(\frac{\partial P(\boldsymbol{x}_1)}{\partial \boldsymbol{x}_1}\right)+\sum_{i=1}^{N}\frac{1}{\sigma_{i,1}}\tilde{\boldsymbol{\theta}}_{i,1}^{\mathrm{T}}\tilde{\boldsymbol{\theta}}_{i,1}\\&=V_0+\frac{1}{2}\boldsymbol{s}_1^{\mathrm{T}}\boldsymbol{H}\boldsymbol{s}_1+\sum_{i=1}^{N}\frac{1}{\sigma_{i,1}}\tilde{\boldsymbol{\theta}}_{i,1}^{\mathrm{T}}\tilde{\boldsymbol{\theta}}_{i,1}\end{aligned} \tag{2-31}$$

式中：$\sigma_{i,1}$ 为设计参数。

由式(2-1)、式(2-16)和式(2-24)可得

$$D^{\alpha}s_{i,1}=\hat{x}_{i,2}+\boldsymbol{\theta}_{i,1}^{\mathrm{T}}\boldsymbol{\psi}_{i,1}+\tilde{\boldsymbol{\theta}}_{i,1}^{\mathrm{T}}\boldsymbol{\psi}_{i,1}+\Delta g_{i,1}+\delta_{i,1}+e_{i,2} \tag{2-32}$$

由式(2-31)和式(2-32)可得

$$\begin{aligned}
D^{\alpha}V_{1}=&D^{\alpha}V_{0}+\boldsymbol{s}_{1}^{\mathrm{T}}\boldsymbol{H}D^{\alpha}\boldsymbol{s}_{1}+\sum_{i=1}^{N}\frac{1}{\sigma_{i,1}}\tilde{\boldsymbol{\theta}}_{i,1}^{\mathrm{T}}D^{\alpha}\tilde{\boldsymbol{\theta}}_{i,1}\\
=&D^{\alpha}V_{0}+\boldsymbol{s}_{1}^{\mathrm{T}}\boldsymbol{H}(\hat{x}_{2}+\mathrm{vec}(\boldsymbol{\theta}_{i,1}^{\mathrm{T}}\boldsymbol{\psi}_{i,1})+\mathrm{vec}(\tilde{\boldsymbol{\theta}}_{i,1}^{\mathrm{T}}\boldsymbol{\psi}_{i,1})+\\
&\Delta\boldsymbol{g}_{1}+\boldsymbol{\delta}_{1}+\boldsymbol{e}_{2})+\sum_{i=1}^{N}\frac{1}{\sigma_{i,1}}\tilde{\boldsymbol{\theta}}_{i,1}^{\mathrm{T}}D^{\alpha}\tilde{\boldsymbol{\theta}}_{i,1}\\
=&D^{\alpha}V_{0}+\boldsymbol{s}_{1}^{\mathrm{T}}\boldsymbol{H}\Big(\boldsymbol{s}_{2}+\boldsymbol{w}_{2}+\boldsymbol{x}_{2}^{*}+\mathrm{vec}(\boldsymbol{\theta}_{i,1}^{\mathrm{T}}\boldsymbol{\psi}_{i,1})+\\
&\mathrm{vec}(\tilde{\boldsymbol{\theta}}_{i,1}^{\mathrm{T}}\boldsymbol{\psi}_{i,1})+\Delta\boldsymbol{g}_{1}+\boldsymbol{\delta}_{1}+\boldsymbol{e}_{2}+\sum_{i=1}^{N}\frac{1}{\sigma_{i,1}}\tilde{\boldsymbol{\theta}}_{i,1}^{\mathrm{T}}D^{\alpha}\tilde{\boldsymbol{\theta}}_{i,1}\Big)\\
=&D^{\alpha}V_{0}+\boldsymbol{s}_{1}^{\mathrm{T}}\boldsymbol{H}\boldsymbol{s}_{2}+\boldsymbol{s}_{1}^{\mathrm{T}}\boldsymbol{H}\boldsymbol{w}_{2}+\boldsymbol{s}_{1}^{\mathrm{T}}\boldsymbol{H}(\boldsymbol{x}_{2}^{*}+\mathrm{vec}(\boldsymbol{\theta}_{i,1}^{\mathrm{T}}\boldsymbol{\psi}_{i,1})+\mathrm{vec}(\tilde{\boldsymbol{\theta}}_{i,1}^{\mathrm{T}}\boldsymbol{\psi}_{i,1}))+\\
&\boldsymbol{s}_{1}^{\mathrm{T}}\boldsymbol{H}\Delta\boldsymbol{g}_{1}+\boldsymbol{s}_{1}^{\mathrm{T}}\boldsymbol{H}\boldsymbol{\delta}_{1}+\boldsymbol{s}_{1}^{\mathrm{T}}\boldsymbol{H}\boldsymbol{e}_{2}-\sum_{i=1}^{N}\frac{1}{\sigma_{i,1}}\tilde{\boldsymbol{\theta}}_{i,1}^{\mathrm{T}}D^{\alpha}\boldsymbol{\theta}_{i,1}
\end{aligned} \tag{2-33}$$

式中：$\boldsymbol{s}_{2}=[s_{1,2},s_{2,2},\cdots,s_{N,2}]^{\mathrm{T}}$；$\boldsymbol{w}_{2}=[w_{1,2},w_{2,2},\cdots,w_{N,2}]^{\mathrm{T}}$；$\boldsymbol{x}_{2}^{*}=[x_{1,2}^{*},x_{2,2}^{*},\cdots,x_{N,2}^{*}]^{\mathrm{T}}$；$\Delta\boldsymbol{g}_{1}=[\Delta g_{1,1},\Delta g_{2,1},\cdots,\Delta g_{N,1}]^{\mathrm{T}}$；$\boldsymbol{\delta}_{1}=[\delta_{1,1},\delta_{2,1},\cdots,\delta_{N,1}]^{\mathrm{T}}$；$\boldsymbol{e}_{2}=[e_{1,2},e_{2,2},\cdots,e_{N,2}]^{\mathrm{T}}$；$\mathrm{vec}(\boldsymbol{\theta}_{i,1}^{\mathrm{T}}\boldsymbol{\psi}_{i,1})$、$\mathrm{vec}(\tilde{\boldsymbol{\theta}}_{i,1}^{\mathrm{T}}\boldsymbol{\psi}_{i,1})$是一列向量。

根据 Young's 不等式可得

$$\boldsymbol{s}_{1}^{\mathrm{T}}\boldsymbol{H}\boldsymbol{s}_{2}\leqslant\frac{1}{2}\boldsymbol{s}_{1}^{\mathrm{T}}\boldsymbol{H}\boldsymbol{H}^{\mathrm{T}}\boldsymbol{s}_{1}+\frac{1}{2}\boldsymbol{s}_{2}^{\mathrm{T}}\boldsymbol{s}_{2} \tag{2-34}$$

$$\boldsymbol{s}_{1}^{\mathrm{T}}\boldsymbol{H}\boldsymbol{w}_{2}\leqslant\frac{1}{2}\boldsymbol{s}_{1}^{\mathrm{T}}\boldsymbol{H}\boldsymbol{H}^{\mathrm{T}}\boldsymbol{s}_{1}+\frac{1}{2}\boldsymbol{w}_{2}^{\mathrm{T}}\boldsymbol{w}_{2} \tag{2-35}$$

$$\boldsymbol{s}_{1}^{\mathrm{T}}\boldsymbol{H}\Delta\boldsymbol{g}_{1}\leqslant\boldsymbol{s}_{1}^{\mathrm{T}}\boldsymbol{H}\boldsymbol{\gamma}_{1}\boldsymbol{e}_{1}\leqslant\frac{1}{2}\boldsymbol{s}_{1}^{\mathrm{T}}\boldsymbol{H}\boldsymbol{\gamma}_{1}\boldsymbol{\gamma}_{1}^{\mathrm{T}}\boldsymbol{H}^{\mathrm{T}}\boldsymbol{s}_{1}+\frac{1}{2}\boldsymbol{e}_{1}^{\mathrm{T}}\boldsymbol{e}_{1} \tag{2-36}$$

$$\boldsymbol{s}_{1}^{\mathrm{T}}\boldsymbol{H}\boldsymbol{\delta}_{1}\leqslant\frac{1}{2}\boldsymbol{s}_{1}^{\mathrm{T}}\boldsymbol{H}\boldsymbol{H}^{\mathrm{T}}\boldsymbol{s}_{1}+\frac{1}{2}\boldsymbol{\delta}_{1}^{\mathrm{T}}\boldsymbol{\delta}_{1} \tag{2-37}$$

$$\boldsymbol{s}_{1}^{\mathrm{T}}\boldsymbol{H}\boldsymbol{e}_{2}\leqslant\frac{1}{2}\boldsymbol{s}_{1}^{\mathrm{T}}\boldsymbol{H}\boldsymbol{H}^{\mathrm{T}}\boldsymbol{s}_{1}+\frac{1}{2}\boldsymbol{e}_{2}^{\mathrm{T}}\boldsymbol{e}_{2} \tag{2-38}$$

式中：$\boldsymbol{\gamma}_{1}=\mathrm{diag}[\gamma_{i,1}]$；$\boldsymbol{e}_{1}=[e_{1,1},e_{2,1},\cdots,e_{N,1}]^{\mathrm{T}}$。

将式(2-34)～式(2-38)代入式(2-33)可得

$$D^{\alpha}V_{1}\leqslant D^{\alpha}V_{0}+\boldsymbol{s}_{1}^{\mathrm{T}}\boldsymbol{H}(\boldsymbol{x}_{2}^{*}+\mathrm{vec}(\boldsymbol{\theta}_{i,1}^{\mathrm{T}}\boldsymbol{\psi}_{i,1})+\mathrm{vec}(\tilde{\boldsymbol{\theta}}_{i,1}^{\mathrm{T}}\boldsymbol{\psi}_{i,1}))+$$

$$\frac{1}{2}\boldsymbol{s}_1^{\mathrm{T}}\boldsymbol{H}\boldsymbol{H}^{\mathrm{T}}\boldsymbol{s}_1+\frac{1}{2}\boldsymbol{w}_2^{\mathrm{T}}\boldsymbol{w}_2+\frac{1}{2}\boldsymbol{s}_1^{\mathrm{T}}\boldsymbol{H}\boldsymbol{H}^{\mathrm{T}}\boldsymbol{s}_1+\frac{1}{2}\boldsymbol{s}_2^{\mathrm{T}}\boldsymbol{s}_2+$$

$$\frac{1}{2}\boldsymbol{s}_1^{\mathrm{T}}\boldsymbol{H}\boldsymbol{\gamma}_1\boldsymbol{\gamma}_1\boldsymbol{H}^{\mathrm{T}}\boldsymbol{s}_1+\frac{1}{2}\boldsymbol{e}_1^{\mathrm{T}}\boldsymbol{e}_1+\frac{1}{2}\boldsymbol{s}_1^{\mathrm{T}}\boldsymbol{H}\boldsymbol{H}^{\mathrm{T}}\boldsymbol{s}_1+$$

$$\frac{1}{2}\boldsymbol{\delta}_1^{\mathrm{T}}\boldsymbol{\delta}_1+\frac{1}{2}\boldsymbol{s}_1^{\mathrm{T}}\boldsymbol{H}\boldsymbol{H}^{\mathrm{T}}\boldsymbol{s}_1+\frac{1}{2}\boldsymbol{e}_2^{\mathrm{T}}\boldsymbol{e}_2-\sum_{i=1}^{N}\frac{1}{\sigma_{i,1}}\tilde{\boldsymbol{\theta}}_{i,1}^{\mathrm{T}}D^{\alpha}\boldsymbol{\theta}_{i,1}\tag{2-39}$$

根据矩阵 $\boldsymbol{H}$ 的定义，有

$$\begin{aligned}
\boldsymbol{s}_1^{\mathrm{T}}\boldsymbol{H}&=\boldsymbol{s}_1^{\mathrm{T}}\boldsymbol{A}+\boldsymbol{s}_1^{\mathrm{T}}\boldsymbol{L}\\
&=[s_{1,1},s_{2,1},\cdots,s_{N,1}]\begin{bmatrix}2a_1 & & & \\ & 2a_2 & & \\ & & \ddots & \\ & & & 2a_N\end{bmatrix}+\\
&\quad[s_{1,1},s_{2,1},\cdots,s_{N,1}]\begin{bmatrix}\sum\limits_{j\in N_i}a_{1j} & \cdots & -a_{1N}\\ -a_{21} & \cdots & -a_{2N}\\ \vdots & \ddots & \ddots\\ -a_{N1} & \cdots & \sum\limits_{j\in N_i}a_{Nj}\end{bmatrix}\\
&=[2a_1s_{1,1},2a_2s_{2,1},\cdots,2a_Ns_{N,1}]+[s_{1,1},s_{2,1},\cdots,s_{N,1}]\begin{bmatrix}\sum\limits_{j\in N_i}a_{1j} & \cdots & -a_{N1}\\ -a_{12} & \cdots & -a_{N2}\\ \vdots & \ddots & \vdots\\ -a_{1N} & \cdots & \sum\limits_{j\in N_i}a_{Nj}\end{bmatrix}\\
&=[2a_1s_{1,1},2a_2s_{2,1},\cdots,2a_Ns_{N,1}]+\Big[\sum_{j\in N_i}a_{1j}(s_{1,1}-s_{j,1}),\cdots,\sum_{j\in N_i}a_{Nj}(s_{N,1}-s_{j,1})\Big]\\
&=\Big[2a_1s_{1,1}+\sum_{j\in N_i}a_{1j}(s_{1,1}-s_{j,1}),\cdots,2a_Ns_{N,1}+\sum_{j\in N_i}a_{Nj}(s_{N,1}-s_{j,1})\Big]
\end{aligned}\tag{2-40}$$

然后，由上式可得

$$\boldsymbol{s}_1^{\mathrm{T}}\boldsymbol{H}\boldsymbol{H}^{\mathrm{T}}\boldsymbol{s}_1=\Big(2a_1s_{1,1}+\sum_{j\in N_i}a_{1j}(s_{1,1}-s_{j,1})\Big)^2+\cdots+\Big(2a_Ns_{N,1}+\sum_{j\in N_i}a_{Nj}(s_{N,1}-s_{j,1})\Big)^2$$

$$=\sum_{i=1}^{N}\left[2a_i(x_{i,1}-x_{\mathrm{d}})+\sum_{j\in N_i}a_{ij}(x_{i,1}-x_{j,1})\right]^2 \tag{2-41}$$

$$\begin{aligned}\boldsymbol{s}_1^{\mathrm{T}}\boldsymbol{H}\boldsymbol{\gamma}_1\boldsymbol{\gamma}_1^{\mathrm{T}}\boldsymbol{H}^{\mathrm{T}}\boldsymbol{s}_1&=\gamma_{1,1}^2\Big(2a_1s_{1,1}+\sum_{j\in N_i}a_{1j}(s_{1,1}-s_{j,1})\Big)^2+\cdots+\\&\quad\gamma_{N,1}^2\Big(2a_Ns_{N,1}+\sum_{j\in N_i}a_{Nj}(s_{N,1}-s_{j,1})\Big)^2\\&=\sum_{i=1}^{N}\gamma_{i,1}^2\left[2a_i(x_{i,1}-x_d)+\sum_{j\in N_i}a_{ij}(x_{i,1}-x_{j,1})\right]^2\end{aligned} \tag{2-42}$$

根据式(2-39)、式(2-41)和式(2-42)，设计第1步虚拟控制律 $x_{i,2}^*$ 和自适应律 $\boldsymbol{\theta}_{i,1}$ 如下：

$$x_{i,2}^*=-c_{i,1}\left[2a_i(x_{i,1}-x_{\mathrm{d}})+\sum_{j\in N_i}a_{ij}(x_{i,1}-x_{j,1})\right]-\boldsymbol{\theta}_{i,1}^{\mathrm{T}}\boldsymbol{\psi}_{i,1} \tag{2-43}$$

$$D^{\alpha}\boldsymbol{\theta}_{i,1}=\sigma_{i,1}\boldsymbol{\psi}_{i,1}\left[2a_i(x_{i,1}-x_{\mathrm{d}})+\sum_{j\in N_i}a_{ij}(x_{i,1}-x_{j,1})\right]-\rho_{i,1}\boldsymbol{\theta}_{i,1} \tag{2-44}$$

式中：$c_{i,1}=\frac{5}{2}+\frac{\gamma_{i,1}^2}{2}$ 和 $\rho_{i,1}$ 是设计参数。

将式(2-23)、式(2-43)和式(2-44)代入式(2-39)，可得

$$\begin{aligned}D^{\alpha}V_1&\leqslant-q_0\|\boldsymbol{e}\|^2+\frac{1}{2}\|\boldsymbol{P\delta}\|^2+\sum_{i=1}^{N}\sum_{l=1}^{n}\frac{1}{2}\tilde{\boldsymbol{\theta}}_{i,l}^{\mathrm{T}}\tilde{\boldsymbol{\theta}}_{i,l}+\frac{1}{2}\boldsymbol{e}_1^{\mathrm{T}}\boldsymbol{e}_1-\\&\quad\frac{1}{2}\boldsymbol{s}_1^{\mathrm{T}}\boldsymbol{H}^{\kappa(t)}\boldsymbol{H}^{\kappa(t)\mathrm{T}}\boldsymbol{s}_1+\frac{1}{2}\boldsymbol{e}_2^{\mathrm{T}}\boldsymbol{e}_2+\frac{1}{2}\boldsymbol{\delta}_1^{\mathrm{T}}\boldsymbol{\delta}_1+\sum_{i=1}^{N}\frac{\rho_{i,1}}{\sigma_{i,1}}\tilde{\boldsymbol{\theta}}_{i,1}^{\mathrm{T}}\boldsymbol{\theta}_{i,1}+\sum_{i=1}^{N}\frac{1}{2}s_{i,2}^2+\sum_{i=1}^{N}\frac{1}{2}w_{i,2}^2\\&\leqslant-q_1\|\boldsymbol{e}\|^2+\eta_1-\frac{1}{2}\boldsymbol{s}_1^{\mathrm{T}}\boldsymbol{H}^{\kappa(t)}\boldsymbol{H}^{\kappa(t)\mathrm{T}}\boldsymbol{s}_1+\sum_{i=1}^{N}\sum_{l=1}^{n}\frac{1}{2}\tilde{\boldsymbol{\theta}}_{i,l}^{\mathrm{T}}\tilde{\boldsymbol{\theta}}_{i,l}+\sum_{i=1}^{N}\frac{\rho_{i,1}}{\sigma_{i,1}}\tilde{\boldsymbol{\theta}}_{i,1}^{\mathrm{T}}\boldsymbol{\theta}_{i,1}+\\&\quad\sum_{i=1}^{N}\frac{1}{2}s_{i,2}^2+\sum_{i=1}^{N}\frac{1}{2}w_{i,2}^2\end{aligned} \tag{2-45}$$

式中：$q_1=q_0-N$；$\eta_1=\frac{1}{2}\|\boldsymbol{P}\boldsymbol{\delta}\|^2+\frac{1}{2}\boldsymbol{\delta}_1^{\mathrm{T}}\boldsymbol{\delta}_1$。

定义 $\lambda_{\max}(\boldsymbol{H}^{\kappa(t)-1})$ 是矩阵 $\boldsymbol{H}^{\kappa(t)-1}$ 的最大特征值。根据式(2-41)可得

$$\frac{1}{2}\boldsymbol{s}_1^{\mathrm{T}}\boldsymbol{H}^{\kappa(t)}\boldsymbol{H}^{\kappa(t)\mathrm{T}}\boldsymbol{s}_1=\frac{1}{2}\left(\frac{\partial P(\boldsymbol{x}_1)}{\partial\boldsymbol{x}_1}\right)^{\mathrm{T}}\left(\frac{\partial P(\boldsymbol{x}_1)}{\partial\boldsymbol{x}_1}\right) \tag{2-46}$$

因此，根据式(2-46)可得

$$D^{\alpha}V_1\leqslant-q_1\|\boldsymbol{e}\|^2+\eta_1+\sum_{i=1}^{N}\sum_{l=1}^{n}\frac{1}{2}\tilde{\boldsymbol{\theta}}_{i,l}^{\mathrm{T}}\tilde{\boldsymbol{\theta}}_{i,l}-$$

$$\frac{1}{2\lambda_{\max}(\boldsymbol{H}^{\kappa(t)-1})}\left(\frac{\partial P(\boldsymbol{x}_1)}{\partial \boldsymbol{x}_1}\right)^{\mathrm{T}}\boldsymbol{H}^{\kappa(t)-1}\left(\frac{\partial P(\boldsymbol{x}_1)}{\partial \boldsymbol{x}_1}\right)+$$
$$\sum_{i=1}^{N}\frac{\rho_{i,1}}{\sigma_{i,1}}\tilde{\boldsymbol{\theta}}_{i,1}^{\mathrm{T}}\boldsymbol{\theta}_{i,1}+\sum_{i=1}^{N}\frac{1}{2}s_{i,2}^{2}+\sum_{i=1}^{N}\frac{1}{2}w_{i,2}^{2} \tag{2-47}$$

利用滤波器技术可得

$$\lambda_{i,2}D^{\alpha}v_{i,2}+v_{i,2}=x_{i,2}^{*},v_{i,2}(0)=x_{i,2}^{*}(0) \tag{2-48}$$

根据式(2-24)和式(2-47)可得

$$D^{\alpha}w_{i,2}=D^{\alpha}v_{i,2}-D^{\alpha}x_{i,2}^{*}=-\frac{v_{i,2}-x_{i,2}^{*}}{\lambda_{i,2}}-D^{\alpha}x_{i,2}^{*}=-\frac{w_{i,2}}{\lambda_{i,2}}+B_{i,2} \tag{2-49}$$

式中：$\lambda_{i,2}$ 为设计参数；$B_{i,2}$ 为关于变量 $x_{i,1}$、$x_{j,1}$、$s_{i,2}$、$s_{j,2}$、$w_{i,2}$、$w_{j,2}$、$\boldsymbol{\theta}_{i,1}$、$\boldsymbol{\theta}_{j,1}$、$x_{\mathrm{d}}$、$D^{\alpha}x_{\mathrm{d}}$ 的函数，并且存在一个正整数 $M_{i,2}$，使得 $|B_{i,2}|\leqslant M_{i,2}$。

第 2 步　定义反演误差变量 $s_{i,2}=\hat{x}_{i,2}-v_{i,2}$。对误差 $s_{i,2}$ 求导可得

$$\begin{aligned}D^{\alpha}s_{i,2}&=D^{\alpha}\hat{x}_{i,2}-D^{\alpha}v_{i,2}\\&=\hat{x}_{i,3}+k_{i,2}e_{i,1}+\boldsymbol{\theta}_{i,2}^{\mathrm{T}}\boldsymbol{\psi}_{i,2}+\tilde{\boldsymbol{\theta}}_{i,2}^{\mathrm{T}}\boldsymbol{\psi}_{i,2}+\delta_{i,2}+\Delta g_{i,2}-D^{\alpha}v_{i,2}\end{aligned} \tag{2-50}$$

由式(2-24)可得

$$\begin{aligned}D^{\alpha}s_{i,2}=&s_{i,3}+x_{i,3}^{*}+w_{i,3}+k_{i,2}e_{i,1}+\boldsymbol{\theta}_{i,2}^{\mathrm{T}}\boldsymbol{\psi}_{i,2}+\\&\tilde{\boldsymbol{\theta}}_{i,2}^{\mathrm{T}}\boldsymbol{\psi}_{i,2}+\delta_{i,2}+\Delta g_{i,2}-D^{\alpha}v_{i,2}\end{aligned} \tag{2-51}$$

构造 Lyapunov 函数：

$$V_2=V_1+\sum_{i=1}^{N}V_{i,2}=V_1+\frac{1}{2}\sum_{i=1}^{N}\left\{s_{i,2}^{2}+\frac{1}{\sigma_{i,2}}\tilde{\boldsymbol{\theta}}_{i,2}^{\mathrm{T}}\tilde{\boldsymbol{\theta}}_{i,2}+w_{i,2}^{2}\right\} \tag{2-52}$$

式中：$\sigma_{i,2}$ 为设计参数，$\sigma_{i,2}>0$。

进一步可得

$$D^{\alpha}V_2=D^{\alpha}V_1+\sum_{i=1}^{N}\left\{s_{i,2}D^{\alpha}s_{i,2}+\frac{1}{\sigma_{i,2}}\tilde{\boldsymbol{\theta}}_{i,2}^{\mathrm{T}}D^{\alpha}\tilde{\boldsymbol{\theta}}_{i,2}+w_{i,2}D^{\alpha}w_{i,2}\right\} \tag{2-53}$$

将式(2-51)代入式(2-53)可得

$$\begin{aligned}D^{\alpha}V_2=D^{\alpha}V_1+\sum_{i=1}^{N}\Big[&s_{i,2}(s_{i,3}+x_{i,3}^{*}+w_{i,3}+k_{i,2}e_{i,1}+\boldsymbol{\theta}_{i,2}^{\mathrm{T}}\boldsymbol{\psi}_{i,2}+\tilde{\boldsymbol{\theta}}_{i,2}^{\mathrm{T}}\boldsymbol{\psi}_{i,2}+\delta_{i,2}+\\&\Delta g_{i,2}-D^{\alpha}v_{i,2})+\frac{1}{\sigma_{i,2}}\tilde{\boldsymbol{\theta}}_{i,2}^{\mathrm{T}}D^{\alpha}\tilde{\boldsymbol{\theta}}_{i,2}+w_{i,2}D^{\alpha}w_{i,2}\Big]\end{aligned} \tag{2-54}$$

根据 Young's 不等式可得

$$s_{i,2}k_{i,2}e_{i,1} \leqslant \frac{1}{2}s_{i,2}^2 + \frac{1}{2}k_{i,2}^2 \| e_{i,1} \|^2 \tag{2-55}$$

$$s_{i,2}(s_{i,3} + w_{i,3}) \leqslant s_{i,2}^2 + \frac{1}{2}(s_{i,3}^2 + w_{i,3}^2) \tag{2-56}$$

$$s_{i,2}\delta_{i,2} \leqslant \frac{1}{2}s_{i,2}^2 + \frac{1}{2}\| \delta_{i,2} \|^2 \tag{2-57}$$

$$s_{i,2}\Delta g_{i,2} \leqslant \frac{1}{2}s_{i,2}^2 + \frac{1}{2}\gamma_{i,2}^2 \| e_{i,2} \|^2 \tag{2-58}$$

将式(2-55)～式(2-58)代入式(2-54)可得

$$\begin{aligned} D^\alpha V_2 \leqslant & D^\alpha V_1 + \sum_{i=1}^{N} \Big[s_{i,2}(x_{i,3}^* + \boldsymbol{\theta}_{i,2}^{\mathrm{T}} \boldsymbol{\psi}_{i,2} + \tilde{\boldsymbol{\theta}}_{i,2}^{\mathrm{T}} \boldsymbol{\psi}_{i,2} - D^\alpha v_{i,2}) + \\ & \frac{5}{2}s_{i,2}^2 + \frac{1}{2}(s_{i,3}^2 + w_{i,3}^2) + \frac{1}{2}k_{i,2}^2 \| e_{i,1} \|^2 + \frac{1}{2}\| \delta_{i,2} \|^2 + \\ & \frac{1}{2}\gamma_{i,2}^2 \| e_{i,2} \|^2 - \frac{1}{\sigma_{i,2}} \tilde{\boldsymbol{\theta}}_{i,2}^{\mathrm{T}} D^\alpha \boldsymbol{\theta}_{i,2} + w_{i,2} D^\alpha w_{i,2} \Big] \end{aligned} \tag{2-59}$$

设计虚拟控制律 $x_{i,3}^*$ 和自适应律$\boldsymbol{\theta}_{i,2}$ 如下：

$$x_{i,3}^* = -c_{i,2}s_{i,2} - 3s_{i,2} - \boldsymbol{\theta}_{i,2}^{\mathrm{T}}\boldsymbol{\psi}_{i,2} + \frac{x_{i,2}^* - v_{i,2}}{\lambda_{i,2}} \tag{2-60}$$

$$D^\alpha \boldsymbol{\theta}_{i,2} = \sigma_{i,2}\boldsymbol{\psi}_{i,2}(\hat{\boldsymbol{X}}_{i,2})s_{i,2} - \rho_{i,2}\boldsymbol{\theta}_{i,2} \tag{2-61}$$

式中：$c_{i,2}$、$\rho_{i,2}$ 为设计参数。

将式(2-47)、式(2-49)、式(2-60)和式(2-61)代入式(2-59)可得

$$\begin{aligned} D^\alpha V_2 \leqslant & -q_1 \| \boldsymbol{e} \|^2 + \eta_1 + \sum_{i=1}^{N}\sum_{l=1}^{n} \frac{1}{2} \tilde{\boldsymbol{\theta}}_{i,l}^{\mathrm{T}} \tilde{\boldsymbol{\theta}}_{i,l} - \\ & \frac{1}{2\lambda_{\max}(\boldsymbol{H}^{\kappa(t)-1})} \left(\frac{\partial P(\boldsymbol{x}_1)}{\partial \boldsymbol{x}_1}\right)^{\mathrm{T}} \boldsymbol{H}^{\kappa(t)-1} \left(\frac{\partial P(\boldsymbol{x}_1)}{\partial \boldsymbol{x}_1}\right) + \sum_{i=1}^{N} \frac{\rho_{i,1}}{\sigma_{i,1}} \tilde{\boldsymbol{\theta}}_{i,1}^{\mathrm{T}} \boldsymbol{\theta}_{i,1} + \\ & \sum_{i=1}^{N} \frac{1}{2}s_{i,2}^2 + \sum_{i=1}^{N} \frac{1}{2}w_{i,2}^2 + \sum_{i=1}^{N} \Bigg[s_{i,2}\Bigg(-c_{i,2}s_{i,2} - 3s_{i,2} - \boldsymbol{\theta}_{i,2}^{\mathrm{T}}\boldsymbol{\psi}_{i,2} + \\ & \frac{x_{i,2}^* - v_{i,2}}{\lambda_{i,2}} + \boldsymbol{\theta}_{i,2}^{\mathrm{T}}\boldsymbol{\psi}_{i,2} + \tilde{\boldsymbol{\theta}}_{i,2}^{\mathrm{T}}\boldsymbol{\psi}_{i,2} - D^\alpha v_{i,2} \Bigg) + \frac{5}{2}s_{i,2}^2 + \frac{1}{2}(s_{i,3}^2 + w_{i,3}^2) + \\ & \frac{1}{2}k_{i,2}^2 \| e_{i,1} \|^2 + \frac{1}{2}\| \delta_{i,2} \|^2 + \frac{1}{2}\gamma_{i,2}^2 \| e_{i,2} \|^2 - \frac{1}{\sigma_{i,2}} \tilde{\boldsymbol{\theta}}_{i,2}^{\mathrm{T}} (\sigma_{i,2}\boldsymbol{\psi}_{i,2}(\hat{\boldsymbol{X}}_{i,2})s_{i,2} - \end{aligned}$$

$$\rho_{i,2}\boldsymbol{\theta}_{i,2}) + w_{i,2}\left(-\frac{w_{i,2}}{\lambda_{i,2}} + B_{i,2}\right)\Bigg] \tag{2-62}$$

通过 Young's 不等式，$w_{i,2}B_{i,2} \leqslant \frac{1}{2}w_{i,2}^2 + \frac{1}{2}M_{i,2}^2$ 成立，从而可得

$$\begin{aligned} D^{\alpha}V_2 \leqslant & -q_2 \|\boldsymbol{e}\|^2 + \eta_2 + \sum_{i=1}^{N}\sum_{l=1}^{n}\frac{1}{2}\tilde{\boldsymbol{\theta}}_{i,l}^{\mathrm{T}}\tilde{\boldsymbol{\theta}}_{i,l} - \\ & \frac{1}{2\lambda_{\max}(\boldsymbol{H}^{\kappa(t)-1})}\left(\frac{\partial P(\boldsymbol{x}_1)}{\partial \boldsymbol{x}_1}\right)^{\mathrm{T}}\boldsymbol{H}^{\kappa(t)-1}\left(\frac{\partial P(\boldsymbol{x}_1)}{\partial \boldsymbol{x}_1}\right) + \\ & \sum_{i=1}^{N}\frac{\rho_{i,1}}{\sigma_{i,1}}\tilde{\boldsymbol{\theta}}_{i,1}^{\mathrm{T}}\boldsymbol{\theta}_{i,1} + \sum_{i=1}^{N}\frac{\rho_{i,2}}{\sigma_{i,2}}\tilde{\boldsymbol{\theta}}_{i,2}^{\mathrm{T}}\boldsymbol{\theta}_{i,2} - \sum_{i=1}^{N}c_{i,2}s_{i,2}^2 - \sum_{i=1}^{N}\left(\frac{1}{\lambda_{i,2}} - 1\right)w_{i,2}^2 + \\ & \frac{1}{2}\sum_{i=1}^{N}M_{i,2}^2 + \frac{1}{2}\sum_{i=1}^{N}(s_{i,3}^2 + w_{i,3}^2) \end{aligned} \tag{2-63}$$

式中

$$\begin{cases} q_2 = q_1 - \frac{1}{2}\sum_{i=1}^{N}(k_{i,2}^2 + \gamma_{i,2}^2) \\ \eta_2 = \eta_1 + \frac{1}{2}\sum_{i=1}^{N}\|\delta_{i,2}\|^2 \end{cases} \tag{2-64}$$

利用滤波器技术可得

$$\lambda_{i,3}D^{\alpha}v_{i,3} + v_{i,3} = x_{i,3}^*, v_{i,3}(0) = x_{i,3}^*(0) \tag{2-65}$$

根据式(2-65)可得

$$D^{\alpha}w_{i,3} = D^{\alpha}v_{i,3} - D^{\alpha}x_{i,3}^* = -\frac{v_{i,3} - x_{i,3}^*}{\lambda_{i,3}} - D^{\alpha}x_{i,3}^* = -\frac{w_{i,3}}{\lambda_{i,3}} + B_{i,3} \tag{2-66}$$

式中：$\lambda_{i,3}$ 为设计参数；$B_{i,3} = -D^{\alpha}x_{i,3}^*$。

第 k 步　定义第 k 步反演误差变量 $s_{i,k} = \hat{x}_{i,k} - v_{i,k}$。对变量 $s_{i,k}$ 求分数阶导数可得

$$\begin{aligned} D^{\alpha}s_{i,k} &= D^{\alpha}\hat{x}_{i,k} - D^{\alpha}v_{i,k} \\ &= \hat{x}_{i,k+1} + k_{i,k}e_{i,1} + \boldsymbol{\theta}_{i,k}^{\mathrm{T}}\boldsymbol{\psi}_{i,k} + \tilde{\boldsymbol{\theta}}_{i,k}^{\mathrm{T}}\boldsymbol{\psi}_{i,k} + \delta_{i,k} + \Delta g_{i,k} - D^{\alpha}v_{i,k} \end{aligned} \tag{2-67}$$

将式(2-24)代入式(2-67)可得

$$D^{\alpha}s_{i,k} = s_{i,k+1} + x_{i,k+1}^* + w_{i,k+1} + k_{i,k}e_{i,1} + \boldsymbol{\theta}_{i,k}^{\mathrm{T}}\boldsymbol{\psi}_{i,k} + \tilde{\boldsymbol{\theta}}_{i,k}^{\mathrm{T}}\boldsymbol{\psi}_{i,k} + \delta_{i,k} + \Delta g_{i,k} - D^{\alpha}v_{i,k} \tag{2-68}$$

构造 Lyapunov 函数：

$$V_k = V_{k-1} + \sum_{i=1}^{N} V_{i,k} = V_{k-1} + \frac{1}{2}\sum_{i=1}^{N}\left\{s_{i,k}^2 + \frac{1}{\sigma_{i,k}}\tilde{\boldsymbol{\theta}}_{i,k}^{\mathrm{T}}\tilde{\boldsymbol{\theta}}_{i,k} + w_{i,k}^2\right\} \tag{2-69}$$

式中：$\sigma_{i,k}$ 为设计参数。

对 Lyapunov 函数求分数阶导数可得

$$D^{\alpha}V_k = D^{\alpha}V_{k-1} + \sum_{i=1}^{N}\left\{s_{i,k}D^{\alpha}s_{i,k} + \frac{1}{\sigma_{i,k}}\tilde{\boldsymbol{\theta}}_{i,k}^{\mathrm{T}}D^{\alpha}\tilde{\boldsymbol{\theta}}_{i,k} + w_{i,k}D^{\alpha}w_{i,k}\right\} \tag{2-70}$$

将式(2-68)代入式(2-70)可得

$$\begin{aligned} D^{\alpha}V_k = D^{\alpha}V_{k-1} + \sum_{i=1}^{N}\Big[s_{i,k}(s_{i,k+1} + x_{i,k+1}^{*} + w_{i,k+1} + k_{i,k}e_{i,1} + \boldsymbol{\theta}_{i,k}^{\mathrm{T}}\boldsymbol{\psi}_{i,k} + \tilde{\boldsymbol{\theta}}_{i,k}^{\mathrm{T}}\boldsymbol{\psi}_{i,k} + \\ \delta_{i,k} + \Delta g_{i,k} - D^{\alpha}v_{i,k}) + \frac{1}{\sigma_{i,k}}\tilde{\boldsymbol{\theta}}_{i,k}^{\mathrm{T}}D^{\alpha}\tilde{\boldsymbol{\theta}}_{i,k} + w_{i,k}D^{\alpha}w_{i,k}\Big] \end{aligned} \tag{2-71}$$

根据 Young's 不等式可得

$$s_{i,k}k_{i,k}e_{i,1} \leqslant \frac{1}{2}s_{i,k}^2 + \frac{1}{2}k_{i,k}^2\|e_{i,1}\|^2 \tag{2-72}$$

$$s_{i,k}(s_{i,k+1} + w_{i,k+1}) \leqslant s_{i,k}^2 + \frac{1}{2}(s_{i,k+1}^2 + w_{i,k+1}^2) \tag{2-73}$$

$$s_{i,k}\delta_{i,k} \leqslant \frac{1}{2}s_{i,k}^2 + \frac{1}{2}\|\delta_{i,k}\|^2 \tag{2-74}$$

$$s_{i,k}\Delta g_{i,k} \leqslant \frac{1}{2}s_{i,k}^2 + \frac{1}{2}\gamma_{i,k}^2\|e_{i,k}\|^2 \tag{2-75}$$

将式(2-72)～式(2-75)代入式(2-71)可得

$$\begin{aligned} D^{\alpha}V_k \leqslant D^{\alpha}V_{k-1} + \sum_{i=1}^{N}\Big[s_{i,k}(x_{i,k+1}^{*} + \boldsymbol{\theta}_{i,k}^{\mathrm{T}}\boldsymbol{\psi}_{i,k} + \tilde{\boldsymbol{\theta}}_{i,k}^{\mathrm{T}}\boldsymbol{\psi}_{i,k} - D^{\alpha}v_{i,k}) + \\ \frac{5}{2}s_{i,k}^2 + \frac{1}{2}(s_{i,k+1}^2 + w_{i,k+1}^2) + \frac{1}{2}k_{i,k}^2\|e_{i,k}\|^2 + \frac{1}{2}\|\delta_{i,k}\|^2 + \\ \frac{1}{2}\gamma_{i,k}^2\|e_{i,k}\|^2 - \frac{1}{\sigma_{i,k}}\tilde{\boldsymbol{\theta}}_{i,k}^{\mathrm{T}}D^{\alpha}\boldsymbol{\theta}_{i,k} + w_{i,k}D^{\alpha}w_{i,k}\Big] \end{aligned} \tag{2-76}$$

设计第 k 步虚拟控制律 $x_{i,k+1}^{*}$ 和自适应律 $\boldsymbol{\theta}_{i,k}$ 如下：

$$x_{i,k+1}^{*} = -c_{i,k}s_{i,k} - 3s_{i,k} - \boldsymbol{\theta}_{i,k}^{\mathrm{T}}\boldsymbol{\psi}_{i,k} + \frac{x_{i,k}^{*} - v_{i,k}}{\lambda_{i,k}} \tag{2-77}$$

$$D^{\alpha}\boldsymbol{\theta}_{i,k} = \sigma_{i,k}\boldsymbol{\psi}_{i,k}(\hat{\boldsymbol{X}}_{i,k})s_{i,k} - \rho_{i,k}\boldsymbol{\theta}_{i,k} \tag{2-78}$$

式中：$c_{i,k}$、$\rho_{i,k}$ 为设计参数。

利用滤波器技术可得

$$\lambda_{i,k} D^{\alpha} v_{i,k} + v_{i,k} = x_{i,k}^{*}, v_{i,k}(0) = x_{i,k}^{*}(0) \tag{2-79}$$

根据式(2-79)可得

$$D^{\alpha} w_{i,k} = D^{\alpha} v_{i,k} - D^{\alpha} x_{i,k}^{*} = -\frac{v_{i,k} - x_{i,k}^{*}}{\lambda_{i,k}} - D^{\alpha} x_{i,k}^{*} = -\frac{w_{i,k}}{\lambda_{i,k}} + B_{i,k} \tag{2-80}$$

式中：$\lambda_{i,k}$ 为设计参数；$B_{i,k} = -D^{\alpha} x_{i,k}^{*}$。

将式(2-77)、式(2-78)和式(2-80)代入式(2-76)可得

$$\begin{aligned} D^{\alpha} V_k \leqslant{} & D^{\alpha} V_{k-1} + \sum_{i=1}^{N} \Bigg[s_{i,k} \bigg(-c_{i,k} s_{i,k} - 3 s_{i,k} - \boldsymbol{\theta}_{i,k}^{\mathrm{T}} \boldsymbol{\psi}_{i,k} + \frac{x_{i,k}^{*} - v_{i,k}}{\lambda_{i,k}} + \\ & \boldsymbol{\theta}_{i,k}^{\mathrm{T}} \boldsymbol{\psi}_{i,k} + \tilde{\boldsymbol{\theta}}_{i,k}^{\mathrm{T}} \boldsymbol{\psi}_{i,k} - D^{\alpha} v_{i,k} \bigg) + \frac{5}{2} s_{i,k}^{2} + \frac{1}{2} (s_{i,k+1}^{2} + w_{i,k+1}^{2}) + \\ & \frac{1}{2} k_{i,k}^{2} \| e_{i,1} \|^{2} + \frac{1}{2} \| \delta_{i,k} \|^{2} + \frac{1}{2} \gamma_{i,k}^{2} \| e_{i,k} \|^{2} - \\ & \frac{1}{\sigma_{i,k}} \tilde{\boldsymbol{\theta}}_{i,k}^{\mathrm{T}} (\sigma_{i,k} \boldsymbol{\psi}_{i,k} s_{i,k} - \rho_{i,k} \boldsymbol{\theta}_{i,k}) + w_{i,k} \bigg(-\frac{w_{i,k}}{\lambda_{i,k}} + B_{i,k} \bigg) \Bigg] \end{aligned} \tag{2-81}$$

根据 Young's 不等式，$w_{i,k} B_{i,k} \leqslant \frac{1}{2} w_{i,k}^{2} + \frac{1}{2} M_{i,k}^{2}$ 成立，从而可得

$$\begin{aligned} D^{\alpha} V_k \leqslant{} & D^{\alpha} V_{k-1} + \sum_{i=1}^{N} \Bigg[s_{i,k} \bigg(-c_{i,k} s_{i,k} - 3 s_{i,k} - \boldsymbol{\theta}_{i,k}^{\mathrm{T}} \boldsymbol{\psi}_{i,k} + \frac{x_{i,k}^{*} - v_{i,k}}{\lambda_{i,k}} + \boldsymbol{\theta}_{i,k}^{\mathrm{T}} \boldsymbol{\psi}_{i,k} + \\ & \tilde{\boldsymbol{\theta}}_{i,k}^{\mathrm{T}} \boldsymbol{\psi}_{i,k} - D^{\alpha} v_{i,k} \bigg) + \frac{5}{2} s_{i,k}^{2} + \frac{1}{2} (s_{i,k+1}^{2} + w_{i,k+1}^{2}) + \frac{1}{2} k_{i,k}^{2} \| e_{i,1} \|^{2} + \\ & \frac{1}{2} \| \delta_{i,k} \|^{2} + \frac{1}{2} \gamma_{i,k}^{2} \| e_{i,k} \|^{2} - \frac{1}{\sigma_{i,k}} \tilde{\boldsymbol{\theta}}_{i,k}^{\mathrm{T}} (\sigma_{i,k} \boldsymbol{\psi}_{i,k} s_{i,k} - \rho_{i,k} \boldsymbol{\theta}_{i,k}) - \\ & \frac{w_{i,k}^{2}}{\lambda_{i,k}} + \frac{1}{2} w_{i,k}^{2} + \frac{1}{2} M_{i,k}^{2} \Bigg] \end{aligned} \tag{2-82}$$

结合式(2-23)、式(2-47)和式(2-63)可得

$$\begin{aligned} D^{\alpha} V_{k-1} \leqslant{} & -q_{k-1} \| \boldsymbol{e} \|^{2} + \eta_{k-1} + \sum_{i=1}^{N} \sum_{l=1}^{n} \frac{1}{2} \tilde{\boldsymbol{\theta}}_{i,l}^{\mathrm{T}} \tilde{\boldsymbol{\theta}}_{i,l} - \\ & \frac{1}{2\lambda_{\max}(\boldsymbol{H}^{\kappa(t)-1})} \left(\frac{\partial P(\boldsymbol{x}_1)}{\partial \boldsymbol{x}_1} \right)^{\mathrm{T}} \boldsymbol{H}^{\kappa(t)-1} \left(\frac{\partial P(\boldsymbol{x}_1)}{\partial \boldsymbol{x}_1} \right) + \sum_{i=1}^{N} \Bigg[\sum_{l=1}^{k-1} \frac{\rho_{i,l}}{\sigma_{i,l}} \tilde{\boldsymbol{\theta}}_{i,l}^{\mathrm{T}} \boldsymbol{\theta}_{i,l} - \\ & \sum_{l=2}^{k-1} c_{i,l} s_{i,l}^{2} + \sum_{l=2}^{k-1} \left(\frac{1}{\lambda_{i,l}} - 1 \right) w_{i,l}^{2} + \frac{1}{2} \sum_{l=2}^{k-1} M_{i,k-1}^{2} + \frac{1}{2} (s_{i,k}^{2} + w_{i,k}^{2}) \Bigg] \end{aligned} \tag{2-83}$$

将式(2-83)代入式(2-82)可得

$$
\begin{aligned}
D^{\alpha}V_k \leqslant & -q_k \|\boldsymbol{e}\|^2+\eta_k+\sum_{i=1}^{N}\sum_{l=1}^{n}\frac{1}{2}\tilde{\boldsymbol{\theta}}_{i,l}^{\mathrm{T}}\tilde{\boldsymbol{\theta}}_{i,l}- \\
& \frac{1}{2\lambda_{\max}(\boldsymbol{H}^{\kappa(t)-1})}\left(\frac{\partial P(\boldsymbol{x}_1)}{\partial \boldsymbol{x}_1}\right)^{\mathrm{T}}\boldsymbol{H}^{\kappa(t)-1}\left(\frac{\partial P(\boldsymbol{x}_1)}{\partial \boldsymbol{x}_1}\right)+\sum_{i=1}^{N}\left[\sum_{l=1}^{k}\frac{\rho_{i,l}}{\sigma_{i,l}}\tilde{\boldsymbol{\theta}}_{i,l}^{\mathrm{T}}\boldsymbol{\theta}_{i,l}-\right. \\
& \left.\sum_{l=2}^{k}c_{i,l}s_{i,l}^{2}-\sum_{l=2}^{k}\left(\frac{1}{\lambda_{i,l}}-1\right)w_{i,l}^{2}+\frac{1}{2}\sum_{l=2}^{k}M_{i,k}^{2}+\frac{1}{2}(s_{i,k+1}^{2}+w_{i,k+1}^{2})\right]
\end{aligned}
\tag{2-84}
$$

式中

$$
\begin{cases}
q_k=q_{k-1}-\dfrac{1}{2}\displaystyle\sum_{i=1}^{N}(k_{i,k}^{2}+\gamma_{i,k}^{2}) \\
\eta_k=\eta_{k-1}+\dfrac{1}{2}\displaystyle\sum_{i=1}^{N}\|\delta_{i,k}\|^{2}
\end{cases}
\tag{2-85}
$$

第 n 步　定义第 n 步反演误差变量和滤波器误差变量:

$$s_{i,n}=\hat{x}_{i,n}-v_{i,n} \tag{2-86}$$

$$w_{i,n}=v_{i,n}-x_{i,n}^{*} \tag{2-87}$$

对反演误差变量求分数阶导数可得

$$
\begin{aligned}
D^{\alpha}s_{i,n} &= D^{\alpha}\hat{x}_{i,n}-D^{\alpha}v_{i,n} \\
&= u_i+k_{i,n}e_{i,1}+\boldsymbol{\theta}_{i,n}^{\mathrm{T}}\boldsymbol{\psi}_{i,n}+\tilde{\boldsymbol{\theta}}_{i,n}^{\mathrm{T}}\boldsymbol{\psi}_{i,n}+\delta_{i,n}+\Delta g_{i,n}-D^{\alpha}v_{i,n}
\end{aligned}
\tag{2-88}
$$

利用滤波器技术可得

$$\lambda_{i,n}D^{\alpha}v_{i,n}+v_{i,n}=x_{i,n}^{*},\quad v_{i,n}(0)=x_{i,n}^{*}(0) \tag{2-89}$$

由式(2-89)可得

$$D^{\alpha}w_{i,n}=D^{\alpha}v_{i,n}-D^{\alpha}x_{i,n}^{*}=-\frac{w_{i,n}}{\lambda_{i,n}}+B_{i,n} \tag{2-90}$$

式中:$\lambda_{i,n}$ 为设计参数;$B_{i,n}=-D^{\alpha}x_{i,n}^{*}$。

构造 Lyapunov 函数:

$$V_n=V_{n-1}+\sum_{i=1}^{N}V_{i,n}=V_{n-1}+\frac{1}{2}\sum_{i=1}^{N}\left\{s_{i,n}^{2}+\frac{1}{\sigma_{i,n}}\tilde{\boldsymbol{\theta}}_{i,n}^{\mathrm{T}}\tilde{\boldsymbol{\theta}}_{i,n}+w_{i,n}^{2}\right\} \tag{2-91}$$

式中:$\sigma_{i,n}$ 为设计参数。

对式(2-91)求分数阶导数可得

$$D^{\alpha}V_{n}=D^{\alpha}V_{n-1}+\sum_{i=1}^{N}\left\{s_{i,n}D^{\alpha}s_{i,n}+\frac{1}{\sigma_{i,n}}\tilde{\boldsymbol{\theta}}_{i,n}^{\mathrm{T}}D^{\alpha}\tilde{\boldsymbol{\theta}}_{i,n}+w_{i,n}D^{\alpha}w_{i,n}\right\} \tag{2-92}$$

将式(2-92)代入式(2-91)可得

$$D^{\alpha}V_{n}=D^{\alpha}V_{n-1}+\sum_{i=1}^{N}\Big[s_{i,n}(u_{i}+k_{i,m}e_{i,1}+\boldsymbol{\theta}_{i,n}^{\mathrm{T}}\boldsymbol{\psi}_{i,n}+\tilde{\boldsymbol{\theta}}_{i,n}^{\mathrm{T}}\boldsymbol{\psi}_{i,n}+\delta_{i,n}+\Delta g_{i,n}-D^{\alpha}v_{i,n})+$$
$$\frac{1}{\sigma_{i,n}}\tilde{\boldsymbol{\theta}}_{i,n}^{\mathrm{T}}D^{\alpha}\tilde{\boldsymbol{\theta}}_{i,n}+w_{i,n}D^{\alpha}w_{i,n}\Big] \tag{2-93}$$

由 Young's 不等式可得

$$s_{i,n}k_{i,n}e_{i,1}\leqslant\frac{1}{2}s_{i,n}^{2}+\frac{1}{2}k_{i,n}^{2}\|e_{i,1}\|^{2} \tag{2-94}$$

$$s_{i,n}\delta_{i,n}\leqslant\frac{1}{2}s_{i,n}^{2}+\frac{1}{2}\|\delta_{i,n}\|^{2} \tag{2-95}$$

$$s_{i,n}\Delta g_{i,n}\leqslant\frac{1}{2}s_{i,n}^{2}+\frac{1}{2}\gamma_{i,n}^{2}\|e_{i,n}\|^{2} \tag{2-96}$$

由式(2-94)~式(2-96),式(2-93)可以改写为

$$D^{\alpha}V_{n}\leqslant D^{\alpha}V_{n-1}+\sum_{i=1}^{N}\Big[s_{i,n}(u_{i}+\boldsymbol{\theta}_{i,n}^{\mathrm{T}}\boldsymbol{\psi}_{i,n}+\tilde{\boldsymbol{\theta}}_{i,n}^{\mathrm{T}}\boldsymbol{\psi}_{i,n}-D^{\alpha}v_{i,n})+\frac{3}{2}s_{i,n}^{2}+$$
$$\frac{1}{2}k_{i,n}^{2}\|e_{i,1}\|^{2}+\frac{1}{2}\|\delta_{i,n}\|^{2}+\frac{1}{2}\gamma_{i,n}^{2}\|e_{i,1}\|^{2}-\frac{1}{\sigma_{i,n}}\tilde{\boldsymbol{\theta}}_{i,n}^{\mathrm{T}}D^{\alpha}\boldsymbol{\theta}_{i,n}+w_{i,n}D^{\alpha}w_{i,n}\Big] \tag{2-97}$$

设计如下控制输入 u_i 和自适应律$\boldsymbol{\theta}_{i,n}$:

$$u_{i}=-c_{i,n}s_{i,n}-2s_{i,n}-\boldsymbol{\theta}_{i,n}^{\mathrm{T}}\boldsymbol{\psi}_{i,n}+\frac{x_{i,n}^{*}-v_{i,n}}{\lambda_{i,n}} \tag{2-98}$$

$$D^{\alpha}\boldsymbol{\theta}_{i,n}=\sigma_{i,n}\boldsymbol{\psi}_{i,n}(\hat{\boldsymbol{X}}_{i,n})s_{i,n}-\rho_{i,n}\boldsymbol{\theta}_{i,n} \tag{2-99}$$

式中:$c_{i,n}$、$\rho_{i,n}$ 为设计参数。

根据式(2-84),将式(2-90)、式(2-98)和式(2-99)代入式(2-97)可得

$$D^{\alpha}V_{n}\leqslant-q_{n-1}\|\boldsymbol{e}\|^{2}+\eta_{n-1}+\sum_{i=1}^{N}\sum_{l=1}^{n}\frac{1}{2}\tilde{\boldsymbol{\theta}}_{i,l}^{\mathrm{T}}\tilde{\boldsymbol{\theta}}_{i,l}-$$
$$\frac{1}{2\lambda_{\max}(\boldsymbol{H}^{\kappa(t)-1})}\left(\frac{\partial P(\boldsymbol{x}_{1})}{\partial\boldsymbol{x}_{1}}\right)^{\mathrm{T}}\boldsymbol{H}^{\kappa(t)-1}\left(\frac{\partial P(\boldsymbol{x}_{1})}{\partial\boldsymbol{x}_{1}}\right)+$$
$$\sum_{i=1}^{N}\Big[\sum_{l=1}^{n-1}\frac{\rho_{i,l}}{\sigma_{i,l}}\tilde{\boldsymbol{\theta}}_{i,l}^{\mathrm{T}}\boldsymbol{\theta}_{i,l}-\sum_{l=2}^{n-1}c_{i,l}s_{i,l}^{2}+\sum_{l=2}^{n-1}\left(\frac{1}{\lambda_{i,l}}-1\right)w_{i,l}^{2}+$$

$$\frac{1}{2}\sum_{l=2}^{n-1}M_{i,l}^{2}+\frac{1}{2}(s_{i,n}^{2}+w_{i,n}^{2})\Bigg]+\sum_{i=1}^{N}\Bigg[s_{i,n}(-c_{i,n}s_{i,n}-2s_{i,n}-\boldsymbol{\theta}_{i,n}^{\mathrm{T}}\boldsymbol{\psi}_{i,n}+\frac{x_{i,n}^{*}-v_{i,n}}{\lambda_{i,n}}+\boldsymbol{\theta}_{i,n}^{\mathrm{T}}\boldsymbol{\psi}_{i,n}+\tilde{\boldsymbol{\theta}}_{i,n}^{\mathrm{T}}\boldsymbol{\psi}_{i,n}-D^{\alpha}v_{i,n})+\frac{3}{2}s_{i,n}^{2}+\frac{1}{2}k_{i,n}^{2}\|e_{i,1}\|^{2}+\frac{1}{2}\|\delta_{i,n}\|^{2}+\frac{1}{2}\gamma_{i,n}^{2}\|e_{i,n}\|^{2}-\frac{1}{\sigma_{i,n}}\tilde{\boldsymbol{\theta}}_{i,n}^{\mathrm{T}}(\sigma_{i,n}\boldsymbol{\psi}_{i,n}s_{i,n}-\rho_{i,n}\boldsymbol{\theta}_{i,n})+w_{i,n}\left(-\frac{w_{i,n}}{\lambda_{i,n}}+B_{i,n}\right)\Bigg] \tag{2-100}$$

根据 Young's 不等式，$w_{i,n}B_{i,n}\leqslant\frac{1}{2}w_{i,n}^{2}+\frac{1}{2}M_{i,n}^{2}$ 成立，由式(2-100)可得

$$D^{\alpha}V_{n}\leqslant-q_{n}\|\boldsymbol{e}\|^{2}+\eta_{n}+\sum_{i=1}^{N}\sum_{l=1}^{n}\frac{1}{2}\tilde{\boldsymbol{\theta}}_{i,l}^{\mathrm{T}}\tilde{\boldsymbol{\theta}}_{i,l}-\frac{1}{2\lambda_{\max}(\boldsymbol{H}^{\kappa(t)-1})}\left(\frac{\partial P(\boldsymbol{x}_{1})}{\partial\boldsymbol{x}_{1}}\right)^{\mathrm{T}}\boldsymbol{H}^{\kappa(t)-1}\left(\frac{\partial P(\boldsymbol{x}_{1})}{\partial\boldsymbol{x}_{1}}\right)+\sum_{i=1}^{N}\Bigg[\sum_{l=1}^{n}\frac{\rho_{i,l}}{\sigma_{i,l}}\tilde{\boldsymbol{\theta}}_{i,l}^{\mathrm{T}}\boldsymbol{\theta}_{i,l}-\sum_{l=2}^{n}c_{i,l}s_{i,l}^{2}-\sum_{l=2}^{n}\left(\frac{1}{\lambda_{i,l}}-1\right)w_{i,l}^{2}+\frac{1}{2}\sum_{l=2}^{n}M_{i,l}^{2}\Bigg] \tag{2-101}$$

式中

$$\begin{cases}q_{n}=q_{n-1}-\dfrac{1}{2}\sum\limits_{i=1}^{N}(k_{i,n}^{2}+\gamma_{i,n}^{2})\\ \eta_{n}=\eta_{n-1}+\dfrac{1}{2}\sum\limits_{i=1}^{N}\|\delta_{i,n}\|^{2}\end{cases} \tag{2-102}$$

根据 Young's 不等式可得

$$\tilde{\boldsymbol{\theta}}_{*,l}^{\mathrm{T}}\boldsymbol{\theta}_{*,l}\leqslant-\frac{1}{2}\tilde{\boldsymbol{\theta}}_{*,l}^{\mathrm{T}}\tilde{\boldsymbol{\theta}}_{*,l}+\frac{1}{2}\boldsymbol{\theta}_{*,l}^{*\mathrm{T}}\boldsymbol{\theta}_{*,l}^{*} \tag{2-103}$$

根据式(2-102)和式(2-103)可得

$$D^{\alpha}V_{n}\leqslant-q_{n}\|\boldsymbol{e}\|^{2}+\eta_{n}+\sum_{i=1}^{N}\sum_{l=1}^{n}\frac{1}{2}\tilde{\boldsymbol{\theta}}_{i,l}^{\mathrm{T}}\tilde{\boldsymbol{\theta}}_{i,l}-\frac{1}{2\lambda_{\max}(\boldsymbol{H}^{\kappa(t)-1})}\left(\frac{\partial P(\boldsymbol{x}_{1})}{\partial\boldsymbol{x}_{1}}\right)^{\mathrm{T}}\boldsymbol{H}^{\kappa(t)-1}\left(\frac{\partial P(\boldsymbol{x}_{1})}{\partial\boldsymbol{x}_{1}}\right)+\sum_{i=1}^{N}\Bigg[-\sum_{l=1}^{n}\frac{\rho_{i,l}}{2\sigma_{i,l}}\tilde{\boldsymbol{\theta}}_{i,l}^{\mathrm{T}}\tilde{\boldsymbol{\theta}}_{i,l}+\sum_{l=1}^{n}\frac{\rho_{i,l}}{2\sigma_{i,l}}\boldsymbol{\theta}_{i,l}^{*\mathrm{T}}\boldsymbol{\theta}_{i,l}^{*}-\sum_{l=2}^{n}c_{i,l}s_{i,l}^{2}-$$

$$\sum_{l=2}^{n}\left(\frac{1}{\lambda_{i,l}}-1\right)w_{i,l}^{2}+\frac{1}{2}\sum_{l=2}^{n}M_{i,l}^{2}\Bigg] \tag{2-104}$$

定义

$$\zeta=\eta_{n}+\sum_{i=1}^{N}\left(\sum_{l=1}^{n}\frac{\rho_{i,l}}{2\sigma_{i,l}}\boldsymbol{\theta}_{i,l}^{*\mathrm{T}}\boldsymbol{\theta}_{i,l}^{*}+\frac{1}{2}\sum_{l=2}^{n}M_{i,l}^{2}\right) \tag{2-105}$$

将式(2-105)代入式(2-104)可得

$$D^{\alpha}V_{n}\leqslant -q_{n}\|\boldsymbol{e}\|^{2}-\frac{1}{2\lambda_{\max}(\boldsymbol{H}^{\kappa(t)-1})}\left(\frac{\partial P(\boldsymbol{x}_{1})}{\partial \boldsymbol{x}_{1}}\right)^{\mathrm{T}}\boldsymbol{H}^{\kappa(t)-1}\left(\frac{\partial P(\boldsymbol{x}_{1})}{\partial \boldsymbol{x}_{1}}\right)+$$
$$\sum_{i=1}^{N}\left[-\sum_{l=2}^{n}c_{i,l}s_{i,l}^{2}-\sum_{l=1}^{n}\left(\frac{\rho_{i,l}}{2\sigma_{i,l}}-\frac{1}{2}\right)\tilde{\boldsymbol{\theta}}_{i,l}^{\mathrm{T}}\tilde{\boldsymbol{\theta}}_{i,l}-\sum_{l=2}^{n}\left(\frac{1}{\lambda_{i,l}}-1\right)w_{i,l}^{2}\right]+\zeta \tag{2-106}$$

式中：$c_{i,l}>0(l=2,3,\cdots,n)$；$\frac{\rho_{i,l}}{2\sigma_{i,l}}-\frac{1}{2}>0(l=1,2,\cdots,n)$；$\frac{1}{\lambda_{i,l}}-1>0(l=2,3,\cdots,n)$。

定义

$$C=\min\left\{2\frac{q_{n}}{\lambda_{\min}(\boldsymbol{P})},\frac{1}{\lambda_{\max}(\boldsymbol{H}^{\kappa(t)-1})},2c_{i,l},2\left(\frac{\rho_{i,l}}{2\sigma_{i,l}}-\frac{1}{2}\right),2\left(\frac{1}{\lambda_{i,l}}-1\right)\right\} \tag{2-107}$$

则式(2-106)可以改写为

$$D^{\alpha}V_{n}(t,x)\leqslant -CV_{n}(t,x)+\zeta \tag{2-108}$$

根据式(2-108)和引理1.2可得

$$V_{n}\leqslant V(0)E_{\alpha}(-Ct^{\alpha})+\frac{\zeta\mu}{C},\quad t\geqslant 0 \tag{2-109}$$

因此，可得

$$\lim_{t\to\infty}|V_{n}(t)|\leqslant\frac{\zeta\mu}{C} \tag{2-110}$$

从而有

$$\lim_{t\to\infty}\left|s_{i,1}\right|\leqslant\sqrt{\frac{2\zeta\mu}{C}} \tag{2-111}$$

故可以得出结论：系统式(2-1)中的所有信号在闭环系统中可以保持半全局最终一致有界，并且最终收敛到分布式优化最优解 x^{*} 的邻域内。

2.3 仿真实例

考虑 Duffing-Holmes 混沌系统

$$\begin{cases} D^{\alpha}x_{i,1}(t)=x_{i,2}(t)+g_{t,1}(x_{i,1}(t)) \\ D^{\alpha}x_{i,2}(t)=u_i(t)+g_{i,2}(x_{i,1}(t),x_{t,2}(t)), \quad i=1,2,3,4,5 \\ y_i(t)=x_{i,1}(t) \end{cases} \tag{2-112}$$

式中

$$g_{1,1}(\boldsymbol{X}_{1,1})=g_{2,1}(\boldsymbol{X}_{2,1})=g_{3,1}(\boldsymbol{X}_{3,1})=g_{4,1}(\boldsymbol{X}_{4,1})=g_{5,1}(\boldsymbol{X}_{5,1})=0$$

$$g_{1,2}(\boldsymbol{X}_{1,2})=x_{1,1}-0.25x_{1,2}-x_{1,1}^3+0.3\cos t$$

$$g_{2,2}(\boldsymbol{X}_{2,2})=x_{2,1}-0.25x_{2,2}-x_{2,1}^3+0.1(x_{2,1}^2+x_{2,2}^2)^{1/2}+0.3\cos t$$

$$g_{3,2}(\boldsymbol{X}_{3,2})=x_{3,1}-0.25x_{3,2}-x_{3,1}^3+0.2\sin t(x_{3,1}^2+2x_{3,2}^2)^{1/2}+0.3\cos t$$

$$g_{4,2}(\boldsymbol{X}_{4,2})=x_{4,1}-0.25x_{4,2}-x_{4,1}^3+0.2\sin t(2x_{4,1}^2+2x_{4,2}^2)^{1/2}+0.3\cos t$$

$$g_{5,2}(\boldsymbol{X}_{5,2})=x_{5,1}-0.1x_{5,2}-x_{5,1}^3+0.2\sin t(x_{5,1}^2+x_{5,2}^2)^{1/2}+0.3\cos t$$

系统初始信号为

$$\boldsymbol{x}_1(0)=[0.1,0.1]^{\mathrm{T}}, \quad \boldsymbol{x}_2(0)=[0.2,0.2]^{\mathrm{T}}, \quad \boldsymbol{x}_3(0)=[0.3,0.3]^{\mathrm{T}},$$

$$\boldsymbol{x}_4(0)=[0.4,0.4]^{\mathrm{T}}, \quad \boldsymbol{x}_5(0)=[0.5,0.5]^{\mathrm{T}}$$

观测器初始信号为

$$\hat{\boldsymbol{x}}_1=[0.2,0.2]^{\mathrm{T}}, \quad \hat{\boldsymbol{x}}_2=[0.3,0.3]^{\mathrm{T}}, \quad \hat{\boldsymbol{x}}_3=[0.4,0.4]^{\mathrm{T}},$$

$$\hat{\boldsymbol{x}}_4=[0.5,0.5]^{\mathrm{T}}, \quad \hat{\boldsymbol{x}}_5=[0.6,0.6]^{\mathrm{T}}$$

参考信号为 $y_{\mathrm{d}}=\sin t$。

给定局部目标函数如下：

$$\begin{cases} f_1(x_{1,1})=3x_{1,1}^2-6x_{\mathrm{d}}x_{1,1}+3x_{\mathrm{d}}^2+0.1 \\ f_2(x_{2,1})=4.6x_{2,1}^2-9.2x_{\mathrm{d}}x_{2,1}+4.6x_{\mathrm{d}}^2+0.2 \\ f_3(x_{3,1})=3.5x_{3,1}^2-7x_{\mathrm{d}}x_{3,1}+3.5x_{\mathrm{d}}^2+1 \\ f_4(x_{4,1})=2.5x_{4,1}^2-5x_{\mathrm{d}}x_{4,1}+2.5x_{\mathrm{d}}^2+0.3 \\ f_5(x_{5,1})=2.3x_{5,1}^2-4.6x_{\mathrm{d}}x_{5,1}+2.3x_{\mathrm{d}}^2+0.4 \end{cases} \tag{2-113}$$

设计惩罚函数

$$P(\boldsymbol{x}_1)=\sum_{i=1}^{5}f_i(x_{i,1})+\boldsymbol{x}_1^{\mathrm{T}}\boldsymbol{L}\boldsymbol{x}_1$$

并得到分布式优化最优解的必要条件为

$$\frac{\partial P(\boldsymbol{x}_1^*)}{\partial \boldsymbol{x}_1^*}=0 \tag{2-114}$$

式中：$\boldsymbol{x}_1^*=[x_{1,1}^*,x_{2,1}^*,\cdots,x_{5,1}^*]^{\mathrm{T}}$。

根据式(2-43)、式(2-44)、式(2-98)和式(2-99)设计虚拟控制律、控制输入和自适应律，其中设计参数分别取 $c_{1,1}=c_{3,1}=c_{4,1}=c_{5,1}=5$，$c_{2,1}=4$，$c_{i,2}=2$，$\sigma_{i,1}=\sigma_{i,2}=1$，$\rho_{i,1}=40$，$\rho_{i,2}=80$，$\lambda_{i,2}=0.05$。

图 2-1～图 2-7 为仿真结果。图 2-1 为未控条件下 Duffing-Holmes 混沌系统图像；图 2-2 为多智能体通信拓扑图。图 2-3 和图 2-4 为通过本章所提出方法得到的系统状态跟踪图像以及智能体 1 的观测器估计值，从图中可以清晰得出，本章所提出方法具有较好的控制效果，在合理的误差范围内能够成功跟踪上目标信号，同时所设计的观测器具有较好的估计效果。图 2-5 为智能体输出信号与参考信号之间的追踪误差。图 2-6 为本章所提方法得到的控制输入轨迹。图 2-7 为本章所构造的惩罚函数的数值轨迹，可以看出惩罚函数最终能够收敛到最小值附近，这意味着多智能体系统中的智能体输出能够收敛到分布式优化问题的最优解附近。

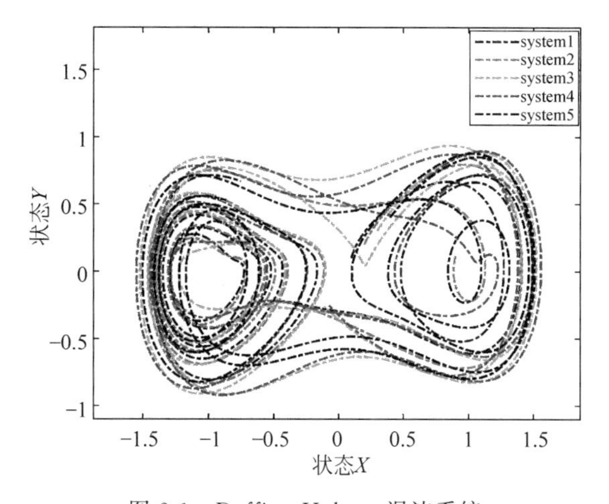

图 2-1　Duffing-Holmes 混沌系统

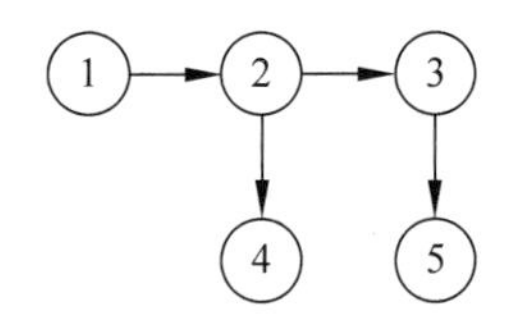

图 2-2 多智能体通信拓扑图

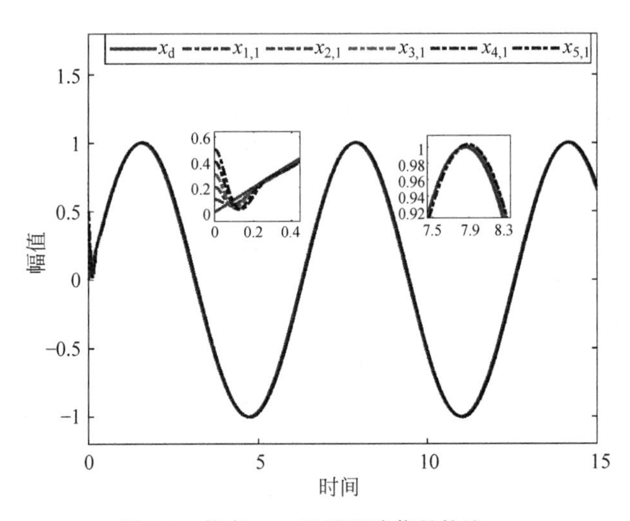

彩图

图 2-3 状态 $x_{i,1}$ 以及跟踪信号轨迹 y_d

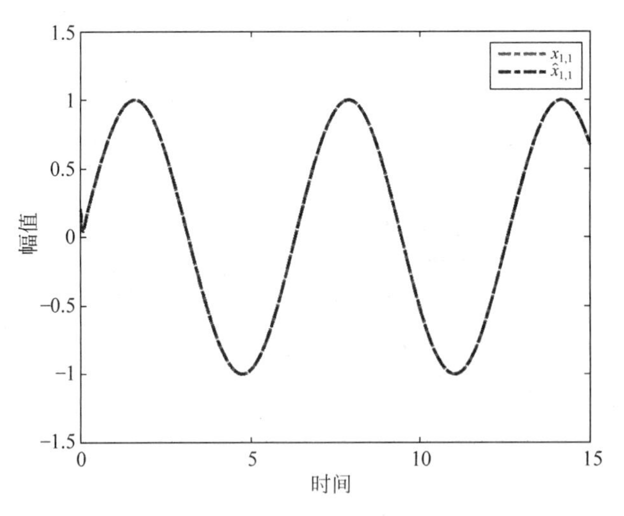

彩图

图 2-4 状态 $x_{1,1}$ 以及观测器信号 $\hat{x}_{1,1}$

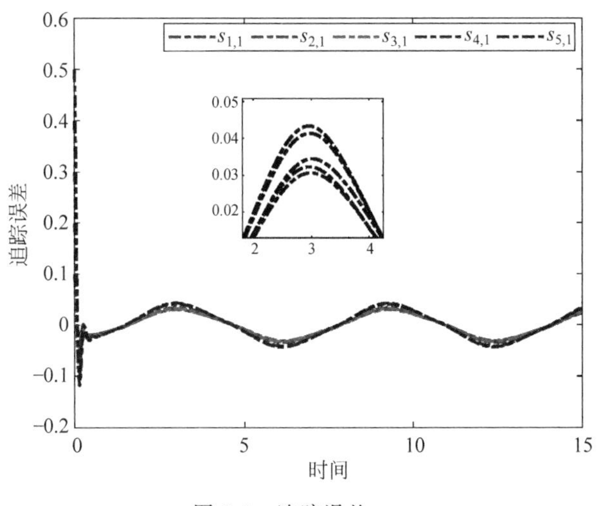

图 2-5　追踪误差 $s_{i,1}$

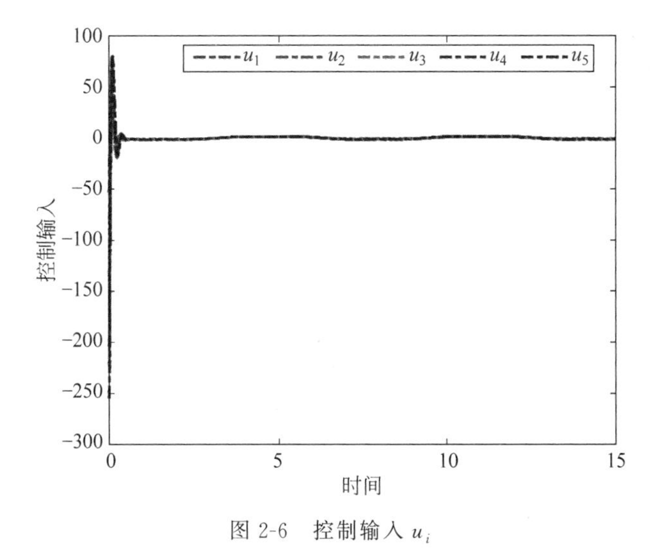

图 2-6　控制输入 u_i

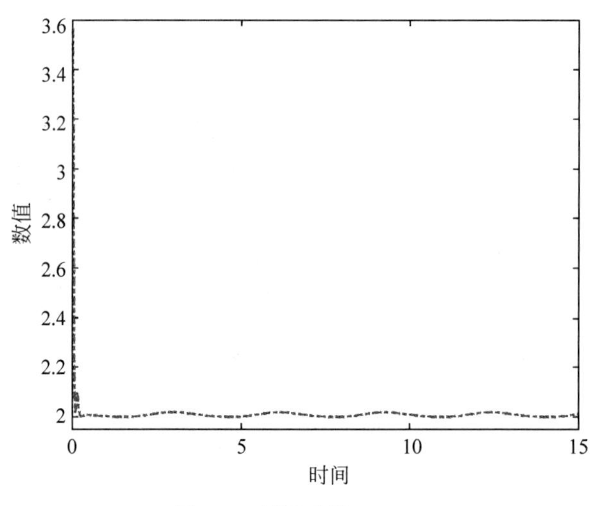

图 2-7 惩罚函数 $P(\boldsymbol{x}_1)$

第3章

拓扑变换下多智能体切换系统的分布式优化控制

3.1 问题描述

3.1.1 系统描述

考虑一类高阶非线性严格反馈多智能体切换系统如下：

$$\begin{cases}\dot{x}_{i,1}(t)=x_{i,2}+g_{i,1}^{\chi_i(t)}(x_{i,1})\\ \dot{x}_{i,l}(t)=x_{i,l+1}+g_{i,l}^{\chi_i(t)}(x_{i,1},x_{i,2},\cdots,x_{i,l})\\ \dot{x}_{i,n}(t)=u_i(t)+g_{i,n}^{\chi_i(t)}(x_{i,1},x_{i,2},\cdots,x_{i,n})\\ y_i(t)=x_{i,1}(t)\end{cases},\quad i=1,2,\cdots,N,l=2,3,\cdots,n-1 \tag{3-1}$$

式中：$u_i(t)$为控制输入；$y_i(t)$为系统输出，$g_{i,l}^{\chi_i(t)}(x_{i,l},x_{i,2},\cdots,x_{i,l})$为定义在系统状态上的未知非线性函数，$\chi(t)$为分段连续函数，用来描述子系统之间切换的触发条件，当$\chi(t)=q$时，意味着第q个子系统处在活动状态。

定义第 i 个智能体的系统状态向量 $\boldsymbol{X}_{i,l}=(x_{i,1},x_{i,2},\cdots,x_{i,l})^{\mathrm{T}}\in\mathbb{R}^{l}$。将系统式(3-1)改写如下：

$$\begin{cases}\dot{\boldsymbol{X}}_{i,n}=\boldsymbol{A}_i\boldsymbol{X}_{i,n}+\boldsymbol{K}_i y_i+\sum\limits_{l=1}^{n}\boldsymbol{B}_{i,l}[g_{i,l}^{q}(\boldsymbol{X}_{i,l})]+\boldsymbol{B}_i u_i(t)\\ y_i=\boldsymbol{C}_i\boldsymbol{X}_{i,n}\end{cases}\tag{3-2}$$

式中

$$\boldsymbol{A}_i=\begin{bmatrix}-k_{i,l} & & & \\ \vdots & & I_{n-1} & \\ & & & \\ -k_{i,n} & 0 & \cdots & 0\end{bmatrix},\quad \boldsymbol{K}_i=\begin{bmatrix}k_{i,1}\\ \vdots\\ k_{i,n}\end{bmatrix},\quad \boldsymbol{B}_i=\begin{bmatrix}0\\ \vdots\\ 1\end{bmatrix},$$

$$\boldsymbol{B}_{i,l}=[0\cdots1\cdots0]^{\mathrm{T}},\quad \boldsymbol{C}_i=[1\quad 0\cdots0]$$

给定一个正定矩阵 $\boldsymbol{Q}_i^{\mathrm{T}}=\boldsymbol{Q}_i$，存在一个正定矩阵 $\boldsymbol{P}_i^{\mathrm{T}}=\boldsymbol{P}_i$ 并满足

$$\boldsymbol{A}_i^{\mathrm{T}}\boldsymbol{P}_i+\boldsymbol{P}_i\boldsymbol{A}_i=-2\boldsymbol{Q}_i\tag{3-3}$$

3.1.2 构造含惩罚项的优化问题

考虑路径追踪问题的局部目标函数设计如下：

$$\begin{aligned}f_i(x_{i,1})&=a_i(x_{i,1}-x_{\mathrm{d}})^2+c\\&=a_i x_{i,1}^2+b_i x_{i,1}+c_i\end{aligned}\tag{3-4}$$

式中：x_{d} 为智能体追踪的目标信号；$a_i>0,b_i=-2a_i x_{\mathrm{d}},c_i=a_i x_{\mathrm{d}}^2+c,1\leqslant i\leqslant N$ 且 a_i、c 是常数。定义全局目标函数 $f:\mathbb{R}^N\rightarrow\mathbb{R}$ 为

$$f(\boldsymbol{x}_1)=\sum_{i=1}^{N}f_i(x_{i,1})\tag{3-5}$$

考虑局部目标函数 f_i 是可导的强凸函数，全局目标函数 f 也是可导的强凸函数。定义向量 $\boldsymbol{x}_1=[x_{1,1},x_{2,1},\cdots,x_{N,1}]^{\mathrm{T}}$。根据引理 1.3，对于某一常数 $\alpha\in\mathbb{R}$，若有 $\boldsymbol{x}_1=\alpha\cdot\boldsymbol{1}_N$，则可得

$$\boldsymbol{L}^{\kappa(t)}\boldsymbol{x}_1=0\tag{3-6}$$

基于上式，设计如下惩罚项：

$$\boldsymbol{x}_1^{\mathrm{T}}\boldsymbol{L}^{\kappa(t)}\boldsymbol{x}_1=0\tag{3-7}$$

定义如下惩罚函数：

$$P(\boldsymbol{x}_1)=\sum_{i=1}^{N}f_i(x_{i,1})+\boldsymbol{x}_1^{\mathrm{T}}\boldsymbol{L}^{\kappa(t)}\boldsymbol{x}_1 \tag{3-8}$$

因为全局目标函数是强凸函数，可以得到惩罚函数也是强凸函数的结论。

本章的目标是设计控制器$(u_1,\cdots,u_N)$，来对每个$i=1,\cdots,N$，使得$\lim\limits_{t\to\infty}x_{i,1}\to x_{i,1}^*$。定义向量$\boldsymbol{x}_1^*=(x_{1,1}^*,\cdots,x_{N,1}^*)$，其中第$i$个智能体的分布式优化问题最优解$x_{1,1}^*$定义如下：

$$(x_{1,1}^*,\cdots,x_{N,1}^*)=\underset{(x_{1,1},\cdots,x_{N,1})}{\operatorname{argmin}}P(\boldsymbol{x}_1) \tag{3-9}$$

3.2　自适应神经网络反演控制器设计

3.2.1　神经网络观测器设计

由于系统中的非线性项$g_{i,l}^q(\boldsymbol{X}_{i,1})$未知，因此有如下假设：

假设 3.1　根据RBF神经网络逼近技术，假设未知函数$g_i^q(\boldsymbol{X}_i)$可以表示为

$$g_i^q(\boldsymbol{X}_i\mid\boldsymbol{\theta}_i)=\boldsymbol{\theta}_i^{\mathrm{T}}\boldsymbol{\psi}_i(\boldsymbol{X}_i),\quad 1\leqslant i\leqslant n \tag{3-10}$$

式中：$\boldsymbol{\theta}_i$为理想常数向量；$\boldsymbol{\psi}_i(\boldsymbol{X}_i)$为高斯基函数向量。

设计基于RBF神经网络的状态观测器为

$$\begin{aligned}&\dot{\hat{\boldsymbol{X}}}_{i,n}=\boldsymbol{A}_i\hat{\boldsymbol{X}}_{i,n}+\boldsymbol{K}_iy_i+\sum_{l=1}^{n}\boldsymbol{B}_{i,l}[\hat{g}_{i,l}^q(\hat{\boldsymbol{X}}_{i,l}\mid\boldsymbol{\theta}_{i,l})]+\boldsymbol{B}_iu_i(t)\\&\hat{y}_i=\boldsymbol{C}_i\hat{\boldsymbol{X}}_{i,n}\end{aligned} \tag{3-11}$$

式中：$\boldsymbol{C}=[1\cdots0\cdots0]$；$\hat{\boldsymbol{X}}_{i,l}=(\hat{x}_{i,1},\hat{x}_{i,2},\cdots,\hat{x}_{i,n})^{\mathrm{T}}$是$\boldsymbol{X}_{i,l}=(x_{i,1},x_{i,2},\cdots,x_{i,l})^{\mathrm{T}}$的估计值。

定义系统的观测误差$\boldsymbol{e}_i=\boldsymbol{X}_{i,n}-\hat{\boldsymbol{X}}_{i,n}$，根据式(3-2)和式(3-11)可得

$$\dot{\boldsymbol{e}}_i=\boldsymbol{A}_i\boldsymbol{e}_i+\sum_{l=1}^{n}\boldsymbol{B}_{i,l}[g_{i,l}^q(\hat{\boldsymbol{X}}_{i,l})-\hat{g}_{i,l}^q(\hat{\boldsymbol{X}}_{i,l}\mid\boldsymbol{\theta}_{i,l})+\Delta g_{i,l}^q] \tag{3-12}$$

式中

$$\Delta g_{i,l}^q=g_{i,l}^q(\boldsymbol{X}_{i,l})-g_{i,l}^q(\hat{\boldsymbol{X}}_{i,l})$$

通过RBF神经网络逼近技术可得

$$\hat{g}^{q}_{i,l}(\hat{\boldsymbol{X}}_{i,l} \mid \boldsymbol{\theta}_{i,l})=\boldsymbol{\theta}^{\mathrm{T}}_{i,l}\boldsymbol{\varphi}_{i,l}(\hat{\boldsymbol{X}}_{i,l}) \tag{3-13}$$

定义最优参数向量为

$$\boldsymbol{\theta}^{*}_{i,l}=\operatorname{argmin}_{\boldsymbol{\theta}_{i,l}\in\boldsymbol{\Omega}_{i,l}}\left[\sup_{\hat{\boldsymbol{X}}_{i,l}\in\boldsymbol{U}_{i,l}}\left|\hat{g}^{q}_{i,l}(\hat{\boldsymbol{X}}_{i,l} \mid \boldsymbol{\theta}_{i,l})-g^{q}_{i,l}(\hat{\boldsymbol{X}}_{i,l})\right|\right],\quad 1\leqslant l\leqslant n \tag{3-14}$$

式中：$\boldsymbol{\Omega}_i$、$\boldsymbol{U}_i$ 分别为变量$\boldsymbol{\theta}_{i,l}$、$\hat{\boldsymbol{X}}_{i,l}$ 的紧集。

定义最小逼近误差和参数估计误差为

$$\begin{cases}\varepsilon^{q}_{i,l}=g^{q}_{i,l}(\hat{\boldsymbol{X}}_{i,l})-\hat{g}^{q}_{i,l}(\hat{\boldsymbol{X}}_{i,l} \mid \boldsymbol{\theta}^{*}_{i,l})\\ \tilde{\boldsymbol{\theta}}_{i,l}=\boldsymbol{\theta}^{*}_{i,l}-\boldsymbol{\theta}_{i,l}\end{cases},\quad l=1,2,\cdots,n \tag{3-15}$$

假设 3.2 假设最优逼近误差有界，存在已知正常数 ε_0，使得$|\boldsymbol{\varepsilon}_i|\leqslant\varepsilon_0$。

假设 3.3 存在一组已知常数 $\gamma_{i,l}$，使得以下关系成立：

$$\left|g_{i,l}(\boldsymbol{X}_{i,l})-g_{i,l}(\hat{\boldsymbol{X}}_{i,l})\right|\leqslant\gamma_{i,l}\left\|\boldsymbol{X}_{i,l}-\hat{\boldsymbol{X}}_{i,l}\right\| \tag{3-16}$$

根据式(3-11)和式(3-12)可得

$$\begin{aligned}\dot{\boldsymbol{e}}_i&=\boldsymbol{A}_i\boldsymbol{e}_i+\sum_{l=1}^{n}\boldsymbol{B}_{i,l}\left[g^{q}_{i,l}(\hat{\boldsymbol{X}}_{i,l})-\hat{g}^{q}_{i,l}(\hat{\boldsymbol{X}}_{i,l} \mid \boldsymbol{\theta}_{i,l})+\Delta g^{q}_{i,l}\right]\\&=\boldsymbol{A}_i\boldsymbol{e}_i+\sum_{l=1}^{n}\boldsymbol{B}_{i,l}\left[\varepsilon^{q}_{i,l}+\Delta g^{q}_{i,l}+\tilde{\boldsymbol{\theta}}^{\mathrm{T}}_{i,l}\boldsymbol{\varphi}_{i,l}(\hat{\boldsymbol{X}}_{i,l})\right]\\&=\boldsymbol{A}_i\boldsymbol{e}_i+\Delta\boldsymbol{g}^{q}_{i}+\boldsymbol{\varepsilon}^{q}_{i}+\sum_{l=1}^{n}\boldsymbol{B}_{i,l}\left[\tilde{\boldsymbol{\theta}}^{\mathrm{T}}_{i,l}\boldsymbol{\varphi}_{i,l}(\hat{\boldsymbol{X}}_{i,l})\right]\end{aligned} \tag{3-17}$$

式中

$$\boldsymbol{\varepsilon}^{q}_{i}=[\varepsilon^{q}_{i,1},\cdots,\varepsilon^{q}_{i,n}]^{\mathrm{T}},\quad \Delta\boldsymbol{g}^{q}_{i}=[\Delta g^{q}_{1},\cdots,\Delta g^{q}_{n}]^{\mathrm{T}}。$$

选取 Lyapunov 函数：

$$V_0=\sum_{i=1}^{N}V_{i,0}=\sum_{i=1}^{N}\frac{1}{2}\boldsymbol{e}^{\mathrm{T}}_{i}\boldsymbol{P}_i\boldsymbol{e}_i \tag{3-18}$$

对式(3-18)进行微分可得

$$\begin{aligned}\dot{V}_0&\leqslant\sum_{i=1}^{N}\left\{\frac{1}{2}\boldsymbol{e}^{\mathrm{T}}_{i}(\boldsymbol{P}_i\boldsymbol{A}^{\mathrm{T}}_{i}+\boldsymbol{A}_i\boldsymbol{P}_i)\boldsymbol{e}_i+\boldsymbol{e}^{\mathrm{T}}_{i}\boldsymbol{P}_i(\boldsymbol{\varepsilon}^{q}_{i}+\Delta\boldsymbol{g}^{q}_{i})+\sum_{l=1}^{n}\boldsymbol{e}^{\mathrm{T}}_{i}\boldsymbol{P}_i\boldsymbol{B}_{i,l}\left[\tilde{\boldsymbol{\theta}}^{\mathrm{T}}_{i,l}\boldsymbol{\varphi}_{i,l}(\hat{\boldsymbol{X}}_{i,l})\right]\right\}\\&\leqslant\sum_{i=1}^{N}\left[-\boldsymbol{e}^{\mathrm{T}}_{i}\boldsymbol{Q}_i\boldsymbol{e}_i+\boldsymbol{e}^{\mathrm{T}}_{i}\boldsymbol{P}_i(\boldsymbol{\varepsilon}^{q}_{i}+\Delta\boldsymbol{g}^{q}_{i})+\boldsymbol{e}^{\mathrm{T}}_{i}\boldsymbol{P}_i\sum_{l=1}^{n}\boldsymbol{B}_{i,l}\tilde{\boldsymbol{\theta}}^{\mathrm{T}}_{i,l}\boldsymbol{\varphi}_{i,l}(\hat{\boldsymbol{X}}_{i,l})\right]\end{aligned} \tag{3-19}$$

通过 Young's 不等式以及假设 3.3 可得

$$\boldsymbol{e}^{\mathrm{T}}_{i}\boldsymbol{P}_i(\boldsymbol{\varepsilon}^{q}_{i}+\Delta\boldsymbol{g}^{q}_{i})\leqslant\left|\boldsymbol{e}^{\mathrm{T}}_{i}\boldsymbol{P}_i\boldsymbol{\varepsilon}^{q}_{i}\right|+\left|\boldsymbol{e}^{\mathrm{T}}_{i}\boldsymbol{P}_i\Delta\boldsymbol{g}^{q}_{i}\right|$$

$$\leqslant \frac{1}{2}\|\boldsymbol{e}_i\|^2+\frac{1}{2}\|\boldsymbol{P}\boldsymbol{\varepsilon}_i^q\|^2+\frac{1}{2}\|\boldsymbol{e}_i\|^2+\frac{1}{2}\|\boldsymbol{P}_i\|^2\|\Delta\boldsymbol{g}_i^q\|^2$$

$$\leqslant \|\boldsymbol{e}_i\|^2+\frac{1}{2}\|\boldsymbol{P}_i\boldsymbol{\varepsilon}_i^q\|^2+\frac{1}{2}\|\boldsymbol{P}_i\|^2\sum_{l=1}^{n}|\Delta g_{i,l}^q|^2$$

$$\leqslant \|\boldsymbol{e}_i\|^2+\frac{1}{2}\|\boldsymbol{e}_i\|^2\|\boldsymbol{P}_i\|^2\sum_{l=1}^{n}\gamma_{i,l}^{q2}+\frac{1}{2}\|\boldsymbol{P}_i\boldsymbol{\varepsilon}_i^q\|^2$$

$$\leqslant \|\boldsymbol{e}_i\|^2\left(1+\frac{1}{2}\|\boldsymbol{P}_i\|^2\sum_{l=1}^{n}\gamma_{i,l}^{q2}\right)+\frac{1}{2}\|\boldsymbol{P}_i\boldsymbol{\varepsilon}_i^q\|^2 \tag{3-20}$$

以及

$$\boldsymbol{e}_i^{\mathrm{T}}\boldsymbol{P}_i\sum_{l=1}^{n}\boldsymbol{B}_{i,l}\tilde{\boldsymbol{\theta}}_{i,l}^{\mathrm{T}}\boldsymbol{\varphi}_{i,l}(\hat{\boldsymbol{X}}_{i,l})$$

$$\leqslant \frac{1}{2}\boldsymbol{e}_i^{\mathrm{T}}\boldsymbol{P}_i^{\mathrm{T}}\boldsymbol{P}_i\boldsymbol{e}_i+\frac{1}{2}\sum_{l=1}^{n}\tilde{\boldsymbol{\theta}}_{i,l}^{\mathrm{T}}\boldsymbol{\varphi}_{i,l}(\hat{\boldsymbol{X}}_{i,l})\boldsymbol{\varphi}_{i,l}^{\mathrm{T}}(\hat{\boldsymbol{X}}_{i,l})\tilde{\boldsymbol{\theta}}_{i,l}$$

$$\leqslant \frac{1}{2}\lambda_{i,\max}^2(\boldsymbol{P}_i)\|\boldsymbol{e}_i\|^2+\frac{1}{2}\sum_{l=1}^{n}\tilde{\boldsymbol{\theta}}_{i,l}^{\mathrm{T}}\tilde{\boldsymbol{\theta}}_{i,l} \tag{3-21}$$

式中：$\lambda_{i,\max}(\boldsymbol{P}_i)$为正定矩阵 $\boldsymbol{P}_i$ 的最大特征值。

根据式(3-19)～式(3-21)可得

$$\dot{V}_0\leqslant\sum_{i=1}^{N}\left(-q_{i,0}\|\boldsymbol{e}_i\|^2+\frac{1}{2}\|\boldsymbol{P}_i\boldsymbol{\varepsilon}_i^q\|^2+\frac{1}{2}\sum_{l=1}^{n}\tilde{\boldsymbol{\theta}}_{i,l}^{\mathrm{T}}\tilde{\boldsymbol{\theta}}_{i,l}\right) \tag{3-22}$$

式中

$$0<\boldsymbol{\varphi}_{i,l}(\cdot)\boldsymbol{\varphi}_{i,l}^{\mathrm{T}}(\cdot)\leqslant 1;\ q_{i,0}=\lambda_{i,\min}(\boldsymbol{Q}_i)-\left(1+\frac{1}{2}\|\boldsymbol{P}_i\|^2\sum_{l=1}^{n}\gamma_{i,l}^2+\frac{1}{2}\lambda_{i,\max}^2(\boldsymbol{P}_i)\right)$$

式(3-22)改写为

$$\dot{V}_0\leqslant -q_0\|\boldsymbol{e}\|^2+\frac{1}{2}\|\boldsymbol{P}\boldsymbol{\varepsilon}\|^2+\sum_{i=1}^{N}\sum_{l=1}^{n}\frac{1}{2}\tilde{\boldsymbol{\theta}}_{i,l}^{\mathrm{T}}\tilde{\boldsymbol{\theta}}_{i,l} \tag{3-23}$$

式中：$q_0=\sum_{i=1}^{N}q_{i,0}$。

3.2.2 分布式控制器设计

本节结合自适应反演控制、观测器技术和动态面控制(Dynamic Surface Control，DSC)技术设计虚拟控制律、控制输入和参数自适应律。定义误差变量：

$$\begin{cases} s_{i,1} = x_{i,1} - x_{i,1}^* \\ s_{i,l} = \hat{x}_{i,l} - v_{i,l} \quad , \quad l = 2, \cdots, n \\ w_{i,l} = v_{i,l} - x_{i,l}^* \end{cases} \tag{3-24}$$

式中：$s_{i,l}$ 为误差面；$v_{i,l}$ 为滤波器输出；$x_{i,l}^*$ 为虚拟控制律；w_i 为 $v_{i,l}$ 和 $x_{i,l}^*$ 的误差。

第 1 步　计算惩罚函数式(3-8)的梯度值：

$$\frac{\partial P(\boldsymbol{x}_1)}{\partial \boldsymbol{x}_1} = \mathrm{vec}\left(\frac{\partial f_i(x_{i,1}(t))}{\partial x_{i,1}}\right) + \boldsymbol{L}^{\kappa(t)} \boldsymbol{x}_1 \tag{3-25}$$

式中：$\mathrm{vec}\left(\frac{\partial f_i(x_{i,1}(t))}{\partial x_{i,1}}\right)$为元素$\frac{\partial f_i(x_{i,1}(t))}{\partial x_{i,1}}$的列向量。

由于惩罚函数 $P(\boldsymbol{x}_1)$是一个强凸函数,那么可以得到分布式优化问题的最优解满足如下形式：

$$\frac{\partial P(\boldsymbol{x}_1^*)}{\partial \boldsymbol{x}_1^*} = 0 \tag{3-26}$$

根据式(3-8)和式(3-26)可得

$$\frac{\partial f_i(x_{i,1}^*(t))}{\partial x_{i,1}^*} + \sum_{j \in N_i} a_{ij}(x_{i,1}^* - x_{j,1}^*) = 0 \tag{3-27}$$

由式(3-4)和式(3-27)可得

$$2a_i(x_{i,1}^* - x_{\mathrm{d}}) + \sum_{j \in N_i} a_{ij}(x_{i,1}^* - x_{j,1}^*) = 0 \tag{3-28}$$

根据式(3-24)和式(3-28)可得

$$\begin{aligned} \frac{\partial P(\boldsymbol{x}_1)}{\partial x_{i,1}} &= \frac{\partial f_i(x_{i,1}(t))}{\partial x_{i,1}} + \sum_{j \in N_i} a_{ij}(x_{i,1} - x_{j,1}) \\ &= 2a_i(x_{i,1} - x_{\mathrm{d}}) + \sum_{j \in N_i} a_{ij}(x_{i,1} - x_{j,1}) \\ &= 2a_i(x_{i,1} - x_{\mathrm{d}}) + \sum_{j \in N_i} a_{ij}(x_{i,1} - x_{j,1}) - 2a_i(x_{i,1}^* - x_{\mathrm{d}}) + \sum_{j \in N_i} a_{ij}(x_{i,1}^* - x_{j,1}^*) \\ &= 2a_i s_{i,1} + \sum_{j \in N_i} a_{ij}(s_{i,1} - s_{j,1}) \end{aligned} \tag{3-29}$$

取 $\boldsymbol{s}_1 = [s_{1,1}, \cdots, s_{N,1}]^{\mathrm{T}}$,根据式(3-29)可得

$$\frac{\partial P(\boldsymbol{x}_1)}{\partial \boldsymbol{x}_1} = \boldsymbol{H}^{\kappa(t)} \boldsymbol{s}_1 \tag{3-30}$$

式中：$\boldsymbol{H}^{\kappa(t)}=\boldsymbol{A}+\boldsymbol{L}^{\kappa(t)}$；$\boldsymbol{A}=\mathrm{diag}\{2a_i\}$。

构造 Lyapunov 函数：

$$\begin{aligned}V_1&=V_0+\frac{1}{2}\left(\frac{\partial P(\boldsymbol{x}_1)}{\partial \boldsymbol{x}_1}\right)^{\mathrm{T}}\boldsymbol{H}^{\kappa(t)-1}\left(\frac{\partial P(\boldsymbol{x}_1)}{\partial \boldsymbol{x}_1}\right)+\sum_{i=1}^{N}\frac{1}{\sigma_{i,1}}\tilde{\boldsymbol{\theta}}_{i,1}^{\mathrm{T}}\tilde{\boldsymbol{\theta}}_{i,1}\\&=V_0+\frac{1}{2}\boldsymbol{s}_1^{\mathrm{T}}\boldsymbol{H}^{\kappa(t)}\boldsymbol{s}_1+\sum_{i=1}^{N}\frac{1}{\sigma_{i,1}}\tilde{\boldsymbol{\theta}}_{i,1}^{\mathrm{T}}\tilde{\boldsymbol{\theta}}_{i,1}\end{aligned}\tag{3-31}$$

式中：$\sigma_{i,1}$ 为设计参数。

根据式(3-1)、式(3-11)和式(3-24)可得

$$\dot{s}_{i,1}=\hat{x}_{i,2}+\boldsymbol{\theta}_{i,1}^{\mathrm{T}}\boldsymbol{\varphi}_{i,1}+\tilde{\boldsymbol{\theta}}_{i,1}^{\mathrm{T}}\boldsymbol{\varphi}_{i,1}+\Delta g_{i,1}^{q}+\varepsilon_{i,1}^{q}+e_{i,2}\tag{3-32}$$

由式(3-31)和式(3-32)可得

$$\begin{aligned}\dot{V}_1&=\dot{V}_0+\boldsymbol{s}_1^{\mathrm{T}}\boldsymbol{H}^{\kappa(t)}\dot{\boldsymbol{s}}_1+\sum_{i=1}^{N}\frac{1}{\sigma_{i,1}}\tilde{\boldsymbol{\theta}}_{i,1}^{\mathrm{T}}\tilde{\boldsymbol{\theta}}_{i,1}\\&=\dot{V}_0+\boldsymbol{s}_1^{\mathrm{T}}\boldsymbol{H}^{\kappa(t)}(\hat{\boldsymbol{x}}_2+\mathrm{vec}(\boldsymbol{\theta}_{i,1}^{\mathrm{T}}\boldsymbol{\varphi}_{i,1})+\mathrm{vec}(\tilde{\boldsymbol{\theta}}_{i,1}^{\mathrm{T}}\boldsymbol{\varphi}_{i,1})+\Delta\boldsymbol{g}_1^{q}+\boldsymbol{\varepsilon}_1^{q}+\boldsymbol{e}_2)+\\&\quad\sum_{i=1}^{N}\frac{1}{\sigma_{i,1}}\tilde{\boldsymbol{\theta}}_{i,1}^{\mathrm{T}}\dot{\tilde{\boldsymbol{\theta}}}_{i,1}\\&=\dot{V}_0+\boldsymbol{s}_1^{\mathrm{T}}\boldsymbol{H}^{\kappa(t)}(\boldsymbol{s}_2+\boldsymbol{w}_2+\boldsymbol{x}_2^{*}+\mathrm{vec}(\boldsymbol{\theta}_{i,1}^{\mathrm{T}}\boldsymbol{\varphi}_{i,1})+\mathrm{vec}(\tilde{\boldsymbol{\theta}}_{i,1}^{\mathrm{T}}\boldsymbol{\varphi}_{i,1})+\Delta\boldsymbol{g}_1^{q}+\boldsymbol{\varepsilon}_1^{q}+\boldsymbol{e}_2)+\\&\quad\sum_{i=1}^{N}\frac{1}{\sigma_{i,1}}\tilde{\boldsymbol{\theta}}_{i,1}^{\mathrm{T}}\dot{\tilde{\boldsymbol{\theta}}}_{i,1}\\&=\dot{V}_0+\boldsymbol{s}_1^{\mathrm{T}}\boldsymbol{H}^{\kappa(t)}\boldsymbol{s}_2+\boldsymbol{s}_1^{\mathrm{T}}\boldsymbol{H}^{\kappa(t)}\boldsymbol{w}_2+\boldsymbol{s}_1^{\mathrm{T}}\boldsymbol{H}^{\kappa(t)}(\boldsymbol{x}_2^{*}+\mathrm{vec}(\boldsymbol{\theta}_{i,1}^{\mathrm{T}}\boldsymbol{\varphi}_{i,1})+\mathrm{vec}(\tilde{\boldsymbol{\theta}}_{i,1}^{\mathrm{T}}\boldsymbol{\varphi}_{i,1}))+\\&\quad\boldsymbol{s}_1^{\mathrm{T}}\boldsymbol{H}^{\kappa(t)}\Delta\boldsymbol{g}_1^{q}+\boldsymbol{s}_1^{\mathrm{T}}\boldsymbol{H}^{\kappa(t)}\varepsilon_1^{q}+\boldsymbol{s}_1^{\mathrm{T}}\boldsymbol{H}^{\kappa(t)}\boldsymbol{e}_2-\sum_{i=1}^{N}\frac{1}{\sigma_{i,1}}\tilde{\boldsymbol{\theta}}_{i,1}^{\mathrm{T}}\dot{\boldsymbol{\theta}}_{i,1}\end{aligned}\tag{3-33}$$

式中：$\boldsymbol{s}_2=[s_{1,2},s_{2,2},\cdots,s_{N,2}]^{\mathrm{T}}$；$\boldsymbol{w}_2=[w_{1,2},w_{2,2},\cdots,w_{N,2}]^{\mathrm{T}}$；$\boldsymbol{x}_2^{*}=[x_{1,2}^{*},x_{2,2}^{*},\cdots,x_{N,2}^{*}]^{\mathrm{T}}$；$\Delta\boldsymbol{g}_1^{q}=[\Delta g_{1,1}^{q},\Delta g_{2,1}^{q},\cdots,\Delta g_{N,1}^{q}]^{\mathrm{T}}$；$\boldsymbol{\varepsilon}_1^{q}=[\varepsilon_{1,1}^{q},\varepsilon_{2,1}^{q},\cdots,\varepsilon_{N,1}^{q}]^{\mathrm{T}}$；$\boldsymbol{e}_2=[e_{1,2},e_{2,2},\cdots,e_{N,2}]^{\mathrm{T}}$；$\mathrm{vec}(\boldsymbol{\theta}_{i,1}^{\mathrm{T}}\boldsymbol{\varphi}_{i,1})$和 $\mathrm{vec}(\tilde{\boldsymbol{\theta}}_{i,1}^{\mathrm{T}}\boldsymbol{\varphi}_{i,1})$为列向量。

根据 Young's 不等式可得

$$\boldsymbol{s}_1^{\mathrm{T}}\boldsymbol{H}^{\kappa(t)}\boldsymbol{s}_2\leqslant\frac{1}{2}\boldsymbol{s}_1^{\mathrm{T}}\boldsymbol{H}^{\kappa(t)}\boldsymbol{H}^{\kappa(t)\mathrm{T}}\boldsymbol{s}_1+\frac{1}{2}\boldsymbol{s}_2^{\mathrm{T}}\boldsymbol{s}_2\tag{3-34}$$

$$\boldsymbol{s}_1^{\mathrm{T}}\boldsymbol{H}^{\kappa(t)}\boldsymbol{w}_2\leqslant\frac{1}{2}\boldsymbol{s}_1^{\mathrm{T}}\boldsymbol{H}^{\kappa(t)}\boldsymbol{H}^{\kappa(t)\mathrm{T}}\boldsymbol{s}_1+\frac{1}{2}\boldsymbol{w}_2^{\mathrm{T}}\boldsymbol{w}_2\tag{3-35}$$

$$s_1^{\mathrm{T}} H^{\kappa(t)} \Delta g_1^q \leqslant \frac{1}{2} s_1^{\mathrm{T}} H^{\kappa(t)} \gamma_1^q \gamma_1^{q\mathrm{T}} H^{\kappa(t)\mathrm{T}} s_1 + \frac{1}{2} e_1^{\mathrm{T}} e_1 \tag{3-36}$$

$$s_1^{\mathrm{T}} H^{\kappa(t)} \varepsilon_1^q \leqslant \frac{1}{2} s_1^{\mathrm{T}} H^{\kappa(t)} H^{\kappa(t)\mathrm{T}} s_1 + \frac{1}{2} \varepsilon_1^{q\mathrm{T}} \varepsilon_1^q \tag{3-37}$$

$$s_1^{\mathrm{T}} H^{\kappa(t)} e_2 \leqslant \frac{1}{2} s_1^{\mathrm{T}} H^{\kappa(t)} H^{\kappa(t)\mathrm{T}} s_1 + \frac{1}{2} e_2^{\mathrm{T}} e_2 \tag{3-38}$$

式中：$\gamma_1^q = \mathrm{diag}[\gamma_{i,1}^q]$；$e_1 = [e_{1,1}, e_{2,1}, \cdots, e_{N,1}]^{\mathrm{T}}$。

将式(3-34)～式(3-38)代入式(3-33)可得

$$\begin{aligned}
\dot{V}_1 \leqslant\ & \dot{V}_0 + s_1^{\mathrm{T}} H^{\kappa(t)} (x_2^* + \mathrm{vec}(\theta_{i,1}^{\mathrm{T}} \varphi_{i,1}) + \mathrm{vec}(\tilde{\theta}_{i,1}^{\mathrm{T}} \varphi_{i,1})) + \\
& \frac{1}{2} s_1^{\mathrm{T}} H^{\kappa(t)} H^{\kappa(t)\mathrm{T}} s_1 + \frac{1}{2} w_2^{\mathrm{T}} w_2 + \frac{1}{2} s_1^{\mathrm{T}} H^{\kappa(t)} H^{\kappa(t)\mathrm{T}} s_1 + \frac{1}{2} s_2^{\mathrm{T}} s_2 + \\
& \frac{1}{2} s_1^{\mathrm{T}} H^{\kappa(t)} \gamma_1^q \gamma_1^{q\mathrm{T}} H^{\kappa(t)\mathrm{T}} s_1 + \frac{1}{2} e_1^{\mathrm{T}} e_1 + \frac{1}{2} s_1^{\mathrm{T}} H^{\kappa(t)} H^{\kappa(t)\mathrm{T}} s_1 + \frac{1}{2} \varepsilon_1^{q\mathrm{T}} \varepsilon_1^q + \\
& \frac{1}{2} s_1^{\mathrm{T}} H^{\kappa(t)} H^{\kappa(t)\mathrm{T}} s_1 + \frac{1}{2} e_2^{\mathrm{T}} e_2 - \sum_{i=1}^{N} \frac{1}{\sigma_{i,1}} \tilde{\theta}_{i,1}^{\mathrm{T}} \dot{\theta}_{i,1}
\end{aligned} \tag{3-39}$$

与第 2 章相同，可得如下等式：

$$s_1^{\mathrm{T}} H H^{\mathrm{T}} s_1 = \sum_{i=1}^{N} [2a_i (x_{i,1} - x_{\mathrm{d}}) + \sum_{j \in N_i} a_{ij} (x_{i,1} - x_{j,1})]^2 \tag{3-40}$$

$$s_1^{\mathrm{T}} H \gamma_1 \gamma_1^{\mathrm{T}} H^{\mathrm{T}} s_1 = \sum_{i=1}^{N} \gamma_{i,1}^2 \left[2a_i (x_{i,1} - x_{\mathrm{d}}) + \sum_{j \in N_i} a_{ij} (x_{i,1} - x_{j,1})\right]^2 \tag{3-41}$$

根据式(3-39)～式(3-41)，设计第 1 步虚拟控制律 $x_{i,2}^*$ 和自适应律$\theta_{i,1}$：

$$x_{i,2}^* = -c_{i,1} \left[2a_i (x_{i,1} - x_d) + \sum_{j \in N_i} a_{ij} (x_{i,1} - x_{j,1})\right] - \theta_{i,1}^{\mathrm{T}} \varphi_{i,1} (\hat{X}_{i,1}) \tag{3-42}$$

$$\dot{\theta}_{i,1} = \sigma_{i,1} \varphi_{i,1} (\hat{X}_{i,1}) \left[2a_i (x_{i,1} - x_{\mathrm{d}}) + \sum_{j \in N_i} a_{ij} (x_{i,1} - x_{j,1})\right] - \rho_{i,1} \theta_{i,1} \tag{3-43}$$

式中：$c_{i,1} = \frac{5}{2} + \frac{\gamma_{i,1}^{q2}}{2}$和 $\rho_{i,1}$ 为设计参数。

将式(3-42)和式(3-43)代入式(3-39)可得

$$\begin{aligned}
\dot{V}_1 \leqslant & -q_0 \| e \|^2 + \frac{1}{2} \| P\varepsilon \|^2 + \sum_{i=1}^{N} \sum_{l=1}^{n} \frac{1}{2} \tilde{\theta}_{i,l}^{\mathrm{T}} \tilde{\theta}_{i,l} - \frac{1}{2} s_1^{\mathrm{T}} H^{\kappa(t)} H^{\kappa(t)\mathrm{T}} s_1 + \\
& \frac{1}{2} e_2^{\mathrm{T}} e_2 + \frac{1}{2} e_1^{\mathrm{T}} e_1 + \frac{1}{2} \varepsilon_1^{q\mathrm{T}} \varepsilon_1^q + \sum_{i=1}^{N} \frac{\rho_{i,1}}{\sigma_{i,1}} \tilde{\theta}_{i,1}^{\mathrm{T}} \theta_{i,1} + \frac{1}{2} s_2^{\mathrm{T}} s_2 + \frac{1}{2} w_2^{\mathrm{T}} w_2
\end{aligned} \tag{3-44}$$

式中

$$q_1 = q_0 - N;\quad \eta_1 = \frac{1}{2}\|\boldsymbol{P}\boldsymbol{\varepsilon}\|^2 + \frac{1}{2}\boldsymbol{\varepsilon}_1^{q\mathrm{T}}\boldsymbol{\varepsilon}_1^q$$

通过使用滤波器技术可以获得状态变量 $v_{i,2}$ 为

$$\lambda_{i,2}\dot{v}_{i,2} + v_{i,2} = x_{i,2}^*,\quad v_{i,2}(0) = x_{i,2}^*(0) \tag{3-45}$$

进一步，由式(3-24)和式(3-45)可得

$$\dot{w}_{i,2} = \dot{v}_{i,2} - \dot{x}_{i,2}^* = -\frac{v_{i,2} - x_{i,2}^*}{\lambda_{i,2}} - \dot{x}_{i,2}^* = -\frac{w_{i,2}}{\lambda_{i,2}} + B_{i,2} \tag{3-46}$$

式中：$\lambda_{i,2}$ 为设计参数；$B_{i,2} = -\dot{x}_{i,2}^*$，根据相关文献可知，存在一个正整数 $M_{i,2}$，使得 $|B_{i,2}| \leqslant M_{i,2}$。

第 2 步　定义误差变量 $s_{i,2} = \hat{x}_{i,2} - v_{i,2}$，进一步可得

$$\begin{aligned}\dot{s}_{i,2} &= \dot{\hat{x}}_{i,2} - \dot{v}_{i,2}\\ &= \hat{x}_{i,3} + k_{i,2}e_{i,1} + \boldsymbol{\theta}_{i,2}^{\mathrm{T}}\boldsymbol{\varphi}_{i,2} + \tilde{\boldsymbol{\theta}}_{i,2}^{\mathrm{T}}\boldsymbol{\varphi}_{i,2} + \varepsilon_{i,2}^q + \Delta g_{i,2}^q - \dot{v}_{i,2}\\ &= s_{i,3} + w_{i,3} + x_{i,3}^* + k_{i,2}e_{i,1} + \boldsymbol{\theta}_{i,2}^{\mathrm{T}}\boldsymbol{\varphi}_{i,2} + \tilde{\boldsymbol{\theta}}_{i,2}^{\mathrm{T}}\boldsymbol{\varphi}_{i,2} + \varepsilon_{i,2}^q + \Delta g_{i,2}^q - \dot{v}_{i,2}\end{aligned} \tag{3-47}$$

构造 Lyapunov 函数：

$$V_2 = V_1 + \sum_{i=1}^{N} V_{i,2} = V_1 + \frac{1}{2}\sum_{i=1}^{N}\left\{s_{i,2}^2 + \frac{1}{\sigma_{i,2}}\tilde{\boldsymbol{\theta}}_{i,2}^{\mathrm{T}}\tilde{\boldsymbol{\theta}}_{i,2} + w_{i,2}^2\right\} \tag{3-48}$$

根据 Young's 不等式可得

$$s_{i,2}k_{i,2}e_{i,1} \leqslant \frac{1}{2}s_{i,2}^2 + \frac{1}{2}k_{i,2}^2\|e_{i,1}\|^2 \tag{3-49}$$

$$s_{i,2}(s_{i,3} + w_{i,3}) \leqslant s_{i,2}^2 + \frac{1}{2}(s_{i,3}^2 + w_{i,3}^2) \tag{3-50}$$

将式(3-49)、式(3-50)代入式(3-48)可得

$$\begin{aligned}\dot{V}_2 \leqslant \dot{V}_1 + \sum_{i=1}^{N}\Big[& s_{i,2}(x_{i,3}^* + \boldsymbol{\theta}_{i,2}^{\mathrm{T}}\boldsymbol{\varphi}_{i,2} + \tilde{\boldsymbol{\theta}}_{i,32}^{\mathrm{T}}\boldsymbol{\varphi}_{i,2} - \dot{v}_{i,2}) + \frac{5}{2}s_{i,2}^2 + \frac{1}{2}(s_{i,3}^2 + w_{i,3}^2) + \\ & \frac{1}{2}k_{i,2}^2\|e_{i,1}\|^2 + \frac{1}{2}\|\varepsilon_{i,2}^q\|^2 + \frac{1}{2}\gamma_{i,2}^{q2}\|e_{i,2}\|^2 - \frac{1}{\sigma_{i,2}}\tilde{\boldsymbol{\theta}}_{i,2}^{\mathrm{T}}\dot{\boldsymbol{\theta}}_{i,2} + w_{i,2}\dot{w}_{i,2}\Big]\end{aligned} \tag{3-51}$$

设计第 2 步虚拟控制律和自适应律如下：

$$x_{i,3}^* = -c_{i,2}s_{i,2} - 3s_{i,2} - \boldsymbol{\theta}_{i,2}^{\mathrm{T}}\boldsymbol{\varphi}_{i,2}(\hat{\boldsymbol{X}}_{i,2}) + \frac{x_{i,2}^* - v_{i,2}}{\lambda_{i,2}} \tag{3-52}$$

$$\dot{\boldsymbol{\theta}}_{i,2}=\boldsymbol{\sigma}_{i,2}\boldsymbol{\varphi}_{i,2}(\hat{\boldsymbol{X}}_{i,2})s_{i,2}-\rho_{i,2}\boldsymbol{\theta}_{i,2} \tag{3-53}$$

式中：$\rho_{i,2}$ 为设计参数。

将式(3-52)、式(3-53)和式(3-44)代入式(3-51)可得

$$\begin{aligned}\dot{V}_2\leqslant&-q_1\|\boldsymbol{e}\|^2+\eta_1+\sum_{i=1}^{N}\sum_{l=1}^{n}\frac{1}{2}\tilde{\boldsymbol{\theta}}_{i,l}^{\mathrm{T}}\tilde{\boldsymbol{\theta}}_{i,l}+\\&\sum_{i=1}^{N}\frac{\rho_{i,1}}{\sigma_{i,1}}\tilde{\boldsymbol{\theta}}_{i,1}^{\mathrm{T}}\boldsymbol{\theta}_{i,1}-\frac{1}{2\lambda_{\max}(\boldsymbol{H}^{\kappa(t)-1})}\left(\frac{\partial P(\boldsymbol{x}_1)}{\partial\boldsymbol{x}_1}\right)^{\mathrm{T}}\boldsymbol{H}^{\kappa(t)-1}\left(\frac{\partial P(\boldsymbol{x}_1)}{\partial\boldsymbol{x}_1}\right)+\\&\sum_{i=1}^{N}\frac{1}{2}s_{i,2}^2+\sum_{i=1}^{N}\frac{1}{2}w_{i,2}^2+\sum_{i=1}^{N}\left[s_{i,2}\left(-c_{i,2}s_{i,2}-3s_{i,2}-\boldsymbol{\theta}_{i,2}^{\mathrm{T}}\boldsymbol{\varphi}_{i,2}(\hat{\boldsymbol{X}}_{i,2})+\right.\right.\\&\left.\frac{x_{i,2}^*-v_{i,2}}{\lambda_{i,2}}+\boldsymbol{\theta}_{i,2}^{\mathrm{T}}\boldsymbol{\varphi}_{i,2}+\tilde{\boldsymbol{\theta}}_{i,2}^{\mathrm{T}}\boldsymbol{\varphi}_{i,2}-\dot{v}_{i,2}\right)+\\&\frac{5}{2}s_{i,2}^2+\frac{1}{2}(s_{i,3}^2+w_{i,3}^2)+\frac{1}{2}k_{i,2}^2\|e_{i,1}\|^2+\frac{1}{2}\|\varepsilon_{i,2}^q\|^2+\frac{1}{2}\gamma_{i,2}^{q2}\|e_{i,2}\|^2-\\&\left.\frac{1}{\sigma_{i,2}}\tilde{\boldsymbol{\theta}}_{i,2}^{\mathrm{T}}(\sigma_{i,2}\boldsymbol{\varphi}_{i,2}(\hat{\boldsymbol{X}}_{i,2})s_{i,2}-\rho_{i,2}\boldsymbol{\theta}_{i,2})+w_{i,2}\left(-\frac{w_{i,2}}{\lambda_{i,2}}+B_{i,2}\right)\right]\end{aligned} \tag{3-54}$$

根据 Young's 不等式，$w_{i,2}B_{i,2}\leqslant\frac{1}{2}w_{i,2}^2+\frac{1}{2}M_{i,2}^2$ 成立，由此可得

$$\begin{aligned}\dot{V}_2\leqslant&-q_2\|\boldsymbol{e}\|^2+\eta_2+\sum_{i=1}^{N}\sum_{l=1}^{n}\frac{1}{2}\tilde{\boldsymbol{\theta}}_{i,l}^{\mathrm{T}}\tilde{\boldsymbol{\theta}}_{i,l}-\\&\frac{1}{2\lambda_{\max}(\boldsymbol{H}^{\kappa(t)-1})}\left(\frac{\partial P(\boldsymbol{x}_1)}{\partial\boldsymbol{x}_1}\right)^{\mathrm{T}}\boldsymbol{H}^{\kappa(t)-1}\left(\frac{\partial P(\boldsymbol{x}_1)}{\partial\boldsymbol{x}_1}\right)+\sum_{i=1}^{N}\frac{\rho_{i,1}}{\sigma_{i,1}}\tilde{\boldsymbol{\theta}}_{i,1}^{\mathrm{T}}\boldsymbol{\theta}_{i,1}+\\&\sum_{i=1}^{N}\frac{\rho_{i,2}}{\sigma_{i,2}}\tilde{\boldsymbol{\theta}}_{i,2}^{\mathrm{T}}\boldsymbol{\theta}_{i,2}-\sum_{i=1}^{N}c_{i,2}s_{i,2}^2-\sum_{i=1}^{N}\left(\frac{1}{\lambda_{i,2}}-1\right)w_{i,2}^2+\\&\sum_{i=1}^{N}\left[\frac{1}{2}M_{i,2}^2+\frac{1}{2}(s_{i,3}^2+w_{i,3}^2)\right]\end{aligned} \tag{3-55}$$

式中

$$q_2=q_1-\frac{1}{2}\sum_{i=1}^{N}(k_{i,2}^2+\gamma_{i,2}^{q2}) \tag{3-56}$$

$$\eta_2=\eta_1+\frac{1}{2}\sum_{i=1}^{N}\|\varepsilon_{i,2}^q\|^2 \tag{3-57}$$

使用滤波器技术可以获得状态变量 $v_{i,2}$ 为

$$\lambda_{i,3}\dot{v}_{i,3}+v_{i,3}=x_{i,3}^{*},\quad v_{i,3}(0)=x_{i,3}^{*}(0) \tag{3-58}$$

进一步,由式(3-26)和式(3-58)可得

$$\dot{w}_{i,3}=\dot{v}_{i,3}-\dot{x}_{i,3}^{*}=-\frac{v_{i,3}-x_{i,3}^{*}}{\lambda_{i,3}}-\dot{x}_{i,3}^{*}=-\frac{w_{i,3}}{\lambda_{i,3}}+B_{i,3} \tag{3-59}$$

式中:$\lambda_{i,3}$ 为设计参数;$B_{i,3}=-\dot{x}_{i,3}^{*}$,存在一个正整数 $M_{i,3}$,使得 $|B_{i,3}|\leqslant M_{i,3}$。

第 m 步 定义误差变量 $s_{i,m}=\hat{x}_{i,m}-v_{i,m}$,其导数为

$$\begin{aligned}\dot{s}_{i,m}&=\dot{\hat{x}}_{i,m}-\dot{v}_{i,m}\\&=\hat{x}_{i,m+1}+k_{i,m}e_{i,1}+\boldsymbol{\theta}_{i,m}^{\mathrm{T}}\boldsymbol{\varphi}_{i,m}+\tilde{\boldsymbol{\theta}}_{i,m}^{\mathrm{T}}\boldsymbol{\varphi}_{i,m}+\varepsilon_{i,m}^{q}+\Delta g_{i,m}^{q}-\dot{v}_{i,m}\\&=s_{i,m+1}+w_{i,m+1}+x_{i,m+1}^{*}+k_{i,m}e_{i,1}+\boldsymbol{\theta}_{i,m}^{\mathrm{T}}\boldsymbol{\varphi}_{i,m}+\tilde{\boldsymbol{\theta}}_{i,m}^{\mathrm{T}}\boldsymbol{\varphi}_{i,m}+\varepsilon_{i,m}^{q}+\Delta g_{i,m}^{q}-\dot{v}_{i,m}\end{aligned} \tag{3-60}$$

构造 Lyapunov 函数:

$$V_m=V_{m-1}+\sum_{i=1}^{N}V_{i,m}=V_{m-1}+\frac{1}{2}\sum_{i=1}^{N}\left\{s_{i,m}^{2}+\frac{1}{\sigma_{i,m}}\tilde{\boldsymbol{\theta}}_{i,m}^{\mathrm{T}}\tilde{\boldsymbol{\theta}}_{i,m}+w_{i,m}^{2}\right\} \tag{3-61}$$

式中:$\sigma_{i,m}$ 为设计参数。

对 Lyapunov 函数求导可得

$$\dot{V}_m=\dot{V}_{m-1}+\sum_{i=1}^{N}\left\{s_{i,m}\dot{s}_{i,m}+\frac{1}{\sigma_{i,m}}\tilde{\boldsymbol{\theta}}_{i,m}^{\mathrm{T}}\dot{\tilde{\boldsymbol{\theta}}}_{i,m}+w_{i,m}\dot{w}_{i,m}\right\} \tag{3-62}$$

将式(3-60)代入式(3-62)可得

$$\begin{aligned}\dot{V}_m=\dot{V}_{m-1}+\sum_{i=1}^{N}[&s_{i,m}(s_{i,m+1}+w_{i,m+1}+x_{i,m+1}^{*}+k_{i,m}e_{i,1}+\boldsymbol{\theta}_{i,m}^{\mathrm{T}}\boldsymbol{\varphi}_{i,m}+\tilde{\boldsymbol{\theta}}_{i,m}^{\mathrm{T}}\boldsymbol{\varphi}_{i,m}+\\&\varepsilon_{i,m}^{q}+\Delta g_{i,m}^{q}-\dot{v}_{i,m})+\frac{1}{\sigma_{i,m}}\tilde{\boldsymbol{\theta}}_{i,m}^{\mathrm{T}}\dot{\tilde{\boldsymbol{\theta}}}_{i,m}+w_{i,m}\dot{w}_{i,m}]\end{aligned} \tag{3-63}$$

根据 Young's 不等式可得

$$s_{i,m}k_{i,m}e_{i,1}\leqslant\frac{1}{2}s_{i,m}^{2}+\frac{1}{2}k_{i,m}^{2}\|e_{i,1}\|^{2} \tag{3-64}$$

$$s_{i,m}(s_{i,m+1}+w_{i,m+1})\leqslant s_{i,m}^{2}+\frac{1}{2}(s_{i,m+1}^{2}+w_{i,m+1}^{2}) \tag{3-65}$$

$$s_{i,m}\varepsilon_{i,m}^{q}\leqslant\frac{1}{2}s_{i,m}^{2}+\frac{1}{2}\|\varepsilon_{i,m}^{q}\|^{2} \tag{3-66}$$

$$s_{i,m}\Delta g_{i,m}^{q}\leqslant\frac{1}{2}s_{i,m}^{2}+\frac{1}{2}\gamma_{i,m}^{q2}\|e_{i,m}\|^{2} \tag{3-67}$$

将式(3-64)～式(3-67)代入式(3-63)可得

$$\dot{V}_m \leqslant \dot{V}_{m-1} + \sum_{i=1}^{N}\Big[s_{i,m}(x_{i,m+1}^{*} + \boldsymbol{\theta}_{i,m}^{\mathrm{T}}\boldsymbol{\varphi}_{i,m} + \tilde{\boldsymbol{\theta}}_{i,m}^{\mathrm{T}}\boldsymbol{\varphi}_{i,m} - \dot{v}_{i,m}) + \frac{5}{2}s_{i,m}^{2} + \frac{1}{2}(s_{i,m+1}^{2} + w_{i,m+1}^{2}) + \frac{1}{2}k_{i,m}^{2}\|e_{i,1}\|^{2} + \frac{1}{2}\|\varepsilon_{i,m}^{q}\|^{2} + \frac{1}{2}\gamma_{i,m}^{q2}\|e_{i,m}\|^{2} - \frac{1}{\sigma_{i,m}}\tilde{\boldsymbol{\theta}}_{i,m}^{\mathrm{T}}\dot{\boldsymbol{\theta}}_{i,m} + w_{i,m}\dot{w}_{i,m}\Big] \tag{3-68}$$

设计第 m 步虚拟控制律和自适应律如下：

$$x_{i,m+1}^{*} = -c_{i,m}s_{i,m} - 3s_{i,m} - \boldsymbol{\theta}_{i,m}^{\mathrm{T}}\boldsymbol{\varphi}_{i,m}(\hat{\boldsymbol{X}}_{i,m}) + \frac{x_{i,m}^{*} - v_{i,m}}{\lambda_{i,m}} \tag{3-69}$$

$$\dot{\boldsymbol{\theta}}_{i,m} = \sigma_{i,m}\boldsymbol{\varphi}_{i,m}(\hat{\boldsymbol{X}}_{i,m})s_{i,m} - \rho_{i,m}\boldsymbol{\theta}_{i,m} \tag{3-70}$$

式中：$\rho_{i,m}$ 为设计参数。

使用滤波器技术可以获得状态变量 $v_{i,m}$ 为

$$\lambda_{i,m}\dot{v}_{i,m} + v_{i,m} = x_{i,m}^{*}, \quad v_{i,m}(0) = x_{i,m}^{*}(0) \tag{3-71}$$

进一步，由式(3-26)和式(3-71)可得

$$\dot{w}_{i,m} = \dot{v}_{i,m} - \dot{x}_{i,m}^{*} = -\frac{v_{i,m} - x_{i,m}^{*}}{\lambda_{i,m}} - \dot{x}_{i,m}^{*} = -\frac{w_{i,m}}{\lambda_{i,m}} + B_{i,m} \tag{3-72}$$

式中：$\lambda_{i,m}$ 为设计参数；$B_{i,m} = -\dot{x}_{i,m}^{*}$，存在一个正整数 $M_{i,m}$，使得 $|B_{i,m}| \leqslant M_{i,m}$。

将式(3-69)、式(3-70)和式(3-72)代入式(3-68)可得

$$\dot{V}_m \leqslant \dot{V}_{m-1} + \sum_{i=1}^{N}\Big[s_{i,m}\Big(-c_{i,m}s_{i,m} - 3s_{i,m} - \boldsymbol{\theta}_{i,m}^{\mathrm{T}}\boldsymbol{\varphi}_{i,m}(\hat{\boldsymbol{X}}_{i,m}) + \frac{x_{i,m}^{*} - v_{i,m}}{\lambda_{i,m}} + \boldsymbol{\theta}_{i,m}^{\mathrm{T}}\boldsymbol{\varphi}_{i,m} + \tilde{\boldsymbol{\theta}}_{i,m}^{\mathrm{T}}\boldsymbol{\varphi}_{i,m} - \dot{v}_{i,m}\Big) + \frac{5}{2}s_{i,m}^{2} + \frac{1}{2}(s_{i,m+1}^{2} + w_{i,m+1}^{2}) + \frac{1}{2}k_{i,m}^{2}\|e_{i,1}\|^{2} + \frac{1}{2}\|\varepsilon_{i,m}^{q}\|^{2} + \frac{1}{2}\gamma_{i,m}^{q2}\|e_{i,m}\|^{2} - \frac{1}{\sigma_{i,m}}\tilde{\boldsymbol{\theta}}_{i,m}^{\mathrm{T}}(\sigma_{i,m}\boldsymbol{\varphi}_{i,m}(\hat{\boldsymbol{X}}_{i,m})s_{i,m} - \rho_{i,m}\boldsymbol{\theta}_{i,m}) + w_{i,m}\left(-\frac{w_{i,m}}{\lambda_{i,m}} + B_{i,m}\right)\Big] \tag{3-73}$$

根据 Young's 不等式，$w_{i,m}B_{i,m} \leqslant \frac{1}{2}w_{i,m}^{2} + \frac{1}{2}M_{i,m}^{2}$ 成立，由此可得

$$\dot{V}_m \leqslant \dot{V}_{m-1} + \sum_{i=1}^{N}\Big[s_{i,m}\Big(-c_{i,m}s_{i,m} - 3s_{i,m} - \boldsymbol{\theta}_{i,m}^{\mathrm{T}}\boldsymbol{\varphi}_{i,m} + \frac{x_{i,m}^{*} - v_{i,m}}{\lambda_{i,m}} + \boldsymbol{\theta}_{i,m}^{\mathrm{T}}\boldsymbol{\varphi}_{i,m} +$$

$$\tilde{\boldsymbol{\theta}}_{i,m}^{\mathrm{T}}\boldsymbol{\varphi}_{i,m}-\dot{v}_{i,m})+\frac{5}{2}s_{i,m}^{2}+\frac{1}{2}(s_{i,m+1}^{2}+w_{i,m+1}^{2})+\frac{1}{2}k_{i,m}^{2}\|e_{i,1}\|^{2}+$$

$$\frac{1}{2}\|\varepsilon_{i,m}^{q}\|^{2}+\frac{1}{2}\gamma_{i,m}^{q2}\|e_{i,m}\|^{2}-\frac{1}{\sigma_{i,m}}\tilde{\boldsymbol{\theta}}_{i,m}^{\mathrm{T}}(\sigma_{i,m}\boldsymbol{\varphi}_{i,m}s_{i,m}-\rho_{i,m}\boldsymbol{\theta}_{i,m})-$$

$$\left.\frac{w_{i,m}^{2}}{\lambda_{i,m}}+\frac{1}{2}w_{i,m}^{2}+\frac{1}{2}M_{i,m}^{2}\right] \tag{3-74}$$

根据式(3-23)、式(3-44)和式(3-45)可得

$$\dot{V}_{m-1}\leqslant -q_{m-1}\|\boldsymbol{e}\|^{2}+\eta_{m-1}+\sum_{i=1}^{N}\sum_{l=1}^{n}\frac{1}{2}\tilde{\boldsymbol{\theta}}_{i,l}^{\mathrm{T}}\tilde{\boldsymbol{\theta}}_{i,l}-$$

$$\frac{1}{2\lambda_{\max}(\boldsymbol{H}^{\kappa(t)-1})}\left(\frac{\partial P(\boldsymbol{x}_{1})}{\partial \boldsymbol{x}_{1}}\right)^{\mathrm{T}}\boldsymbol{H}^{\kappa(t)-1}\left(\frac{\partial P(\boldsymbol{x}_{1})}{\partial \boldsymbol{x}_{1}}\right)+$$

$$\sum_{i=1}^{N}\left[\sum_{l=1}^{m-1}\frac{\rho_{i,l}}{\sigma_{i,l}}\tilde{\boldsymbol{\theta}}_{i,l}^{\mathrm{T}}\boldsymbol{\theta}_{i,l}-\sum_{l=2}^{m-1}c_{i,l}s_{i,l}^{2}+\sum_{l=2}^{m-1}\left(\frac{1}{\lambda_{i,l}}-1\right)w_{i,l}^{2}+\right.$$

$$\left.\frac{1}{2}\sum_{l=2}^{m-1}M_{i,m-1}^{2}+\frac{1}{2}(s_{i,m}^{2}+w_{i,m}^{2})\right] \tag{3-75}$$

将式(3-75)代入式(3-74)可得

$$\dot{V}_{m}\leqslant -q_{m}\|\boldsymbol{e}\|^{2}+\eta_{m}+\sum_{i=1}^{N}\sum_{l=1}^{n}\frac{1}{2}\tilde{\boldsymbol{\theta}}_{i,l}^{\mathrm{T}}\tilde{\boldsymbol{\theta}}_{i,l}-$$

$$\frac{1}{2\lambda_{\max}(\boldsymbol{H}^{\kappa(t)-1})}\left(\frac{\partial P(\boldsymbol{x}_{1})}{\partial \boldsymbol{x}_{1}}\right)^{\mathrm{T}}\boldsymbol{H}^{\kappa(t)-1}\left(\frac{\partial P(\boldsymbol{x}_{1})}{\partial \boldsymbol{x}_{1}}\right)+$$

$$\sum_{i=1}^{N}\left[\sum_{l=1}^{m}\frac{\rho_{i,l}}{\sigma_{i,l}}\tilde{\boldsymbol{\theta}}_{i,l}^{\mathrm{T}}\boldsymbol{\theta}_{i,l}-\sum_{l=2}^{m}c_{i,l}s_{i,l}^{2}-\sum_{l=2}^{m}\left(\frac{1}{\lambda_{i,l}}-1\right)w_{i,l}^{2}+\right.$$

$$\left.\frac{1}{2}\sum_{l=2}^{m}M_{i,m}^{2}+\frac{1}{2}(s_{i,m+1}^{2}+w_{i,m+1}^{2})\right] \tag{3-76}$$

式中

$$q_{m}=q_{m-1}-\frac{1}{2}\sum_{i=1}^{N}(k_{i,m}^{2}+\gamma_{i,m}^{q2}) \tag{3-77}$$

$$\eta_{m}=\eta_{m-1}+\frac{1}{2}\sum_{i=1}^{N}\|\varepsilon_{i,m}^{q}\|^{2} \tag{3-78}$$

第 n 步　定义第 n 步误差变量 $s_{i,n}=\hat{x}_{i,n}-v_{i,n}$ 和滤波器误差 $w_{i,n}=v_{i,n}-x_{i,n}^{*}$。对误差变量 $s_{i,n}$ 求导可得

$$\dot{s}_{i,n}=\dot{\hat{x}}_{i,n}-\dot{v}_{i,n}$$

$$=u_i+k_{i,n}e_{i,1}+\boldsymbol{\theta}_{i,n}^{\mathrm{T}}\boldsymbol{\varphi}_{i,n}+\tilde{\boldsymbol{\theta}}_{i,n}^{\mathrm{T}}\boldsymbol{\varphi}_{i,n}+\varepsilon_{i,n}^{q}+\Delta g_{i,n}^{q}-\dot{v}_{i,n} \tag{3-79}$$

使用滤波器技术可以获得状态变量 $v_{i,n}$ 为

$$\lambda_{i,n}\dot{v}_{i,n}+v_{i,n}=x_{i,n}^{*},\quad v_{i,n}(0)=x_{i,n}^{*}(0) \tag{3-80}$$

进一步,由方程(3-26)可得

$$\dot{w}_{i,n}=\dot{v}_{i,n}-\dot{x}_{i,n}^{*}=-\frac{w_{i,n}}{\lambda_{i,n}}+B_{i,n} \tag{3-81}$$

式中:$\lambda_{i,n}$ 为设计参数;$B_{i,n}=-\dot{x}_{i,n}^{*}$,存在一个正整数 $M_{i,n}$,使得$|B_{i,n}|\leqslant M_{i,n}$。

构造 Lyapunov 函数:

$$V_n=V_{n-1}+\sum_{i=1}^{N}V_{i,n}=V_{n-1}+\frac{1}{2}\sum_{i=1}^{N}\left\{s_{i,n}^{2}+\frac{1}{\sigma_{i,n}}\tilde{\boldsymbol{\theta}}_{i,n}^{\mathrm{T}}\tilde{\boldsymbol{\theta}}_{i,n}+w_{i,n}^{2}\right\} \tag{3-82}$$

式中:$\sigma_{i,n}$ 为设计参数。

对 Lyapunov 函数求导可得

$$\dot{V}_n=\dot{V}_{n-1}+\sum_{i=1}^{N}\left\{s_{i,n}\dot{s}_{i,n}+\frac{1}{\sigma_{i,n}}\tilde{\boldsymbol{\theta}}_{i,n}^{\mathrm{T}}\dot{\tilde{\boldsymbol{\theta}}}_{i,n}+w_{i,n}\dot{w}_{i,n}\right\} \tag{3-83}$$

将式(3-79)代入式(3-83)可得

$$\dot{V}_n=\dot{V}_{n-1}+\sum_{i=1}^{N}\Big[s_{i,n}(u_i+k_{i,m}e_{i,1}+\boldsymbol{\theta}_{i,n}^{\mathrm{T}}\boldsymbol{\varphi}_{i,n}+\tilde{\boldsymbol{\theta}}_{i,n}^{\mathrm{T}}\boldsymbol{\varphi}_{i,n}+\varepsilon_{i,n}^{q}+\Delta g_{i,n}^{q}-$$

$$\dot{v}_{i,n})+\frac{1}{\sigma_{i,n}}\tilde{\boldsymbol{\theta}}_{i,n}^{\mathrm{T}}\dot{\tilde{\boldsymbol{\theta}}}_{i,n}+w_{i,n}\dot{w}_{i,n}\Big] \tag{3-84}$$

根据 Young's 不等式可得

$$s_{i,n}k_{i,n}e_{i,1}\leqslant\frac{1}{2}s_{i,n}^{2}+\frac{1}{2}k_{i,n}^{2}\|e_{i,1}\|^{2} \tag{3-85}$$

$$s_{i,n}\varepsilon_{i,n}^{q}\leqslant\frac{1}{2}s_{i,n}^{2}+\frac{1}{2}\|\varepsilon_{i,n}^{q}\|^{2} \tag{3-86}$$

$$s_{i,n}\Delta g_{i,n}^{q}\leqslant\frac{1}{2}s_{i,n}^{2}+\frac{1}{2}\gamma_{i,n}^{q2}\|e_{i,n}\|^{2} \tag{3-87}$$

根据式(3-85)~式(3-87),式(3-84)可以改写为

$$\dot{V}_n\leqslant\dot{V}_{n-1}+\sum_{i=1}^{N}\Big[s_{i,n}(u_i+\boldsymbol{\theta}_{i,n}^{\mathrm{T}}\boldsymbol{\varphi}_{i,n}+\tilde{\boldsymbol{\theta}}_{i,n}^{\mathrm{T}}\boldsymbol{\varphi}_{i,n}-\dot{v}_{i,n})+\frac{3}{2}s_{i,n}^{2}+\frac{1}{2}k_{i,n}^{2}\|e_{i,1}\|^{2}+$$

$$\frac{1}{2}\|\varepsilon_{i,n}^{q}\|^{2}+\frac{1}{2}\gamma_{i,n}^{q2}\|e_{i,n}\|^{2}-\frac{1}{\sigma_{i,n}}\tilde{\boldsymbol{\theta}}_{i,n}^{\mathrm{T}}\dot{\boldsymbol{\theta}}_{i,n}+w_{i,n}\dot{w}_{i,n}\Big] \tag{3-88}$$

设计控制输入 $u_i(t)$ 和第 n 步自适应律 $\boldsymbol{\theta}_{i,n}$

$$u_i = -c_{i,n}s_{i,n} - 2s_{i,n} - \boldsymbol{\theta}_{i,n}^{\mathrm{T}}\boldsymbol{\varphi}_{i,n}(\hat{\boldsymbol{X}}_{i,n}) + \frac{x_{i,n}^{*} - v_{i,n}}{\lambda_{i,n}} \tag{3-89}$$

$$\dot{\boldsymbol{\theta}}_{i,n} = \sigma_{i,n}\boldsymbol{\varphi}_{i,n}(\hat{\boldsymbol{X}}_{i,n})s_{i,n} - \rho_{i,n}\boldsymbol{\theta}_{i,n} \tag{3-90}$$

式中：$\rho_{i,n}$ 为设计参数。

根据式(3-88)，将式(3-81)、式(3-89)和式(3-90)代入式(3-88)可得

$$\begin{aligned}
\dot{V}_n \leqslant & -q_{n-1}\|\boldsymbol{e}\|^2 + \eta_{n-1} + \sum_{i=1}^{N}\sum_{l=1}^{n}\frac{1}{2}\tilde{\boldsymbol{\theta}}_{i,l}^{\mathrm{T}}\tilde{\boldsymbol{\theta}}_{i,l} - \\
& \frac{1}{2\lambda_{\max}(\boldsymbol{H}^{\kappa(t)-1})}\left(\frac{\partial P(\boldsymbol{x}_1)}{\partial \boldsymbol{x}_1}\right)^{\mathrm{T}}\boldsymbol{H}^{\kappa(t)-1}\left(\frac{\partial P(\boldsymbol{x}_1)}{\partial \boldsymbol{x}_1}\right) + \sum_{i=1}^{N}\left[\sum_{l=1}^{n-1}\frac{\rho_{i,l}}{\sigma_{i,l}}\tilde{\boldsymbol{\theta}}_{i,l}^{\mathrm{T}}\boldsymbol{\theta}_{i,l} - \right.\\
& \left.\sum_{l=2}^{n-1}c_{i,l}s_{i,l}^2 + \sum_{l=2}^{n-1}\left(\frac{1}{\lambda_{i,l}} - 1\right)w_{i,l}^2 + \frac{1}{2}\sum_{l=2}^{n-1}M_{i,l}^2 + \frac{1}{2}(s_{i,n}^2 + w_{i,n}^2)\right] + \\
& \sum_{i=1}^{N}\left[s_{i,n}\left(-c_{i,n}s_{i,n} - 2s_{i,n} - \boldsymbol{\theta}_{i,n}^{\mathrm{T}}\boldsymbol{\varphi}_{i,n}(\hat{\boldsymbol{X}}_{i,n}) + \frac{x_{i,n}^{*} - v_{i,n}}{\lambda_{i,n}} + \boldsymbol{\theta}_{i,n}^{\mathrm{T}}\boldsymbol{\varphi}_{i,n} + \right.\right.\\
& \left.\tilde{\boldsymbol{\theta}}_{i,n}^{\mathrm{T}}\boldsymbol{\varphi}_{i,n} - \dot{v}_{i,n}\right) + \frac{3}{2}s_{i,n}^2 + \frac{1}{2}k_{i,n}^2\|e_{i,1}\|^2 + \frac{1}{2}\|\varepsilon_{i,n}^{q}\|^2 + \frac{1}{2}\gamma_{i,n}^{q2}\|e_{i,n}\|^2 - \\
& \left.\frac{1}{\sigma_{i,n}}\tilde{\boldsymbol{\theta}}_{i,n}^{\mathrm{T}}(\sigma_{i,n}\boldsymbol{\varphi}_{i,n}(\hat{\boldsymbol{X}}_{i,n})s_{i,n} - \rho_{i,n}\boldsymbol{\theta}_{i,n}) + w_{i,n}\left(-\frac{w_{i,n}}{\lambda_{i,n}} + B_{i,n}\right)\right]
\end{aligned} \tag{3-91}$$

根据 Young's 不等式，$w_{i,n}B_{i,n} \leqslant \frac{1}{2}w_{i,n}^2 + \frac{1}{2}M_{i,n}^2$ 成立，由此可得

$$\begin{aligned}
\dot{V}_n \leqslant & -q_n\|\boldsymbol{e}\|^2 + \eta_n + \sum_{i=1}^{N}\sum_{l=1}^{n}\frac{1}{2}\tilde{\boldsymbol{\theta}}_{i,l}^{\mathrm{T}}\tilde{\boldsymbol{\theta}}_{i,l} - \frac{1}{2\lambda_{\max}(\boldsymbol{H}^{\kappa(t)-1})}\left(\frac{\partial P(\boldsymbol{x}_1)}{\partial \boldsymbol{x}_1}\right)^{\mathrm{T}}\boldsymbol{H}^{\kappa(t)-1}\left(\frac{\partial P(\boldsymbol{x}_1)}{\partial \boldsymbol{x}_1}\right) + \\
& \sum_{i=1}^{N}\left[\sum_{l=1}^{n}\frac{\rho_{i,l}}{\sigma_{i,l}}\tilde{\boldsymbol{\theta}}_{i,l}^{\mathrm{T}}\boldsymbol{\theta}_{i,l} - \sum_{l=2}^{n}c_{i,l}s_{i,l}^2 - \sum_{l=2}^{n}\left(\frac{1}{\lambda_{i,l}} - 1\right)w_{i,l}^2 + \frac{1}{2}\sum_{l=2}^{n}M_{i,l}^2\right]
\end{aligned} \tag{3-92}$$

式中

$$q_n = q_{n-1} - \frac{1}{2}\sum_{i=1}^{N}(k_{i,n}^2 + \gamma_{i,n}^{q2}) \tag{3-93}$$

$$\eta_n = \eta_{n-1} + \frac{1}{2}\sum_{i=1}^{N}\|\varepsilon_{i,n}^{q}\|^2 \tag{3-94}$$

根据 Young's 不等式可得

$$\tilde{\boldsymbol{\theta}}_{*,l}^{\mathrm{T}}\boldsymbol{\theta}_{*,l} \leqslant -\frac{1}{2}\tilde{\boldsymbol{\theta}}_{*,l}^{\mathrm{T}}\tilde{\boldsymbol{\theta}}_{*,l} + \frac{1}{2}\boldsymbol{\theta}_{*,l}^{*\mathrm{T}}\boldsymbol{\theta}_{*,l}^{*} \tag{3-95}$$

由此可得

$$\begin{aligned}\dot{V}_n \leqslant & -q_n\|\boldsymbol{e}\|^2 + \eta_n + \sum_{i=1}^{N}\sum_{l=1}^{n}\frac{1}{2}\tilde{\boldsymbol{\theta}}_{i,l}^{\mathrm{T}}\tilde{\boldsymbol{\theta}}_{i,l} - \\ & \frac{1}{2\lambda_{\max}(\boldsymbol{H}^{\kappa(t)-1})}\left(\frac{\partial P(\boldsymbol{x}_1)}{\partial \boldsymbol{x}_1}\right)^{\mathrm{T}}\boldsymbol{H}^{\kappa(t)-1}\left(\frac{\partial P(\boldsymbol{x}_1)}{\partial \boldsymbol{x}_1}\right) + \\ & \sum_{i=1}^{N}\left[-\sum_{l=1}^{n}\frac{\rho_{i,l}}{2\sigma_{i,l}}\tilde{\boldsymbol{\theta}}_{i,l}^{\mathrm{T}}\tilde{\boldsymbol{\theta}}_{i,l} + \sum_{l=1}^{n}\frac{\rho_{i,l}}{2\sigma_{i,l}}\boldsymbol{\theta}_{i,l}^{*\mathrm{T}}\boldsymbol{\theta}_{i,l}^{*} - \right. \\ & \left.\sum_{l=2}^{n}c_{i,l}s_{i,l}^2 - \sum_{l=2}^{n}\left(\frac{1}{\lambda_{i,l}} - 1\right)w_{i,l}^2 + \frac{1}{2}\sum_{l=2}^{n}M_{i,l}^2\right]\end{aligned} \tag{3-96}$$

定义变量

$$\zeta = \eta_n + \sum_{i=1}^{N}\sum_{l=1}^{n}\frac{\rho_{i,l}}{2\sigma_{i,l}}\boldsymbol{\theta}_{i,l}^{*\mathrm{T}}\boldsymbol{\theta}_{i,l}^{*} + 2u(n-1) \tag{3-97}$$

将式(3-97)代入式(3-96)可得

$$\begin{aligned}\dot{V}_n \leqslant & -q_n\|\boldsymbol{e}\|^2 + \sum_{i=1}^{N}\left[-\sum_{l=2}^{n}c_{i,l}s_{i,l}^2 - \sum_{l=1}^{n}\left(\frac{\rho_{i,l}}{2\sigma_{i,l}} - \frac{1}{2}\right)\tilde{\boldsymbol{\theta}}_{i,l}^{\mathrm{T}}\tilde{\boldsymbol{\theta}}_{i,l} - \sum_{l=2}^{n}\left(\frac{1}{\lambda_{i,l}} - 1\right)w_{i,l}^2\right] - \\ & \frac{1}{2\lambda_{\max}(\boldsymbol{H}^{\kappa(t)-1})}\left(\frac{\partial P(\boldsymbol{x}_1)}{\partial \boldsymbol{x}_1}\right)^{\mathrm{T}}\boldsymbol{H}^{\kappa(t)-1}\left(\frac{\partial P(\boldsymbol{x}_1)}{\partial \boldsymbol{x}_1}\right) + \zeta\end{aligned} \tag{3-98}$$

式中：$c_{i,l}>0(l=2,3,\cdots,n)$；$\frac{\rho_{i,l}}{2\sigma_{i,l}}-\frac{1}{2}>0(l=1,2,\cdots,n)$；$\frac{1}{\lambda_{i,l}}-1>0(l=2,3,\cdots,n)$；$\frac{1}{2\lambda_{\max}(\boldsymbol{H}^{\kappa(t)-1})}>0$。

定义

$$C = \min\left\{2\frac{q_n}{\lambda_{\min}(\boldsymbol{P})}, \frac{1}{\lambda_{\max}(\boldsymbol{H}^{\kappa(t)-1})}, 2c_{i,l}, 2\left(\frac{\rho_{i,l}}{2\sigma_{i,l}} - \frac{1}{2}\right), 2\left(\frac{1}{\lambda_{i,l}} - 1\right)\right\} \tag{3-99}$$

进一步，式(3-98)可写为

$$\dot{V}_n \leqslant -CV_n + \zeta \tag{3-100}$$

根据引理1.4可以得出系统式(3-1)中的所有信号在闭环系统中可以保持半全局最终一致有界，并且最终收敛到分布式优化最优解x^*的邻域内。

3.3 仿真实例

仿真实例：首先选取 Duffing-Holmes 混沌系统为例，研究其分布式优化问题。系统表示如下：

$$\begin{cases}\dot{x}_{i,1}=x_{i,2}+g_{i,1}^{\chi_i(t)}(\boldsymbol{X}_{i,1})\\ \dot{x}_{i,2}=u_i+g_{i,2}^{\chi_i(t)}(\boldsymbol{X}_{i,2})\\ y_i=x_{i,1}\end{cases},\quad i=1,2,3,4,5 \tag{3-101}$$

系统内未知非线性函数为

$$\begin{cases}g_{1,1}^{q}=g_{2,1}^{q}=g_{3,1}^{q}=g_{4,1}^{q}=g_{5,1}^{q}=0\\ g_{1,2}^{1}=x_{1,1}-0.25x_{1,2}-x_{1,1}^{3}+0.3\cos t\\ g_{1,2}^{2}=2x_{1,1}-0.25x_{1,2}-x_{1,1}^{3}\\ g_{2,2}^{1}=x_{2,1}-0.25x_{2,2}-x_{2,1}^{3}+0.1(x_{2,1}^{2}+x_{2,2}^{2})^{1/2}+0.3\cos t\\ g_{2,2}^{2}=x_{2,1}^{2}\\ g_{3,2}^{1}=x_{3,1}-0.25x_{3,2}-x_{3,1}^{3}+0.2\sin t(x_{3,1}^{2}+2x_{3,2}^{2})^{1/2}+0.3\cos t\\ g_{3,2}^{2}=x_{3,1}^{2}-x_{3,2}^{3}\\ g_{4,2}^{1}=x_{4,1}^{2}\\ g_{4,2}^{2}=x_{4,1}-0.25x_{4,2}-x_{4,1}^{3}+0.2\sin t(2x_{4,1}^{2}+2x_{4,2}^{2})^{1/2}+0.3\cos t\\ g_{5,2}^{1}=x_{5,1}^{3}+x_{5,2}^{2}\\ g_{5,2}^{2}=x_{5,1}-0.1x_{5,2}-x_{5,1}^{3}+0.2\sin t(x_{5,1}^{2}+x_{5,2}^{2})^{1/2}+0.3\cos t\end{cases} \tag{3-102}$$

系统初始状态 $\boldsymbol{x}_i$ 设置为

$$\boldsymbol{x}_1(0)=[0.1,0.1]^{\mathrm{T}},\quad \boldsymbol{x}_2(0)=[0.2,0.2]^{\mathrm{T}},\quad \boldsymbol{x}_3(0)=[0.3,0.3]^{\mathrm{T}},$$

$$\boldsymbol{x}_4(0)=[0.4,0.4]^{\mathrm{T}},\quad \boldsymbol{x}_5(0)=[0.5,0.5]^{\mathrm{T}}$$

观测器参数设置为

$$k_{1,1}=k_{2,1}=k_{3,1}=k_{4,1}=k_{5,1}=500,\quad k_{1,2}=k_{2,2}=k_{3,2}=k_{4,2}=k_{5,2}=5000$$

初始状态 $\hat{\boldsymbol{x}}_i$ 设置为

$$\hat{\boldsymbol{x}}_1=[0.2,0.2]^{\mathrm{T}},\quad \hat{\boldsymbol{x}}_2=[0.3,0.3]^{\mathrm{T}},\quad \hat{\boldsymbol{x}}_3=[0.4,0.4]^{\mathrm{T}},$$

$$\hat{\boldsymbol{x}}_4=[0.5,0.5]^{\mathrm{T}},\quad \hat{\boldsymbol{x}}_5=[0.6,0.6]^{\mathrm{T}}$$

定义参考信号 $x_{\mathrm{d}}=\sin t$。给定局部目标函数如下：

$$\begin{cases} f_1(x_{1,1})=3.2x_{1,1}^2-6.4x_{\mathrm{d}}x_{1,1}+3.2x_{\mathrm{d}}^2+1 \\ f_2(x_{2,1})=4.6x_{2,1}^2-9.2x_{\mathrm{d}}x_{2,1}+4.6x_{\mathrm{d}}^2+2 \\ f_3(x_{3,1})=2.5x_{3,1}^2-5x_{\mathrm{d}}x_{3,1}+2.5x_{\mathrm{d}}^2+3 \\ f_4(x_{4,1})=2.8x_{4,1}^2-5.6x_{\mathrm{d}}x_{4,1}+2.8x_{\mathrm{d}}^2+4 \\ f_5(x_{5,1})=3.5x_{5,1}^2-7x_{\mathrm{d}}x_{5,1}+3.5x_{\mathrm{d}}^2+5 \end{cases} \tag{3-103}$$

根据式(3-42)、式(3-43)、式(3-89)和式(3-90)设计虚拟控制律、自适应律和控制输入。选择设计参数为 $c_{i,1}=4,c_{i,2}=3,\sigma_{i,1}=\sigma_{i,2}=1,\rho_{i,1}=\rho_{i,2}=80,\lambda_{i,2}=0.1$。

图 3-1～图 3-8 为仿真结果。图 3-1 为多智能体通信拓扑图。图 3-2 和图 3-3 为通过本章所提方法得到的系统状态跟踪图像以及智能体 1 的观测器估计值。图 3-4 为智能体输出

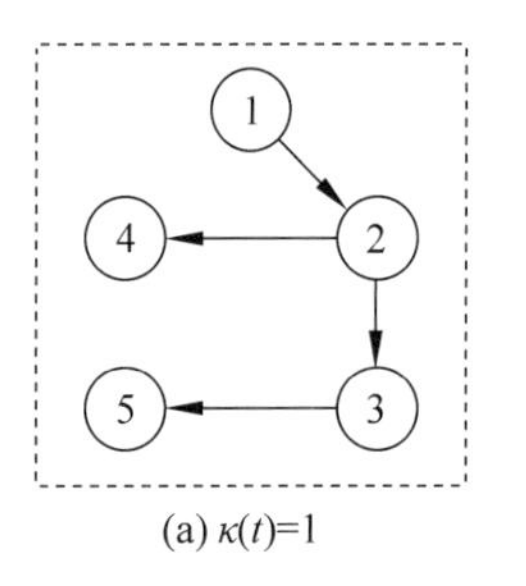

(a) $\kappa(t)=1$

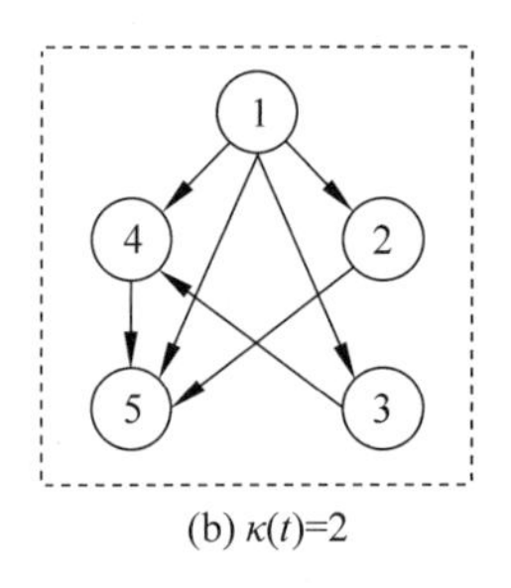

(b) $\kappa(t)=2$

图 3-1 多智能体通信拓扑图

彩图

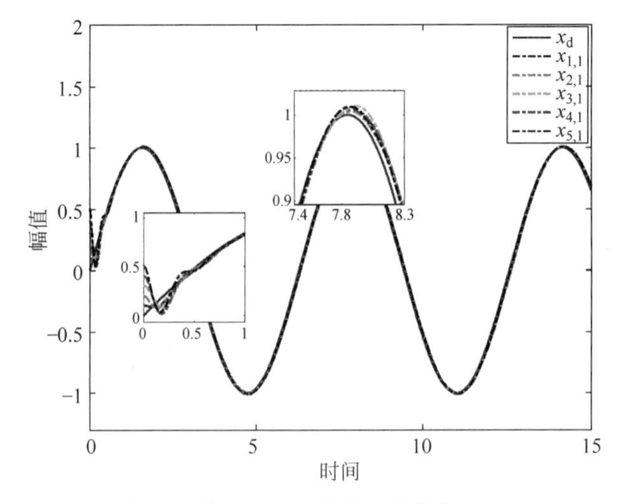

图 3-2 状态 $x_{i,1}$ 以及跟踪信号轨迹 y_{d}

信号与参考信号之间的追踪误差,可以看出追踪误差在一个合理的范围内。图 3-5 为本章所提出方法的得到的控制输入轨迹。图 3-6 为本章所构造的惩罚函数的数值轨迹,可以看出惩罚函数最终能够收敛到最小值附近。图 3-7 和图 3-8 给出拓扑切换信号和系统切换信号。

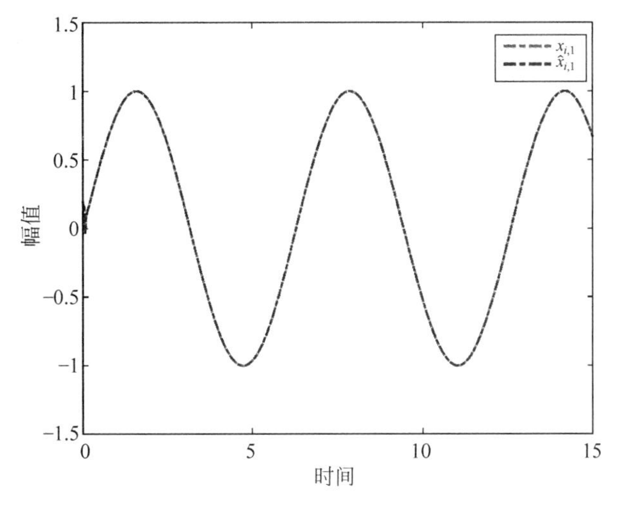

彩图

图 3-3 状态 $x_{1,1}$ 以及观测器信号 $\hat{x}_{1,1}$

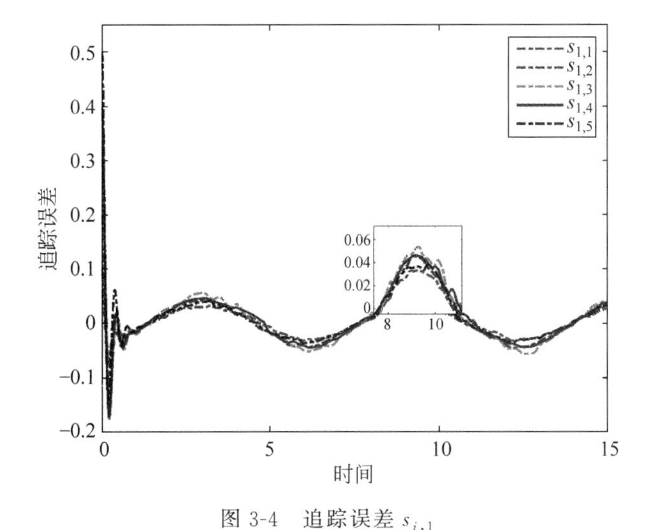

彩图

图 3-4 追踪误差 $s_{i,1}$

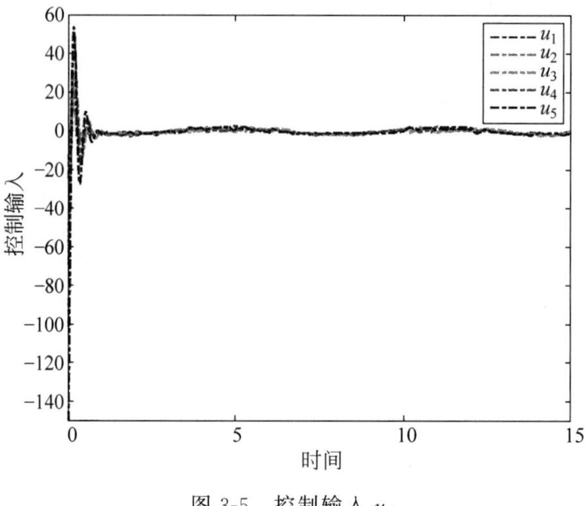

图 3-5　控制输入 u_i

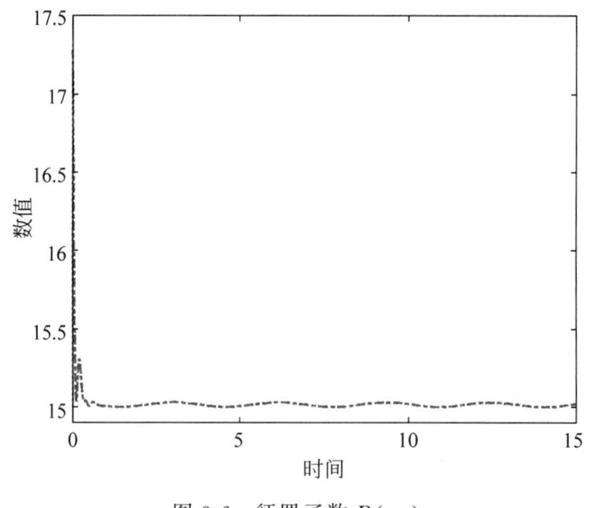

图 3-6　惩罚函数 $P(\boldsymbol{x}_1)$

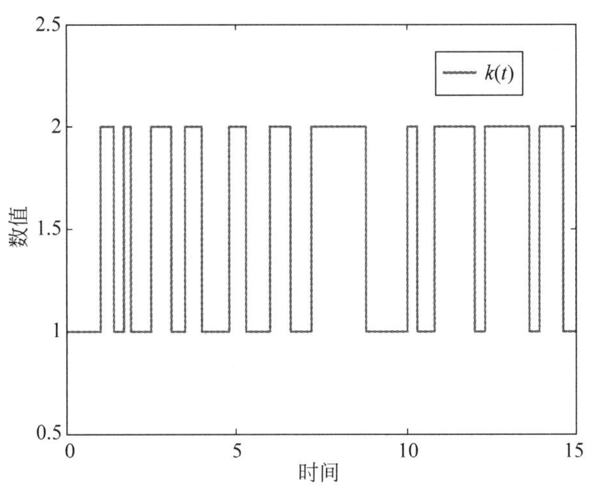

图 3-7 拓扑切换信号

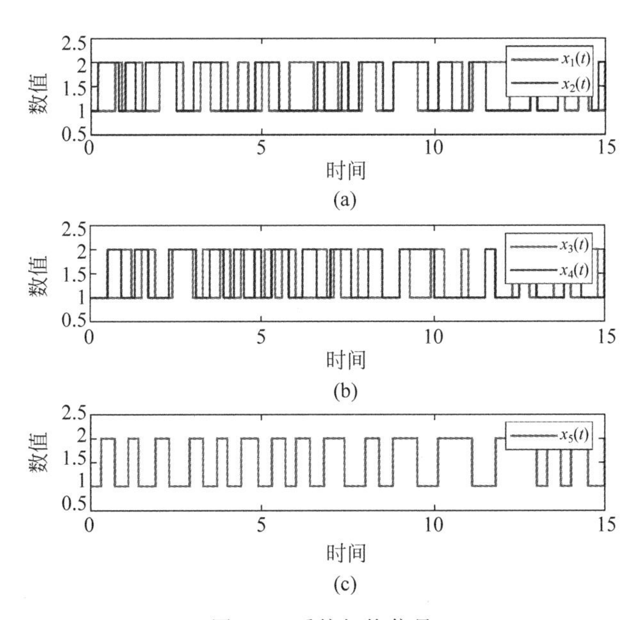

图 3-8 系统切换信号

第4章

具有状态约束的多智能体系统的分布式优化控制

4.1 模型描述

本章考虑如下含有未知非线性函数的多智能体系统：

$$\begin{cases}\dot{x}_{i,p}=x_{i,p+1}+h_{i,p}(x_{i,1},\cdots,x_{i,p}) \\ \dot{x}_{i,n}=u_i+h_{i,n}(x_{i,1},\cdots,x_{i,n}) \\ y_i=x_{i,1}\end{cases} \tag{4-1}$$

式中：$h_{i,p}(\cdot)(p=1,2,\cdots,n-1)$为系统内的未知非线性函数；$y_i$ 为系统输出；u_i 为系统控制输入。

定义向量$\boldsymbol{X}_{i,p}=(x_{i,1},\cdots,x_{i,p})^{\mathrm{T}}\in\mathbb{R}^p$ 为系统的状态向量。将式(4-1)改写为

$$\dot{\boldsymbol{X}}_{i,n}=\boldsymbol{A}_i\boldsymbol{X}_{i,n}+\boldsymbol{\varepsilon}_i y_i+\sum_{p=1}^{n}\boldsymbol{B}_{i,p}[h_{i,p}(\boldsymbol{X}_{i,p})]+\boldsymbol{B}_i u_i \tag{4-2}$$

式中

$$A_i=\begin{bmatrix}-\varepsilon_{i,1} & & & \\ \vdots & & I_{n-1} & \\ & & & \\ -\varepsilon_{i,n} & 0 & \cdots & 0\end{bmatrix},\quad \boldsymbol{\varepsilon}_i=\begin{bmatrix}\varepsilon_{i,1}\\ \vdots \\ \varepsilon_{i,n}\end{bmatrix},\quad B_i=\begin{bmatrix}0\\ \vdots\\ 1\end{bmatrix},\quad B_{i,p}=\begin{bmatrix}0\\ \vdots\\ 1\\ \vdots\\ 0\end{bmatrix}$$

给出正定矩阵 $Q_i^{\mathrm{T}}=Q_i$，存在正定矩阵 $P_i^{\mathrm{T}}=P_i$ 满足

$$A_i^{\mathrm{T}}P_i+P_iA_i=-2Q_i \tag{4-3}$$

4.2　基于障碍 Lyapunov 函数的自适应神经网络控制

4.2.1　构造含惩罚项的优化问题

考虑路径追踪问题的局部目标函数设计如下：

$$f_i(x_{i,1})=a_{i\_1}(x_{i,1}-x_{\mathrm{d}1})^2+a_{i\_2}(x_{i,1}-x_{\mathrm{d}2})^2+c \tag{4-4}$$

式中：$x_{\mathrm{d}1}$ 和 $x_{\mathrm{d}2}$ 为智能体移动轨迹的上界和下界；$a_{i,1}>0, a_{i,2}>0, 1\leqslant i\leqslant N$；$c$ 为任意有界常数。

定义全局目标函数 $f:\mathbb{R}^N\to\mathbb{R}$ 为

$$f(\boldsymbol{x}_1)=\sum_{i=1}^{N}f_i(x_{i,1}) \tag{4-5}$$

考虑局部目标函数 f_i 是可导的强凸函数，全局目标函数 f 也是可导的强凸函数。定义向量 $\boldsymbol{x}_1=[x_{1,1},x_{2,1},\cdots,x_{N,1}]^{\mathrm{T}}$。根据引理 1.3，对于某一常数 $\alpha\in\mathbb{R}$，若有 $\boldsymbol{x}_1=\alpha\cdot\mathbf{1}_N$，则可以得到

$$\boldsymbol{L}\boldsymbol{x}_1=0 \tag{4-6}$$

基于上式可设计如下惩罚项：

$$\boldsymbol{x}_1^{\mathrm{T}}\boldsymbol{L}\boldsymbol{x}_1=0 \tag{4-7}$$

定义如下惩罚函数：

$$P(\boldsymbol{x}_1)=\sum_{i=1}^{N}f_i(x_{i,1})+\boldsymbol{x}_1^{\mathrm{T}}\boldsymbol{L}\boldsymbol{x}_1 \tag{4-8}$$

因为全局目标函数是强凸函数，所以可以得到惩罚函数也是强凸函数的结论。

本节的目标是设计控制器$(u_1,\cdots,u_N)$，来对每个$i=1,\cdots,N$，使得$\lim\limits_{t\to\infty} x_{i,1}\to x_{i,1}^*$。定义向量$\boldsymbol{x}_1^*=(x_{1,1}^*,\cdots,x_{N,1}^*)$，其中第$i$个智能体的分布式优化问题最优解$x_{1,1}^*$定义如下：

$$(x_{1,1}^*,\cdots,x_{N,1}^*)=\underset{(x_{1,1},\cdots,x_{N,1})}{\operatorname{argmin}} P(\boldsymbol{x}_1) \tag{4-9}$$

4.2.2 神经网络观测器设计

在设计观测器前，需要用到以下假设条件。

假设 4.1 未知非线性函数$h_{i,p}(\boldsymbol{X}_{i,p})$可以表示为

$$h_{i,p}(\boldsymbol{X}_{i,p}\mid\boldsymbol{\theta}_{i,p})=\boldsymbol{\theta}_{i,p}^{\mathrm{T}}\boldsymbol{\Psi}_{i,p}(\boldsymbol{X}_{i,p}),\quad 1\leqslant i\leqslant n \tag{4-10}$$

式中：$\boldsymbol{\Psi}_{i,p}(\boldsymbol{X}_{i,p})$为高斯基函数向量；$\boldsymbol{\theta}_{i,p}^{\mathrm{T}}$为理想权值向量。

在本章中，状态观测器可用于观测不可测状态，其设计为

$$\begin{cases}\dot{\hat{\boldsymbol{X}}}_{i,n}=A_i\hat{\boldsymbol{X}}_{i,n}+\boldsymbol{K}_i y_i+\sum\limits_{p=1}^{n}\boldsymbol{B}_{i,p}[\hat{h}_{i,p}(\hat{\boldsymbol{X}}_{i,p}\mid\boldsymbol{\theta}_{i,p})]+\boldsymbol{B}_i u_i\\ \hat{y}_i=\boldsymbol{C}_i\hat{\boldsymbol{X}}_{i,n}\end{cases} \tag{4-11}$$

式中：$\boldsymbol{C}_i=[1\cdots0\cdots0]$；$\hat{\boldsymbol{X}}_{i,l}=(\hat{x}_{i,1},\hat{x}_{i,2},\cdots,\hat{x}_{i,l})^{\mathrm{T}}$为$\boldsymbol{X}_{i,l}=(x_{i,1},x_{i,2},\cdots,x_{i,l})^{\mathrm{T}}$的估计值。

定义观测器误差变量$\boldsymbol{e}_i=\boldsymbol{X}_i-\hat{\boldsymbol{X}}_i$，由式(4-2)、式(4-11)可得

$$\dot{\boldsymbol{e}}_i=\boldsymbol{A}_i\boldsymbol{e}_i+\sum_{l=1}^{n}\boldsymbol{B}_{i,p}[h_{i,p}(\hat{\boldsymbol{X}}_{i,p})-\hat{h}_{i,p}(\hat{\boldsymbol{X}}_{i,p}\mid\boldsymbol{\theta}_{i,p})+\Delta h_{i,p}] \tag{4-12}$$

式中

$$\Delta h_{i,p}=h_{i,p}(\boldsymbol{X}_{i,p})-h_{i,p}(\hat{\boldsymbol{X}}_{i,p})$$

由 RBF(神经网络逼近)技术可得

$$\hat{h}_{i,p}(\hat{\boldsymbol{X}}_{i,p}\mid\boldsymbol{\theta}_{i,p})=\boldsymbol{\theta}_{i,p}^{\mathrm{T}}\boldsymbol{\Psi}_{i,p}(\hat{\boldsymbol{X}}_{i,p}) \tag{4-13}$$

定义最优参数向量为

$$\boldsymbol{\theta}_{i,p}^*=\underset{\boldsymbol{\theta}_{i,p}\in\boldsymbol{\Omega}_{i,p}}{\operatorname{argmin}}\left[\sup_{\hat{\boldsymbol{X}}_{i,p}\in\boldsymbol{U}_{i,p}}|\hat{h}_{i,p}(\hat{\boldsymbol{X}}_{i,p}\mid\boldsymbol{\theta}_{i,p})-h_{i,p}(\hat{\boldsymbol{X}}_{i,p})|\right],\quad 1\leqslant p\leqslant n \tag{4-14}$$

式中：$\boldsymbol{\Omega}_{i,p}$、$\boldsymbol{U}_{i,p}$分别为变量$\boldsymbol{\theta}_{i,p}$、$\hat{\boldsymbol{X}}_{i,l}$的紧集。

定义最小逼近误差和参数估计误差为

$$\begin{cases}\xi_{i,p}=h_{i,p}(\hat{\boldsymbol{X}}_{i,p})-\hat{h}_{i,p}(\hat{\boldsymbol{X}}_{i,p}\mid\boldsymbol{\theta}_{i,p}^{*}) \\ \hat{\boldsymbol{\theta}}_{i,p}=\boldsymbol{\theta}_{i,p}^{*}-\boldsymbol{\theta}_{i,p}\end{cases},\quad p=1,2,\cdots,n \tag{4-15}$$

假设 4.2 假设最优逼近误差有界，存在已知正常数 ξ_{i0}，使得 $|\xi_{i,p}|\leqslant\xi_{i0}$。

假设 4.3 存在一组已知常数 γ_i，使得以下关系成立：

$$|h_{i,p}(\boldsymbol{X}_{i,p})-h_{i,p}(\hat{\boldsymbol{X}}_{i,p})|\leqslant\gamma_{i,p}\|\boldsymbol{X}_{i,p}-\hat{\boldsymbol{X}}_{i,p}\| \tag{4-16}$$

由式(4-11)、式(4-12)可得

$$\begin{aligned}\dot{\boldsymbol{e}}_i&=\boldsymbol{A}_i\boldsymbol{e}_i+\sum_{p=1}^{n}\boldsymbol{B}_{i,p}[\xi_{i,p}+\Delta h_{i,p}+\tilde{\boldsymbol{\theta}}_{i,p}^{\mathrm{T}}\boldsymbol{\Psi}_{i,p}(\hat{\boldsymbol{X}}_{i,p})] \\ &=\boldsymbol{A}_i\boldsymbol{e}_i+\Delta\boldsymbol{h}_i+\boldsymbol{\xi}_i+\sum_{p=1}^{n}\boldsymbol{B}_{i,p}[\tilde{\boldsymbol{\theta}}_{i,p}^{\mathrm{T}}\boldsymbol{\Psi}_{i,p}(\hat{\boldsymbol{X}}_{i,p})]\end{aligned} \tag{4-17}$$

式中

$$\boldsymbol{\xi}_i=[\xi_{i,1},\cdots,\xi_{i,n}]^{\mathrm{T}},\quad \Delta\boldsymbol{h}_i=[\Delta h_{i,1},\cdots,\Delta h_{i,n}]^{\mathrm{T}}$$

构造 Lyapunov 函数：

$$V_0=\sum_{i=1}^{N}V_{i,0}=\sum_{i=1}^{N}\frac{1}{2}\boldsymbol{e}_i^{\mathrm{T}}\boldsymbol{P}_i\boldsymbol{e}_i \tag{4-18}$$

结合式(4-17)可得

$$\begin{aligned}\dot{V}_0&\leqslant\sum_{i=1}^{N}\left\{\frac{1}{2}\boldsymbol{e}_i^{\mathrm{T}}(\boldsymbol{P}_i\boldsymbol{A}_i^{\mathrm{T}}+\boldsymbol{A}_i\boldsymbol{P}_i)\boldsymbol{e}_i+\boldsymbol{e}_i^{\mathrm{T}}\boldsymbol{P}_i(\boldsymbol{\xi}_i+\Delta\boldsymbol{h}_i)+\sum_{p=1}^{n}\boldsymbol{e}_i^{\mathrm{T}}\boldsymbol{P}_i\boldsymbol{B}_{i,p}[\tilde{\boldsymbol{\theta}}_{i,p}^{\mathrm{T}}\boldsymbol{\Psi}_{i,p}(\hat{\boldsymbol{X}}_{i,p})]\right\} \\ &\leqslant\sum_{i=1}^{N}\left\{-\boldsymbol{e}_i^{\mathrm{T}}\boldsymbol{Q}_i\boldsymbol{e}_i+\boldsymbol{e}_i^{\mathrm{T}}\boldsymbol{P}_i(\boldsymbol{\xi}_i+\Delta\boldsymbol{h}_i)+\boldsymbol{e}_i^{\mathrm{T}}\boldsymbol{P}_i\sum_{p=1}^{n}\boldsymbol{B}_{i,p}\tilde{\boldsymbol{\theta}}_{i,p}^{\mathrm{T}}\boldsymbol{\Psi}_{i,p}(\hat{\boldsymbol{X}}_{i,p})\right\}\end{aligned} \tag{4-19}$$

由 Young's 不等式可得

$$\boldsymbol{e}_i^{\mathrm{T}}\boldsymbol{P}_i(\boldsymbol{\varepsilon}_i+\Delta\boldsymbol{h}_i)\leqslant\|\boldsymbol{e}_i\|^2\left(1+\frac{1}{2}\|\boldsymbol{P}_i\|^2\sum_{p=1}^{n}\gamma_{i,p}^2\right)+\frac{1}{2}\|\boldsymbol{P}_i\boldsymbol{\xi}_i\|^2 \tag{4-20}$$

$$\boldsymbol{e}_i^{\mathrm{T}}\boldsymbol{P}_i\sum_{l=1}^{n}\boldsymbol{B}_{i,l}\tilde{\boldsymbol{\theta}}_{i,l}^{\mathrm{T}}\boldsymbol{\varphi}_{i,l}(\hat{\boldsymbol{X}}_{i,l})\leqslant\frac{1}{2}\lambda_{i,\max}^2(\boldsymbol{P}_i)\|\boldsymbol{e}_i\|^2+\frac{1}{2}\sum_{p=1}^{n}\tilde{\boldsymbol{\theta}}_{i,p}^{\mathrm{T}}\tilde{\boldsymbol{\theta}}_{i,p} \tag{4-21}$$

将式(4-20)、式(4-21)代入式(4-19)，整理可得

$$\dot{V}_{i,0}\leqslant\sum_{i=1}^{N}\left(-q_{i,0}\|\boldsymbol{e}_i\|^2+\frac{1}{2}\|\boldsymbol{P}_i\boldsymbol{\xi}_i\|^2+\frac{1}{2}\sum_{p=1}^{n}\tilde{\boldsymbol{\theta}}_{i,p}^{\mathrm{T}}\tilde{\boldsymbol{\theta}}_{i,p}\right) \tag{4-22}$$

式中

$0 < \boldsymbol{\Psi}_{i,p}(\cdot)\boldsymbol{\Psi}_{i,p}^{\mathrm{T}}(\cdot) \leqslant 1,\quad q_{i,0} = \lambda_{i,\min}(\boldsymbol{Q}_i) - \left(1 + \frac{1}{2}\|\boldsymbol{P}_i\|^2 \sum_{l=1}^{n}\gamma_{i,l}^2 + \frac{1}{2}\lambda_{i,\max}^2(\boldsymbol{P}_i)\right)$

根据式(4-22)可得

$$\dot{V}_0 \leqslant -q_0\|\boldsymbol{e}\|^2 + \frac{1}{2}\|\boldsymbol{P}\boldsymbol{\xi}\|^2 + \sum_{i=1}^{N}\sum_{p=1}^{n}\frac{1}{2}\tilde{\boldsymbol{\theta}}_{i,p}^{\mathrm{T}}\tilde{\boldsymbol{\theta}}_{i,p} \tag{4-23}$$

式中：$q_0 = \sum_{i=1}^{N} q_{i,0}$。

4.2.3 控制器设计

在本节中，结合反演设计、动态面技术和 Lyapunov 方法来设计虚拟控制律、控制输入和参数自适应律。首先，定义如下误差变量：

$$\begin{cases} s_{i,1} = x_{i,1} - x_{i,1}^* \\ s_{i,p} = \hat{x}_{i,p} - v_{i,p}, \quad p = 2,\cdots,n \\ w_{i,p} = v_{i,p} - x_{i,p}^* \end{cases} \tag{4-24}$$

式中：$s_{i,l}$ 为误差面；$v_{i,p}$ 为滤波器输出；$x_{i,p}^*$ 为虚拟控制律；$w_{i,p}$ 为 $v_{i,p}$ 和 $x_{i,p}^*$ 的误差。

第 1 步 计算惩罚函数式(4-8)的梯度值：

$$\frac{\partial P(\boldsymbol{x}_1)}{\partial \boldsymbol{x}_1} = \mathrm{vec}\left(\frac{\partial f_i(x_{i,1}(t))}{\partial x_{i,1}}\right) + \boldsymbol{L}\boldsymbol{x}_1 \tag{4-25}$$

式中：$\mathrm{vec}\left(\frac{\partial f_i(x_{i,1}(t))}{\partial x_{i,1}}\right)$为元素$\frac{\partial f_i(x_{i,1}(t))}{\partial x_{i,1}}$的列向量。

由于惩罚函数 $P(\boldsymbol{x}_1)$是一个强凸函数，因此可以得到分布式优化问题的最优解满足如下形式：

$$\frac{\partial P(\boldsymbol{x}_1^*)}{\partial \boldsymbol{x}_1^*} = 0 \tag{4-26}$$

由式(4-4)和式(4-25)可得

$$\frac{\partial f_i(x_{i,1}^*(t))}{\partial x_{i,1}^*} + \sum_{j \in N_i} a_{ij}(x_{i,1}^* - x_{j,1}^*) = 0 \tag{4-27}$$

由式(4-4)和式(4-27)可得

$$2a_{i,1}(x_i^* - x_{d1}) + 2a_{i,2}(x_i^* - x_{d2}) + \sum_{j\in N_i} a_{ij}(x_{i,1}^* - x_{j,1}^*) = 0 \tag{4-28}$$

由式(4-24)和式(4-28)可得

$$\begin{aligned}
\frac{\partial P(\boldsymbol{x}_1)}{\partial x_{i,1}} &= \frac{\partial f_i(x_{i,1}(t))}{\partial x_{i,1}} + \sum_{j\in N_i} a_{ij}(x_{i,1} - x_{j,1}) \\
&= 2a_{i,1}(x_{i,1} - x_{d1}) + 2a_{i,2}(x_{i,1} - x_{d2}) + \sum_{j\in N_i} a_{ij}(x_{i,1} - x_{j,1}) - \\
&\quad 2a_{i,1}(x_i^* - x_{d1}) - 2a_{i,2}(x_i^* - x_{d2}) + \sum_{j\in N_i} a_{ij}(x_{i,1}^* - x_{j,1}^*) \\
&= 2a_i s_{i,1} + \sum_{j\in N_i} a_{ij}(s_{i,1} - s_{j,1})
\end{aligned} \tag{4-29}$$

取 $\boldsymbol{s}_1 = [s_{1,1}, \cdots, s_{N,1}]^{\mathrm{T}}$，根据式(4-29)可得

$$\frac{\partial P(\boldsymbol{x}_1)}{\partial \boldsymbol{x}_1} = \boldsymbol{H}\boldsymbol{s}_1 \tag{4-30}$$

式中：$\boldsymbol{H} = \boldsymbol{\mathcal{A}} + \boldsymbol{L}$，$\boldsymbol{\mathcal{A}} = \mathrm{diag}\{2a_i\}$。

构造 Lyapunov 函数：

$$\begin{aligned}
V_1 &= V_0 + \frac{1}{2}\left(\frac{\partial P(\boldsymbol{x}_1)}{\partial \boldsymbol{x}_1}\right)^{\mathrm{T}} \boldsymbol{H}^{-1} \left(\frac{\partial P(\boldsymbol{x}_1)}{\partial \boldsymbol{x}_1}\right) + \sum_{i=1}^{N} \frac{1}{\sigma_{i,1}} \tilde{\boldsymbol{\theta}}_{i,1}^{\mathrm{T}} \tilde{\boldsymbol{\theta}}_{i,1} \\
&= V_0 + \frac{1}{2}\boldsymbol{s}_1^{\mathrm{T}} \boldsymbol{H}\boldsymbol{s}_1 + \sum_{i=1}^{N} \frac{1}{\sigma_{i,1}} \tilde{\boldsymbol{\theta}}_{i,1}^{\mathrm{T}} \tilde{\boldsymbol{\theta}}_{i,1}
\end{aligned} \tag{4-31}$$

式中：$\sigma_{i,1}$ 为设计参数。

由式(4-1)、式(4-11)和式(4-24)可得

$$\dot{s}_{i,1} = \hat{x}_{i,2} + \boldsymbol{\theta}_{i,1}^{\mathrm{T}} \boldsymbol{\Psi}_{i,1} + \tilde{\boldsymbol{\theta}}_{i,1}^{\mathrm{T}} \boldsymbol{\Psi}_{i,1} + \Delta h_{i,1} + \xi_{i,1} + e_{i,2} \tag{4-32}$$

由式(4-31)和式(4-32)可得

$$\begin{aligned}
\dot{V}_1 &= \dot{V}_0 + \boldsymbol{s}_1^{\mathrm{T}} \boldsymbol{H}\dot{\boldsymbol{s}}_1 + \sum_{i=1}^{N} \frac{1}{\sigma_{i,1}} \tilde{\boldsymbol{\theta}}_{i,1}^{\mathrm{T}} \dot{\tilde{\boldsymbol{\theta}}}_{i,1} \\
&= \dot{V}_0 + \boldsymbol{s}_1^{\mathrm{T}} \boldsymbol{H}(\hat{\boldsymbol{x}}_2 + \mathrm{vec}(\boldsymbol{\theta}_{i,1}^{\mathrm{T}} \boldsymbol{\Psi}_{i,1}) + \mathrm{vec}(\tilde{\boldsymbol{\theta}}_{i,1}^{\mathrm{T}} \boldsymbol{\Psi}_{i,1}) + \Delta \boldsymbol{h}_1 + \boldsymbol{\xi}_1 + \boldsymbol{e}_2) + \sum_{i=1}^{N} \frac{1}{\sigma_{i,1}} \tilde{\boldsymbol{\theta}}_{i,1}^{\mathrm{T}} \dot{\tilde{\boldsymbol{\theta}}}_{i,1} \\
&= \dot{V}_0 + \boldsymbol{s}_1^{\mathrm{T}} \boldsymbol{H}(\boldsymbol{s}_2 + \boldsymbol{w}_2 + \boldsymbol{x}_2^* + \mathrm{vec}(\boldsymbol{\theta}_{i,1}^{\mathrm{T}} \boldsymbol{\Psi}_{i,1}) + \mathrm{vec}(\tilde{\boldsymbol{\theta}}_{i,1}^{\mathrm{T}} \boldsymbol{\Psi}_{i,1}) + \Delta \boldsymbol{h}_1 + \\
&\quad \boldsymbol{\xi}_1 + \boldsymbol{e}_2) + \sum_{i=1}^{N} \frac{1}{\sigma_{i,1}} \tilde{\boldsymbol{\theta}}_{i,1}^{\mathrm{T}} \dot{\tilde{\boldsymbol{\theta}}}_{i,1}
\end{aligned}$$

$$=\dot{V}_0+\boldsymbol{s}_1^{\mathrm{T}}\boldsymbol{H}\boldsymbol{s}_2+\boldsymbol{s}_1^{\mathrm{T}}\boldsymbol{H}\boldsymbol{w}_2+\boldsymbol{s}_1^{\mathrm{T}}\boldsymbol{H}(\boldsymbol{x}_2^*+\mathrm{vec}(\boldsymbol{\theta}_{i,1}^{\mathrm{T}}\boldsymbol{\Psi}_{i,1})+\mathrm{vec}(\tilde{\boldsymbol{\theta}}_{i,1}^{\mathrm{T}}\boldsymbol{\Psi}_{i,1}))+\boldsymbol{s}_1^{\mathrm{T}}\boldsymbol{H}\Delta\boldsymbol{h}_1+\boldsymbol{s}_1^{\mathrm{T}}\boldsymbol{H}\boldsymbol{\xi}_1+\boldsymbol{s}_1^{\mathrm{T}}\boldsymbol{H}\boldsymbol{e}_2-\sum_{i=1}^{N}\frac{1}{\sigma_{i,1}}\tilde{\boldsymbol{\theta}}_{i,1}^{\mathrm{T}}\dot{\boldsymbol{\theta}}_{i,1} \tag{4-33}$$

式中：$\boldsymbol{s}_2=[s_{1,2},s_{2,2},\cdots,s_{N,2}]^{\mathrm{T}}$；$\boldsymbol{w}_2=[w_{1,2},w_{2,2},\cdots,w_{N,2}]^{\mathrm{T}}$；$\boldsymbol{x}_2^*=[x_{1,2}^*,x_{2,2}^*,\cdots,x_{N,2}^*]^{\mathrm{T}}$；$\Delta\boldsymbol{h}_1=[\Delta h_{1,1},\Delta h_{2,1},\cdots,\Delta h_{N,1}]^{\mathrm{T}}$；$\boldsymbol{\xi}_1=[\xi_{1,1},\xi_{2,1},\cdots,\xi_{N,1}]^{\mathrm{T}}$；$\boldsymbol{e}_2=[e_{1,2},e_{2,2},\cdots,e_{N,2}]^{\mathrm{T}}$；$\mathrm{vec}(\boldsymbol{\theta}_{i,1}^{\mathrm{T}}\boldsymbol{\Psi}_{i,1})$、$\mathrm{vec}(\tilde{\boldsymbol{\theta}}_{i,1}^{\mathrm{T}}\boldsymbol{\Psi}_{i,1})$是列向量。

根据 Young's 不等式可得

$$\boldsymbol{s}_1^{\mathrm{T}}\boldsymbol{H}\boldsymbol{s}_2\leqslant\frac{1}{2}\boldsymbol{s}_1^{\mathrm{T}}\boldsymbol{H}\boldsymbol{H}^{\mathrm{T}}\boldsymbol{s}_1+\frac{1}{2}\boldsymbol{s}_2^{\mathrm{T}}\boldsymbol{s}_2 \tag{4-34}$$

$$\boldsymbol{s}_1^{\mathrm{T}}\boldsymbol{H}\boldsymbol{w}_2\leqslant\frac{1}{2}\boldsymbol{s}_1^{\mathrm{T}}\boldsymbol{H}\boldsymbol{H}^{\mathrm{T}}\boldsymbol{s}_1+\frac{1}{2}\boldsymbol{w}_2^{\mathrm{T}}\boldsymbol{w}_2 \tag{4-35}$$

$$\boldsymbol{s}_1^{\mathrm{T}}\boldsymbol{H}\Delta\boldsymbol{h}_1\leqslant\frac{1}{2}\boldsymbol{s}_1^{\mathrm{T}}\boldsymbol{H}\boldsymbol{\gamma}_1\boldsymbol{\gamma}_1^{\mathrm{T}}\boldsymbol{H}^{\mathrm{T}}\boldsymbol{s}_1+\frac{1}{2}\boldsymbol{e}_1^{\mathrm{T}}\boldsymbol{e}_1 \tag{4-36}$$

$$\boldsymbol{s}_1^{\mathrm{T}}\boldsymbol{H}\boldsymbol{\xi}_1\leqslant\frac{1}{2}\boldsymbol{s}_1^{\mathrm{T}}\boldsymbol{H}\boldsymbol{H}^{\mathrm{T}}\boldsymbol{s}_1+\frac{1}{2}\boldsymbol{\xi}_1^{\mathrm{T}}\boldsymbol{\xi}_1 \tag{4-37}$$

$$\boldsymbol{s}_1^{\mathrm{T}}\boldsymbol{H}\boldsymbol{e}_2\leqslant\frac{1}{2}\boldsymbol{s}_1^{\mathrm{T}}\boldsymbol{H}\boldsymbol{H}^{\mathrm{T}}\boldsymbol{s}_1+\frac{1}{2}\boldsymbol{e}_2^{\mathrm{T}}\boldsymbol{e}_2 \tag{4-38}$$

式中：$\boldsymbol{\gamma}_1=\mathrm{diag}[\gamma_{i,1}]$，$\boldsymbol{e}_1=[e_{1,1},e_{2,1},\cdots,e_{N,1}]^{\mathrm{T}}$。

将式(4-34)～式(4-38)代入式(4-33)可得

$$\dot{V}_1\leqslant\dot{V}_0+\boldsymbol{s}_1^{\mathrm{T}}\boldsymbol{H}(\boldsymbol{x}_2^*+\mathrm{vec}(\boldsymbol{\theta}_{i,1}^{\mathrm{T}}\boldsymbol{\Psi}_{i,1})+\mathrm{vec}(\tilde{\boldsymbol{\theta}}_{i,1}^{\mathrm{T}}\boldsymbol{\Psi}_{i,1}))+\frac{1}{2}\boldsymbol{s}_1^{\mathrm{T}}\boldsymbol{H}\boldsymbol{H}^{\mathrm{T}}\boldsymbol{s}_1+\frac{1}{2}\boldsymbol{w}_2^{\mathrm{T}}\boldsymbol{w}_2+\frac{1}{2}\boldsymbol{s}_1^{\mathrm{T}}\boldsymbol{H}\boldsymbol{H}^{\mathrm{T}}\boldsymbol{s}_1+\frac{1}{2}\boldsymbol{s}_2^{\mathrm{T}}\boldsymbol{s}_2+\frac{1}{2}\boldsymbol{s}_1^{\mathrm{T}}\boldsymbol{H}\boldsymbol{\gamma}_1\boldsymbol{\gamma}_1^{\mathrm{T}}\boldsymbol{H}^{\mathrm{T}}\boldsymbol{s}_1+\frac{1}{2}\boldsymbol{e}_1^{\mathrm{T}}\boldsymbol{e}_1+\frac{1}{2}\boldsymbol{s}_1^{\mathrm{T}}\boldsymbol{H}\boldsymbol{H}^{\mathrm{T}}\boldsymbol{s}_1+\frac{1}{2}\boldsymbol{\xi}_1^{\mathrm{T}}\boldsymbol{\xi}_1+\frac{1}{2}\boldsymbol{s}_1^{\mathrm{T}}\boldsymbol{H}\boldsymbol{H}^{\mathrm{T}}\boldsymbol{s}_1+\frac{1}{2}\boldsymbol{e}_2^{\mathrm{T}}\boldsymbol{e}_2-\sum_{i=1}^{N}\frac{1}{\sigma_{i,1}}\tilde{\boldsymbol{\theta}}_{i,1}^{\mathrm{T}}\dot{\boldsymbol{\theta}}_{i,1} \tag{4-39}$$

与第 3 章相同，可得如下等式关系：

$$\boldsymbol{s}_1^{\mathrm{T}}\boldsymbol{H}\boldsymbol{H}^{\mathrm{T}}\boldsymbol{s}_1=\sum_{i=1}^{N}[2a_{i,1}(x_{i,1}-x_{\mathrm{d}1})+2a_{i,2}(x_{i,1}-x_{\mathrm{d}2})+\sum_{j\in N_i}a_{ij}(s_{i,1}-s_{j,1})]^2 \tag{4-40}$$

$$\boldsymbol{s}_1^{\mathrm{T}}\boldsymbol{H}\boldsymbol{\gamma}_1\boldsymbol{\gamma}_1^{\mathrm{T}}\boldsymbol{H}^{\mathrm{T}}\boldsymbol{s}_1=\sum_{i=1}^{N}\gamma_{i,1}^2\left[2a_{i,1}(x_{i,1}-x_{\mathrm{d}1})+2a_{i,2}(x_{i,1}-x_{\mathrm{d}2})+\sum_{j\in N_i}a_{ij}(s_{i,1}-s_{j,1})\right]^2 \tag{4-41}$$

根据式(4-40)、式(4-41)和式(4-39),设计第1步虚拟控制律 $x_{i,2}^*$ 和自适应律 $\theta_{i,1}$：

$$x_{i,2}^* = -c_{i,1}\left[2a_{i,1}(x_{i,1}-x_{d1})+2a_{i,2}(x_{i,1}-x_{d2})+\sum_{j\in N_i}a_{ij}(x_{i,1}-x_{j,1})\right]-\boldsymbol{\theta}_{i,1}^{\mathrm{T}}\boldsymbol{\Psi}_{i,1}(\hat{\boldsymbol{X}}_{i,1}) \tag{4-42}$$

$$\dot{\boldsymbol{\theta}}_{i,1} = \sigma_{i,1}\boldsymbol{\Psi}_{i,1}(\hat{\boldsymbol{X}}_{i,1})\left[2a_{i,1}(x_{i,1}-x_{d1})+2a_{i,2}(x_{i,1}-x_{d2})+\sum_{j\in N_i}a_{ij}(x_{i,1}-x_{j,1})\right]-\rho_{i,1}\boldsymbol{\theta}_{i,1} \tag{4-43}$$

式中：$c_{i,1}=3+\dfrac{\gamma_{i,1}^2}{2}$ 和 $\rho_{i,1}$ 是设计参数。

将式(4-42)和式(4-43)代入式(4-39)可得

$$\begin{aligned}\dot{V}_1 \leqslant & -q_1\|\boldsymbol{e}\|^2+\eta_1+\sum_{i=1}^{N}\sum_{p=1}^{n}\frac{1}{2}\tilde{\boldsymbol{\theta}}_{i,p}^{\mathrm{T}}\tilde{\boldsymbol{\theta}}_{i,p}+\sum_{i=1}^{N}\frac{\rho_{i,1}}{\sigma_{i,1}}\tilde{\boldsymbol{\theta}}_{i,1}^{\mathrm{T}}\boldsymbol{\theta}_{i,1}\\ & -\frac{2}{\lambda_{\max}(\boldsymbol{H}^{-1})}\left(\frac{\partial P(\boldsymbol{x}_1)}{\partial \boldsymbol{x}_1}\right)^{\mathrm{T}}\boldsymbol{H}^{-1}\left(\frac{\partial P(\boldsymbol{x}_1)}{\partial \boldsymbol{x}_1}\right)+\sum_{i=1}^{N}\frac{1}{2}s_{i,2}^2+\sum_{i=1}^{N}\frac{1}{2}w_{i,2}^2\end{aligned} \tag{4-44}$$

式中：$q_1=q_0-N$；$\eta_1=\dfrac{1}{2}\|\boldsymbol{P}\boldsymbol{\xi}\|^2+\dfrac{1}{2}\boldsymbol{\xi}_1^{\mathrm{T}}\boldsymbol{\xi}_1$；$\lambda_{\max}(\boldsymbol{H}^{-1})$是矩阵 $\boldsymbol{H}^{-1}$ 的最大特征值。

使用滤波器技术,可以获得状态变量 $v_{i,2}$ 为

$$\lambda_{i,2}\dot{v}_{i,2}+v_{i,2}=x_{i,2}^*,\quad v_{i,2}(0)=x_{i,2}^*(0) \tag{4-45}$$

进一步,由式(4-24)和式(4-45)可得

$$\dot{w}_{i,2}=\dot{v}_{i,2}-\dot{x}_{i,2}^*=-\frac{v_{i,2}-x_{i,2}^*}{\lambda_{i,2}}-\dot{x}_{i,2}^*=-\frac{w_{i,2}}{\lambda_{i,2}}+B_{i,2} \tag{4-46}$$

式中：$\lambda_{i,2}$ 为设计参数；$B_{i,2}=-\dot{x}_{i,2}^*$,根据相关文献可知,存在一个正整数 $M_{i,2}$,使得 $|B_{i,2}|\leqslant M_{i,2}$。

第2步 定义第二个误差面变量 $s_{i,2}=\hat{x}_{i,2}-v_{i,2}$,可得

$$\begin{aligned}\dot{s}_{i,2} &= \dot{\hat{x}}_{i,2}-\dot{v}_{i,2}\\ &= s_{i,3}+w_{i,3}+x_{i,3}^*+\varepsilon_{i,2}e_{i,1}+\tilde{\boldsymbol{\theta}}_{i,2}^{\mathrm{T}}\boldsymbol{\Psi}_{i,2}+\boldsymbol{\theta}_{i,2}^{\mathrm{T}}\boldsymbol{\Psi}_{i,2}+\xi_{i,2}+\Delta h_{i,2}-\dot{v}_{i,2}\end{aligned} \tag{4-47}$$

从第2步开始考虑状态约束条件。根据引理1.5,定义

$$\delta_1=\frac{1}{k_{i,b1}^2-s_{i,2}^2}$$

式中：$k_{i,b1}$ 和 $\sigma_{i,2}$ 为设计参数。

设计障碍 Lyapunov 函数为

$$V_2=V_1+\sum_{i=1}^{N}V_{i,2}=V_1+\frac{1}{2}\sum_{i=1}^{N}\left\{\delta_1 s_{i,2}^2+\frac{1}{\sigma_{i,2}}\tilde{\boldsymbol{\theta}}_{i,2}^{\mathrm{T}}\hat{\boldsymbol{\theta}}_{i,2}+w_{i,2}^2\right\} \tag{4-48}$$

对式(4-48)求导可得

$$\dot{V}_2=\dot{V}_1+\sum_{i=1}^{N}\left\{\delta_1 s_{i,2}\dot{s}_{i,2}+\frac{1}{\sigma_{i,2}}\tilde{\boldsymbol{\theta}}_{i,2}^{T}\dot{\tilde{\boldsymbol{\theta}}}_{i,2}+w_{i,2}\dot{w}_{i,2}\right\} \tag{4-49}$$

将式(4-47)代入式(4-49)可得

$$\dot{V}_2=\dot{V}_1+\sum_{i=1}^{N}\Big[\delta_1 s_{i,2}(w_{i,3}+s_{i,3}+x_{i,3}^*+\varepsilon_{i,2}e_{i,1}+\boldsymbol{\theta}_{i,2}^{\mathrm{T}}\boldsymbol{\Psi}_{i,2}+\tilde{\boldsymbol{\theta}}_{i,2}^{\mathrm{T}}\boldsymbol{\Psi}_{i,2}+\xi_{i,2}+$$
$$\Delta h_{i,2}-\dot{v}_{i,2})+\frac{1}{\sigma_{i,2}}\tilde{\boldsymbol{\theta}}_{i,2}^{\mathrm{T}}\dot{\tilde{\boldsymbol{\theta}}}_{i,2}+w_{i,2}\dot{w}_{i,2}\Big] \tag{4-50}$$

根据 Young's 不等式可得

$$s_{i,2}\varepsilon_{i,2}e_{i,1}\leqslant\frac{1}{2}s_{i,2}^2+\frac{1}{2}\varepsilon_{i,2}^2\|e_{i,1}\|^2 \tag{4-51}$$

$$s_{i,2}s_{i,3}+s_{i,2}w_{i,3}\leqslant s_{i,2}^2+\frac{1}{2}(s_{i,3}^2+w_{i,3}^2) \tag{4-52}$$

$$s_{i,2}\xi_{i,2}\leqslant\frac{1}{2}s_{i,2}^2+\frac{1}{2}\|\xi_{i,2}\|^2 \tag{4-53}$$

$$s_{i,2}\Delta h_{i,2}\leqslant\frac{1}{2}s_{i,2}^2+\frac{1}{2}\gamma_{i,2}^2\|e_{i,2}\|^2 \tag{4-54}$$

将式(4-51)～式(4-54)代入式(4-50)可得

$$\dot{V}_2\leqslant\dot{V}_1+\sum_{i=1}^{N}\Big[\delta_1 s_{i,2}(x_{i,3}^*+\boldsymbol{\theta}_{i,2}^{\mathrm{T}}\boldsymbol{\Psi}_{i,2}+\tilde{\boldsymbol{\theta}}_{i,32}^{\mathrm{T}}\boldsymbol{\Psi}_{i,2}-\dot{v}_{i,2})+\frac{5\delta_1}{2}s_{i,2}^2+\frac{1}{2}(s_{i,3}^2+w_{i,3}^2)+$$
$$\frac{1}{2}\varepsilon_{i,2}^2\|e_{i,1}\|^2+\frac{1}{2}\|\xi_{i,2}\|^2+\frac{1}{2}\gamma_{i,2}^2\|e_{i,2}\|^2-\frac{1}{\sigma_{i,2}}\tilde{\boldsymbol{\theta}}_{i,2}^{\mathrm{T}}\dot{\boldsymbol{\theta}}_{i,2}+w_{i,2}\dot{w}_{i,2}\Big] \tag{4-55}$$

设计第 2 步虚拟控制律 $x_{i,3}^*$ 和自适应律 $\theta_{i,2}$ 如下：

$$x_{i,3}^*=-c_{i,2}s_{i,2}-\left(\frac{1}{2\delta_1}+\frac{5}{2}\right)s_{i,2}-\boldsymbol{\theta}_{i,2}^{\mathrm{T}}\boldsymbol{\Psi}_{i,2}(\hat{\boldsymbol{X}}_{i,2})+\frac{x_{i,2}^*-v_{i,2}}{\lambda_{i,2}} \tag{4-56}$$

$$\dot{\boldsymbol{\theta}}_{i,2}=\sigma_{i,2}\delta_1\boldsymbol{\Psi}_{i,2}(\hat{\boldsymbol{X}}_{i,2})s_{i,2}-\rho_{i,2}\boldsymbol{\theta}_{i,2} \tag{4-57}$$

式中：$\rho_{i,2}$ 为设计参数。

根据 Young's 不等式，$w_{i,2}B_{i,2}\leqslant\frac{1}{2}w_{i,2}^2+\frac{1}{2}M_{i,2}^2$ 成立。将式(4-44)、式(4-46)、式(4-56)和式(4-57)代入式(4-55)可得

$$\dot{V}_2 \leqslant -q_2 \| \boldsymbol{e} \|^2 + \eta_2 + \sum_{i=1}^{N}\sum_{p=1}^{n} \frac{1}{2} \tilde{\boldsymbol{\theta}}_{i,p}^{\mathrm{T}} \hat{\boldsymbol{\theta}}_{i,p} + \sum_{i=1}^{N} \frac{\rho_{i,1}}{\sigma_{i,1}} \tilde{\boldsymbol{\theta}}_{i,1}^{\mathrm{T}} \boldsymbol{\theta}_{i,1} + \sum_{i=1}^{N} \frac{\rho_{i,2}}{\sigma_{i,2}} \tilde{\boldsymbol{\theta}}_{i,2}^{\mathrm{T}} \boldsymbol{\theta}_{i,2} - \sum_{i=1}^{N} c_{i,2} s_{i,2}^2 - \sum_{i=1}^{N} \left(\frac{1}{\lambda_{i,2}} - 1\right) w_{i,2}^2 - \frac{2}{\lambda_{\max}(\boldsymbol{H}^{-1})} \left(\frac{\partial P(\boldsymbol{x}_1)}{\partial \boldsymbol{x}_1}\right)^{\mathrm{T}} \boldsymbol{H}^{-1} \left(\frac{\partial P(\boldsymbol{x}_1)}{\partial \boldsymbol{x}_1}\right) + \sum_{i=1}^{N} \left[\frac{1}{2} M_{i,2}^2 + \frac{1}{2}(s_{i,3}^2 + w_{i,3}^2)\right] \tag{4-58}$$

式中

$$q_2 = q_1 - \frac{1}{2} \sum_{i=1}^{N} (\varepsilon_{i,2}^2 + \gamma_{i,2}^2) \tag{4-59}$$

$$\eta_2 = \eta_1 + \frac{1}{2} \sum_{i=1}^{N} \| \xi_{i,2} \|^2 \tag{4-60}$$

第 m 步　设计第 m 个误差面为 $s_{i,m} = \hat{x}_{i,m} - v_{i,m}$，对误差面 $s_{i,m}$ 求导可得

$$\dot{s}_{i,m} = \hat{x}_{i,m+1} + \varepsilon_{i,m} e_{i,1} + \boldsymbol{\theta}_{i,m}^{\mathrm{T}} \boldsymbol{\Psi}_{i,m} + \tilde{\boldsymbol{\theta}}_{i,m}^{\mathrm{T}} \boldsymbol{\Psi}_{i,m} + \xi_{i,m} + \Delta h_{i,m} - \dot{v}_{i,m} \tag{4-61}$$

根据引理 1.5，定义

$$\delta_m = \frac{1}{k_{i,bm}^2 - s_{i,m}^2}$$

式中：$k_{i,bm}$、$\sigma_{i,m}$ 为设计参数。

设计障碍 Lyapunov 函数为

$$V_m = V_{m-1} + \frac{1}{2} \sum_{i=1}^{N} \left\{ \delta_m s_{i,m}^2 + \frac{1}{\sigma_{i,m}} \tilde{\boldsymbol{\theta}}_{i,m}^{\mathrm{T}} \hat{\boldsymbol{\theta}}_{i,m} + w_{i,m}^2 \right\} \tag{4-62}$$

对式(4-62)求导数可得

$$\dot{V}_m = \sum_{i=1}^{N} \left\{ \delta_m s_{i,m} \dot{s}_{i,m} + \frac{1}{\sigma_{i,m}} \tilde{\boldsymbol{\theta}}_{i,m}^{\mathrm{T}} \dot{\tilde{\boldsymbol{\theta}}}_{i,m} + w_{i,m} \dot{w}_{i,m} \right\} + \dot{V}_{m-1} \tag{4-63}$$

将式(4-61)代入式(4-63)可得

$$\dot{V}_m = \dot{V}_{m-1} + \sum_{i=1}^{N} \left[\delta_m s_{i,m} (s_{i,m+1} + w_{i,m+1} + x_{i,m+1}^{*} + \varepsilon_{i,m} e_{i,1} + \boldsymbol{\theta}_{i,m}^{\mathrm{T}} \boldsymbol{\Psi}_{i,m} + \tilde{\boldsymbol{\theta}}_{i,m}^{\mathrm{T}} \boldsymbol{\Psi}_{i,m} + \xi_{i,m} + \Delta h_{i,m} - \dot{v}_{i,m}) + \frac{1}{\sigma_{i,m}} \tilde{\boldsymbol{\theta}}_{i,m}^{\mathrm{T}} \dot{\tilde{\boldsymbol{\theta}}}_{i,m} + w_{i,m} \dot{w}_{i,m} \right] \tag{4-64}$$

根据 Young's 不等式可得

$$s_{i,m} \varepsilon_{i,m} e_{i,1} \leqslant \frac{1}{2} s_{i,m}^2 + \frac{1}{2} \varepsilon_{i,m}^2 \| e_{i,1} \|^2 \tag{4-65}$$

$$s_{i,m}s_{i,m+1}+s_{i,m}w_{i,m+1}\leqslant s_{i,m}^2+\frac{1}{2}(s_{i,m+1}^2+w_{i,m+1}^2) \tag{4-66}$$

$$s_{i,m}\xi_{i,m}\leqslant \frac{1}{2}s_{i,m}^2+\frac{1}{2}\|\xi_{i,m}\|^2 \tag{4-67}$$

$$s_{i,m}\Delta h_{i,m}\leqslant \frac{1}{2}s_{i,m}^2+\frac{1}{2}\gamma_{i,m}^2\|e_{i,m}\|^2 \tag{4-68}$$

将式(4-65)～式(4-68)代入式(4-64)可得

$$\begin{aligned}\dot{V}_m\leqslant\dot{V}_{m-1}+\sum_{i=1}^{N}\Big[&\delta_m s_{i,m}(x_{i,m+1}^*+\boldsymbol{\theta}_{i,m}^{\mathrm{T}}\boldsymbol{\Psi}_{i,m}+\tilde{\boldsymbol{\theta}}_{i,m}^{\mathrm{T}}\boldsymbol{\Psi}_{i,m}-\dot{v}_{i,m})+\frac{5\delta_m}{2}s_{i,m}^2+\\&\frac{1}{2}(s_{i,m+1}^2+w_{i,m+1}^2)+\frac{1}{2}\varepsilon_{i,m}^2\|e_{i,1}\|^2+\frac{1}{2}\|\zeta_{i,m}\|^2+\frac{1}{2}\gamma_{i,m}^2\|e_{i,m}\|^2-\\&\frac{1}{\sigma_{i,m}}\tilde{\boldsymbol{\theta}}_{i,m}^{\mathrm{T}}\dot{\boldsymbol{\theta}}_{i,m}+w_{i,m}\dot{w}_{i,m}\Big]\end{aligned} \tag{4-69}$$

设计第 m 步虚拟控制律 $x_{i,m+1}^*$ 和参数自适应律 $\boldsymbol{\theta}_{\mathrm{i,m}}$ 如下：

$$x_{i,m+1}^*=-c_{i,m}s_{i,m}-\left(\frac{1}{2\delta_m}+\frac{5}{2}\right)s_{i,m}-\boldsymbol{\theta}_{i,m}^{\mathrm{T}}\boldsymbol{\Psi}_{i,m}(\hat{\boldsymbol{X}}_{i,m})+\frac{x_{i,m}^*-v_{i,m}}{\lambda_{i,m}} \tag{4-70}$$

$$\dot{\boldsymbol{\theta}}_{i,m}=\sigma_{i,m}\delta_m\boldsymbol{\Psi}_{i,m}(\hat{\boldsymbol{X}}_{i,m})s_{i,m}-\rho_{i,m}\boldsymbol{\theta}_{i,m} \tag{4-71}$$

应用动态面技术，变量 $v_{i,m}$ 可通过下式计算：

$$\lambda_{i,m}\dot{v}_{i,m}+v_{i,m}=x_{i,m}^*,v_{i,m}(0)=x_{i,m}^*(0) \tag{4-72}$$

同理，下式成立：

$$\dot{w}_{i,m}=-\frac{w_{i,m}}{\lambda_{i,m}}+B_{i,m} \tag{4-73}$$

式中：$B_{i,m}=-\dot{\alpha}_{i,m-1}$，$B_{i,m}\leqslant M_{i,m}$。

根据 Young's 不等式，$w_{i,m}B_{i,m}\leqslant\frac{1}{2}w_{i,m}^2+\frac{1}{2}M_{i,m}^2$ 成立。将式(4-70)、式(4-71)和式(4-73)代入式(4-69)可得

$$\begin{aligned}\dot{V}_m\leqslant\dot{V}_{m-1}+\sum_{i=1}^{N}\Big[&\delta_m s_{i,m}\Big(-c_{i,m}s_{i,m}-\left(\frac{1}{2\delta_m}+\frac{5}{2}\right)s_{i,m}-\boldsymbol{\theta}_{i,m}^{\mathrm{T}}\boldsymbol{\Psi}_{i,m}(\hat{\boldsymbol{X}}_{i,m})+\\&\frac{x_{i,m}^*-v_{i,m}}{\lambda_{i,m}}+\boldsymbol{\theta}_{i,m}^{\mathrm{T}}\boldsymbol{\Psi}_{i,m}+\tilde{\boldsymbol{\theta}}_{i,m}^{\mathrm{T}}\boldsymbol{\Psi}_{i,m}-\dot{v}_{i,m}\Big)+\frac{5\delta_m}{2}s_{i,m}^2+\frac{1}{2}(s_{i,m+1}^2+w_{i,m+1}^2)+\end{aligned}$$

$$\frac{1}{2}\varepsilon_{i,m}^{2}\|e_{i,1}\|^{2}+\frac{1}{2}\|\zeta_{i,m}\|^{2}+\frac{1}{2}\gamma_{i,m}^{2}\|e_{i,m}\|^{2}-\frac{1}{\sigma_{i,m}}\tilde{\boldsymbol{\theta}}_{i,m}^{\mathrm{T}}(\sigma_{i,m}\boldsymbol{\Psi}_{i,m}s_{i,m}-$$

$$\left.\rho_{i,m}\boldsymbol{\theta}_{i,m})-\frac{w_{i,m}^{2}}{\lambda_{i,m}}+\frac{1}{2}w_{i,m}^{2}+\frac{1}{2}M_{i,m}^{2}\right] \tag{4-74}$$

结合式(4-23)、式(4-44)和式(4-58)可得

$$\dot{V}_{m-1}\leqslant -q_{m-1}\|\boldsymbol{e}\|^{2}+\eta_{m-1}+\sum_{i=1}^{N}\sum_{p=1}^{n}\frac{1}{2}\tilde{\boldsymbol{\theta}}_{i,p}^{\mathrm{T}}\hat{\boldsymbol{\theta}}_{i,p}-$$

$$\frac{2}{\lambda_{\max}(\boldsymbol{H}^{-1})}\left(\frac{\partial P(\boldsymbol{x}_{1})}{\partial \boldsymbol{x}_{1}}\right)^{\mathrm{T}}\boldsymbol{H}^{-1}\left(\frac{\partial P(\boldsymbol{x}_{1})}{\partial \boldsymbol{x}_{1}}\right)+$$

$$\sum_{i=1}^{N}\left[\sum_{p=1}^{m-1}\frac{\rho_{i,p}}{\sigma_{i,p}}\tilde{\boldsymbol{\theta}}_{i,p}^{\mathrm{T}}\boldsymbol{\theta}_{i,p}-\sum_{p=2}^{m-1}c_{i,p}s_{i,p}^{2}+\sum_{p=2}^{m-1}\left(\frac{1}{\lambda_{i,p}}-1\right)w_{i,p}^{2}+\frac{1}{2}\sum_{p=2}^{m-1}M_{i,m-1}^{2}+\right.$$

$$\left.\frac{1}{2}(s_{i,m}^{2}+w_{i,m}^{2})\right] \tag{4-75}$$

将式(4-75)代入式(4-74)可得

$$\dot{V}_{m}\leqslant -q_{m}\|\boldsymbol{e}\|^{2}+\eta_{m}+\sum_{i=1}^{N}\sum_{p=1}^{n}\frac{1}{2}\tilde{\boldsymbol{\theta}}_{i,p}^{\mathrm{T}}\hat{\boldsymbol{\theta}}_{i,p}-\frac{2}{\lambda_{\max}(\boldsymbol{H}^{-1})}\left(\frac{\partial P(\boldsymbol{x}_{1})}{\partial \boldsymbol{x}_{1}}\right)^{\mathrm{T}}\boldsymbol{H}^{-1}\left(\frac{\partial P(\boldsymbol{x}_{1})}{\partial \boldsymbol{x}_{1}}\right)+$$

$$\sum_{i=1}^{N}\left[\sum_{p=1}^{m}\frac{\rho_{i,p}}{\sigma_{i,p}}\tilde{\boldsymbol{\theta}}_{i,p}^{\mathrm{T}}\boldsymbol{\theta}_{i,p}-\sum_{p=2}^{m}c_{i,p}s_{i,p}^{2}-\sum_{p=2}^{m}\left(\frac{1}{\lambda_{i,p}}-1\right)w_{i,p}^{2}+\frac{1}{2}\sum_{p=2}^{m}M_{i,m}^{2}+\right.$$

$$\left.\frac{1}{2}(s_{i,m+1}^{2}+w_{i,m+1}^{2})\right] \tag{4-76}$$

式中

$$q_{m}=q_{m-1}-\sum_{i=1}^{N}k_{i,m}^{2}$$

第 n 步　设计第 n 步追踪误差 $s_{i,n}$ 以及滤波器输出误差 $w_{i,n}$ 为

$$s_{i,n}=\hat{x}_{i,n}-v_{i,n} \tag{4-77}$$

$$w_{i,n}=v_{i,n}-\alpha_{i,n-1} \tag{4-78}$$

利用滤波器技术可得

$$\lambda_{i,n}\dot{v}_{i,n}+v_{i,n}=x_{i,n}^{*},\quad v_{i,n}(0)=x_{i,n}^{*}(0) \tag{4-79}$$

滤波器输出误差的导数为

$$\dot{w}_{i,n}=\dot{v}_{i,n}-\dot{x}_{i,n}^{*}=-\frac{w_{i,n}}{\lambda_{i,n}}+B_{i,n} \tag{4-80}$$

式中：$B_{i,n}=-x_{i,n}^{*}$；$|B_{i,n}|\leqslant M_{i,n}$。

对第 n 步追踪误差 $s_{i,n}$ 求导可得

$$\begin{aligned}\dot{s}_{i,n}&=\dot{\hat{x}}_{i,n}-\dot{v}_{i,n}\\&=u_i+\varepsilon_{i,n}e_{i,1}+\boldsymbol{\theta}_{i,n}^{\mathrm{T}}\boldsymbol{\Psi}_{i,n}+\tilde{\boldsymbol{\theta}}_{i,n}^{\mathrm{T}}\boldsymbol{\Psi}_{i,n}+\xi_{i,n}+\Delta h_{i,n}-\dot{v}_{i,n}\end{aligned}\tag{4-81}$$

根据引理 1.5，定义

$$\delta_n=\frac{1}{k_{i,bn}^2-s_{i,n}^2}$$

式中：$k_{i,bn}$、$\sigma_{i,n}$ 为设计参数。

构造 Lyapunov 函数：

$$V_n=V_{n-1}+\frac{1}{2}\sum_{i=1}^{N}\left\{\delta_n s_{i,n}^2+\frac{1}{\sigma_{i,n}}\tilde{\boldsymbol{\theta}}_{i,n}^{\mathrm{T}}\hat{\boldsymbol{\theta}}_{i,n}+w_{i,n}^2\right\}\tag{4-82}$$

对式(4-82)求导可得

$$\dot{V}_n=\dot{V}_{n-1}+\sum_{i=1}^{N}\left\{\delta_n s_{i,n}\dot{s}_{i,n}+\frac{1}{\sigma_{i,n}}\tilde{\boldsymbol{\theta}}_{i,n}^{\mathrm{T}}\dot{\tilde{\boldsymbol{\theta}}}_{i,n}+w_{i,n}\dot{w}_{i,n}\right\}\tag{4-83}$$

将式(4-81)代入式(4-83)可得

$$\begin{aligned}\dot{V}_n=\dot{V}_{n-1}+\sum_{i=1}^{N}\Big[&\delta_n s_{i,n}(u_i+\varepsilon_{i,m}e_{i,1}+\boldsymbol{\theta}_{i,n}^{\mathrm{T}}\boldsymbol{\Psi}_{i,n}+\tilde{\boldsymbol{\theta}}_{i,n}^{\mathrm{T}}\boldsymbol{\Psi}_{i,n}+\xi_{i,n}+\Delta h_{i,n}-\dot{v}_{i,n})+\\&\frac{1}{\sigma_{i,n}}\tilde{\boldsymbol{\theta}}_{i,n}^{\mathrm{T}}\dot{\tilde{\boldsymbol{\theta}}}_{i,n}+w_{i,n}\dot{w}_{i,n}\Big]\end{aligned}\tag{4-84}$$

根据 Young's 不等式可得

$$s_{i,n}\varepsilon_{i,n}e_{i,1}\leqslant\frac{1}{2}s_{i,n}^2+\frac{1}{2}\varepsilon_{i,n}^2\|e_{i,1}\|^2\tag{4-85}$$

$$s_{i,m}w_{i,m+1}\leqslant\frac{1}{2}s_{i,m}^2+\frac{1}{2}w_{i,m+1}^2\tag{4-86}$$

$$s_{i,n}\xi_{i,n}\leqslant\frac{1}{2}s_{i,n}^2+\frac{1}{2}\|\xi_{i,n}\|^2\tag{4-87}$$

$$s_{i,n}\Delta h_{i,n}\leqslant\frac{1}{2}s_{i,n}^2+\frac{1}{2}\gamma_{i,n}^2\|e_{i,n}\|^2\tag{4-88}$$

将式(4-85)～式(4-88)代入式(4-84)可得

$$\begin{aligned}\dot{V}_n\leqslant\dot{V}_{n-1}+\sum_{i=1}^{N}\Big[&\delta_n s_{i,n}(u_i+\boldsymbol{\theta}_{i,n}^{\mathrm{T}}\boldsymbol{\Psi}_{i,n}+\tilde{\boldsymbol{\theta}}_{i,n}^{\mathrm{T}}\boldsymbol{\Psi}_{i,n}-\dot{v}_{i,n})+\frac{3\delta_n}{2}s_{i,n}^2+\frac{1}{2}\varepsilon_{i,n}^2\|e_{i,1}\|^2+\\&\frac{1}{2}\|\xi_{i,n}\|^2+\frac{1}{2}\gamma_{i,n}^2\|e_{i,n}\|^2-\frac{1}{\sigma_{i,n}}\tilde{\boldsymbol{\theta}}_{i,n}^{\mathrm{T}}\dot{\boldsymbol{\theta}}_{i,n}+w_{i,n}\dot{w}_{i,n}\Big]\end{aligned}\tag{4-89}$$

设计控制输入 u_i 和自适应律 $\boldsymbol{\theta}_{i,n}$ 如下：

$$u_i=-c_{i,n}s_{i,n}-\left(\frac{1}{2\delta_n}+\frac{3}{2}\right)s_{i,n}-\boldsymbol{\theta}_{i,n}^{\mathrm{T}}\boldsymbol{\Psi}_{i,n}(\hat{\boldsymbol{X}}_{i,n})+\frac{x_{i,n}^{*}-v_{i,n}}{\lambda_{i,n}} \tag{4-90}$$

$$\dot{\boldsymbol{\theta}}_{i,n}=\sigma_{i,n}\delta_n\boldsymbol{\Psi}_{i,n}(\hat{\boldsymbol{X}}_{i,n})s_{i,n}-\rho_{i,n}\boldsymbol{\theta}_{i,n} \tag{4-91}$$

式中：$\rho_{i,n}$ 为设计参数。

通过 Young's 不等式，$w_{i,n}B_{i,n}\leqslant\frac{1}{2}w_{i,n}^2+\frac{1}{2}M_{i,n}^2$ 成立，将式(4-90)、式(4-91)和式(4-80)代入式(4-89)可得

$$\begin{aligned}\dot{V}_n\leqslant&-q_n\|\boldsymbol{e}\|^2+\eta_n+\sum_{i=1}^{N}\sum_{p=1}^{n}\frac{1}{2}\tilde{\boldsymbol{\theta}}_{i,p}^{\mathrm{T}}\hat{\boldsymbol{\theta}}_{i,p}-\frac{2}{\lambda_{\max}(\boldsymbol{H}^{-1})}\left(\frac{\partial P(\boldsymbol{x}_1)}{\partial\boldsymbol{x}_1}\right)^{\mathrm{T}}\boldsymbol{H}^{-1}\left(\frac{\partial P(\boldsymbol{x}_1)}{\partial\boldsymbol{x}_1}\right)+\\&\sum_{i=1}^{N}\left[\sum_{p=1}^{n}\frac{\rho_{i,p}}{\sigma_{i,p}}\tilde{\boldsymbol{\theta}}_{i,p}^{\mathrm{T}}\boldsymbol{\theta}_{i,p}-\sum_{p=2}^{n}c_{i,p}s_{i,p}^2-\sum_{p=2}^{n}\left(\frac{1}{\lambda_{i,p}}-1\right)w_{i,p}^2+\frac{1}{2}\sum_{p=2}^{n}M_{i,p}^2\right]\end{aligned} \tag{4-92}$$

式中

$$q_n=q_{n-1}-\frac{1}{2}\sum_{i=1}^{N}(\varepsilon_{i,n}^2+\gamma_{i,n}^2) \tag{4-93}$$

$$\eta_n=\eta_{n-1}+\frac{1}{2}\sum_{i=1}^{N}\|\zeta_{i,n}\|^2 \tag{4-94}$$

根据 Young's 不等式可得

$$\tilde{\boldsymbol{\theta}}_{*,p}^{\mathrm{T}}\boldsymbol{\theta}_{*,p}\leqslant-\frac{1}{2}\tilde{\boldsymbol{\theta}}_{*,p}^{\mathrm{T}}\tilde{\boldsymbol{\theta}}_{*,p}+\frac{1}{2}\boldsymbol{\theta}_{*,p}^{*\mathrm{T}}\boldsymbol{\theta}_{*,p}^{*} \tag{4-95}$$

定义

$$\zeta=\eta_n+\sum_{i=1}^{N}\left(\sum_{p=1}^{n}\frac{\rho_{i,p}}{2\sigma_{i,p}}\boldsymbol{\theta}_{i,p}^{*\mathrm{T}}\boldsymbol{\theta}_{i,p}^{*}+\frac{1}{2}\sum_{p=2}^{n}M_{i,p}^2\right) \tag{4-96}$$

式(4-92)可改写为

$$\begin{aligned}\dot{V}_n\leqslant&-q_n\|\boldsymbol{e}\|^2-\frac{2}{\lambda_{\max}(\boldsymbol{H}^{-1})}\left(\frac{\partial P(\boldsymbol{x}_1)}{\partial\boldsymbol{x}_1}\right)^{\mathrm{T}}\boldsymbol{H}^{-1}\left(\frac{\partial P(\boldsymbol{x}_1)}{\partial\boldsymbol{x}_1}\right)+\\&\sum_{i=1}^{N}\left[-\sum_{p=2}^{n}c_{i,p}s_{i,p}^2-\sum_{p=1}^{n}\left(\frac{\rho_{i,p}}{2\sigma_{i,p}}-\frac{1}{2}\right)\tilde{\boldsymbol{\theta}}_{i,p}^{\mathrm{T}}\tilde{\boldsymbol{\theta}}_{i,p}-\sum_{p=2}^{n}\left(\frac{1}{\lambda_{i,p}}-1\right)w_{i,p}^2\right]+\zeta\end{aligned} \tag{4-97}$$

式中：$c_{i,p}>0,\frac{\rho_{i,p}}{2\sigma_{i,p}}-\frac{1}{2}>0,\frac{1}{\lambda_{i,p}}-1>0,p=2,\cdots,n$；$\frac{2}{\lambda_{\max}(\boldsymbol{H}^{-1})}>0$。

定义

$$C=\min\left\{2\frac{q_n}{\lambda_{\min}(\boldsymbol{P})},2c_{i,p},2\left(\frac{\rho_{i,p}}{2\sigma_{i,p}}-\frac{1}{2}\right),2\left(\frac{1}{\lambda_{i,p}}-1\right),-\frac{4}{\lambda_{\min}(\boldsymbol{H}^{-1})}\right\} \tag{4-98}$$

由式(4-97)和式(4-98)可得

$$\dot{V}(x(t))\leqslant -CV(x(t))+\zeta \tag{4-99}$$

根据引理1.4可以得出结论，系统式(4-1)中的所有信号在闭环系统中可以保持半全局最终一致有界，并且最终收敛到分布式优化最优解 x^* 的邻域内。

4.3 仿真实例

仿真实例：考虑如下形式的非线性多智能体系统：

$$\begin{cases}\dot{x}_{i,1}=x_{i,2}+h_{i,1}(\boldsymbol{X}_{i,1})\\ \dot{x}_{i,2}=u_i+h_{i,2}(\boldsymbol{X}_{i,2})\\ y_i=x_{i,1}\end{cases},\quad i=1,2,3,4,5 \tag{4-100}$$

系统内未知非线性函数为

$$\begin{cases}h_{1,1}=h_{2,1}=h_{3,1}=h_{4,1}=h_{5,1}=0\\ h_{1,2}=x_{1,1}-0.25x_{1,2}-x_{1,1}^3+0.3\cos t\\ h_{2,2}=x_{2,1}-0.25x_{2,2}-x_{2,1}^3+0.1(x_{2,1}^2+x_{2,2}^2)^{1/2}+0.3\cos t\\ h_{3,2}=x_{3,1}-0.25x_{3,2}-x_{3,1}^3+0.2\sin t(x_{3,1}^2+2x_{3,2}^2)^{1/2}+0.3\cos t\\ h_{4,2}=x_{4,1}-0.25x_{4,2}-x_{4,1}^3+0.2\sin t(2x_{4,1}^2+2x_{4,2}^2)1/2+0.3\cos t\\ h_{5,2}=x_{5,1}-0.1x_{5,2}-x_{5,1}^3+0.2\sin t(x_{5,1}^2+x_{5,2}^2)^{1/2}+0.3\cos t\end{cases} \tag{4-101}$$

系统初始状态 $\boldsymbol{x}_i$ 设置为

$$\boldsymbol{x}_1(0)=[0.05,0.05]^{\mathrm{T}},\quad \boldsymbol{x}_2(0)=[0.1,0.1]^{\mathrm{T}},\quad \boldsymbol{x}_3(0)=[0.15,0.15]^{\mathrm{T}}$$

$$\boldsymbol{x}_4(0)=[-0.2,-0.2]^{\mathrm{T}},\quad \boldsymbol{x}_5(0)=[0.25,0.25]^{\mathrm{T}}$$

观测器参数设置为

$$\varepsilon_{1,1}=\varepsilon_{2,1}=\varepsilon_{3,1}=\varepsilon_{4,1}=\varepsilon_{5,1}=500,\quad \varepsilon_{1,2}=\varepsilon_{2,2}=\varepsilon_{3,2}=\varepsilon_{4,2}=\varepsilon_{5,2}=5000$$

初始状态 $\hat{\boldsymbol{x}}_i$ 设置为

$$\hat{\boldsymbol{x}}_1=[0.05,0.05]^{\mathrm{T}},\quad \hat{\boldsymbol{x}}_2=[0.1,0.1]^{\mathrm{T}},\quad \hat{\boldsymbol{x}}_3=[0.15,0.15]^{\mathrm{T}}$$

$$\hat{\boldsymbol{x}}_4=[-0.2,-0.2]^{\mathrm{T}},\quad \hat{\boldsymbol{x}}_5=[0.25,0.25]^{\mathrm{T}}$$

给定局部目标函数如下：

$$\begin{cases} f_1=8.5x_{1,1}^2-(8x_{\mathrm{d}1}+9x_{\mathrm{d}2})x_{1,1}+4x_{\mathrm{d}1}^2+4.5x_{\mathrm{d}2}^2+1 \\ f_2=16.5x_{2,1}^2-(16x_{\mathrm{d}1}+17x_{\mathrm{d}2})x_{2,1}+8x_{\mathrm{d}1}^2+8.5x_{\mathrm{d}2}^2+2 \\ f_3=13x_{3,1}^2-(12x_{\mathrm{d}1}+14x_{\mathrm{d}2})x_{3,1}+6x_{\mathrm{d}1}^2+7x_{\mathrm{d}2}^2+1 \\ f_4=15.2x_{4,1}^2-(14.4x_{\mathrm{d}1}+16x_{\mathrm{d}2})x_{4,1}+7.2x_{\mathrm{d}1}^2+8x_{\mathrm{d}2}^2+2 \\ f_5=9.5x_{5,1}^2-(9x_{\mathrm{d}1}+10x_{\mathrm{d}2})x_{5,1}+4.5x_{\mathrm{d}1}^2+5x_{\mathrm{d}2}^2+2 \end{cases} \tag{4-102}$$

根据式(4-42)、式(4-43)、式(4-90)和式(4-91)设计虚拟控制律、自适应律和控制输入。选择设计参数为 $c_{i,1}=3.5$，$c_{i,2}=2$，$kb_i=1$，$\sigma_{i,1}=\sigma_{i,2}=1$，$\rho_{i,1}=\rho_{i,2}=80$，$\lambda_{i,2}=0.05$。

图 4-1～图 4-6 为仿真结果。图 4-1 为多智能体通信拓扑图。图 4-2 和图 4-3 为通过本章所提出方法得到的系统状态跟踪图像及所有智能体的状态观测器估计值，可以看出每个智能体的输出都在包含控制中的上界和下界之间，这意味着所构造的控制算法能够达成包含控制的目标，与此同时设计的观测器能够很好地估计系统的状态。图 4-4 为智能体输出信号与分布式优化最优解之间的追踪误差，可以看出追踪误差在一个合理的范围内。图 4-5 为本章所提出方法得到的控制输入轨迹，可以看出控制输入能够快速收敛到 0 的附近。图 4-6 以智能体 1 为例，展示了系统状态 $x_{1,2}$ 和观测器状态 $\hat{x}_{1,2}$ 的轨迹，可以看出状态观测器有着很好的估计效果，能够达到预期目标并在合理的误差范围内估计系统状态。

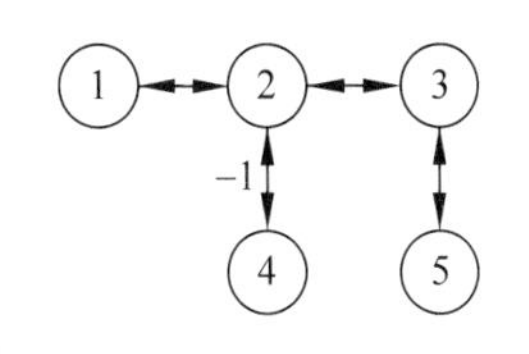

图 4-1　多智能体通信拓扑图

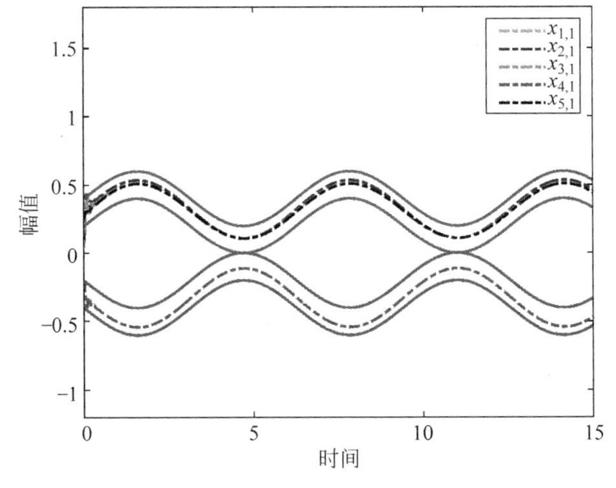

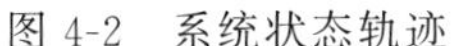

图 4-2　系统状态轨迹

彩图

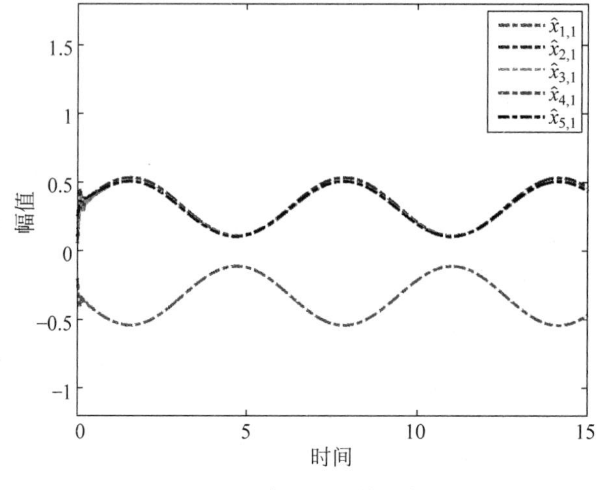

图 4-3 状态观测器输出轨迹

彩图

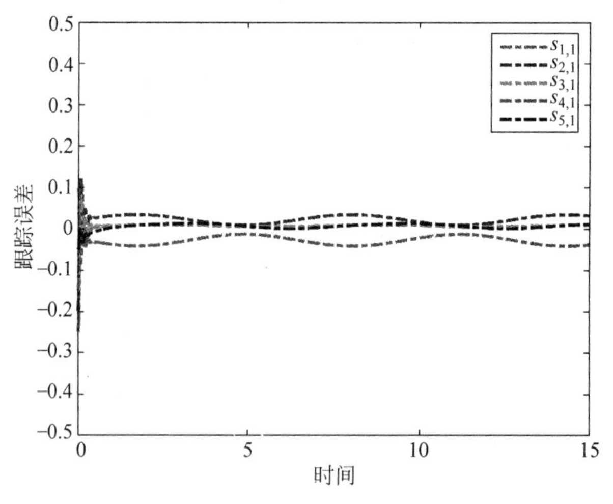

图 4-4 智能体输出与最优解之间的追踪误差

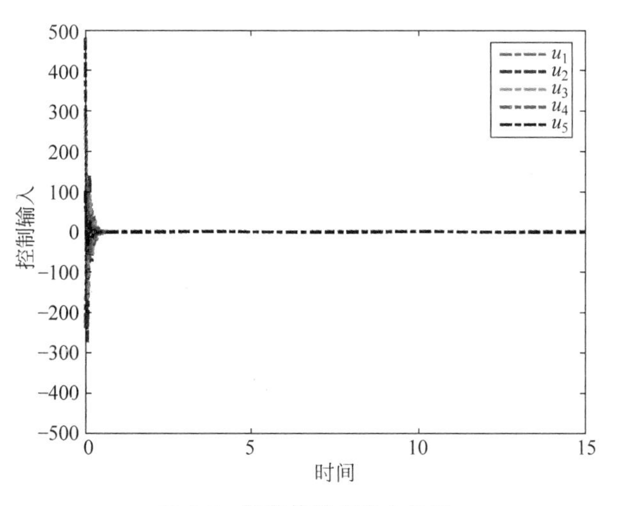

彩图

图 4-5　智能体控制输入轨迹

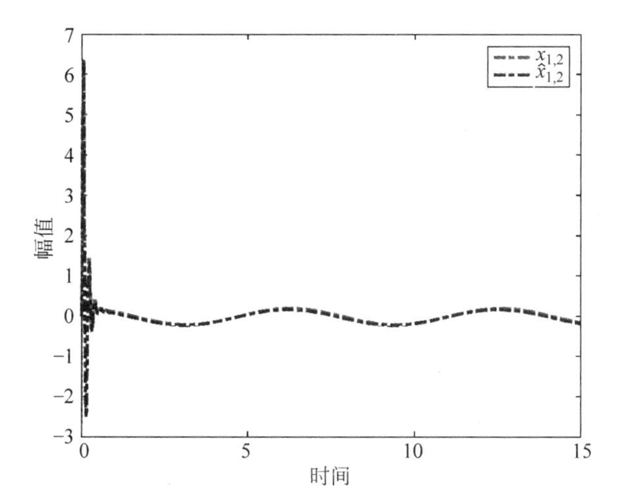

彩图

图 4-6　智能体 1 的状态轨迹和观测器状态轨迹

第5章

基于神经网络的固定时间多智能体系统资源分配算法

5.1 模型描述

本章考虑如下多输入多输出(MIMO)非线性多智能体系统:

$$\begin{cases}\dot{\boldsymbol{x}}_{i,1}=\boldsymbol{x}_{i,2}+\boldsymbol{g}_{i,1}(\bar{\boldsymbol{x}}_{i,1})\\ \dot{\boldsymbol{x}}_{i,l}=\boldsymbol{x}_{i,l+1}+\boldsymbol{g}_{i,l}(\bar{\boldsymbol{x}}_{i,l})\\ \dot{\boldsymbol{x}}_{i,n}=\boldsymbol{u}_{i}+\boldsymbol{g}_{i,n}(\bar{\boldsymbol{x}}_{i,n})\\ \boldsymbol{y}_{i}=\boldsymbol{x}_{i,1}\end{cases},\quad i=1,2,\cdots,N,l=1,2,\cdots,n-1 \tag{5-1}$$

式中:$\boldsymbol{x}_{i,1},\cdots,\boldsymbol{x}_{i,n}\in\mathbb{R}^m$ 为系统状态,$\bar{\boldsymbol{x}}_{i,h}=[\boldsymbol{x}_{i,1}^{\mathrm{T}},\cdots,\boldsymbol{x}_{i,h}^{\mathrm{T}}]^{\mathrm{T}}$ 为系统状态向量,其中 $h=1,2,\cdots,n$;$\boldsymbol{g}_{i,h}(\bar{\boldsymbol{x}}_{i,h})\in\mathbb{R}^m$ 为系统中未知非线性光滑函数;$\boldsymbol{u}_i(t)\in\mathbb{R}^m$ 为系统控制输入;$\boldsymbol{y}_i\in\mathbb{R}^m$ 为系统输出。

记 $\boldsymbol{x}_{i,h}=[x_{i,h}^1,\cdots,x_{i,h}^m]^{\mathrm{T}}$,$\boldsymbol{g}_{i,h}(\bar{\boldsymbol{x}}_{i,h})=[g_{i,h}^1(x_{i,1}^1,\cdots,x_{i,h}^1),\cdots,g_{i,h}^m(x_{i,1}^m,\cdots,x_{i,h}^m)]^{\mathrm{T}}$,$\boldsymbol{u}_i=[u_i^1,\cdots,u_i^m]^{\mathrm{T}}$,$\boldsymbol{y}_i=[y_i^1,\cdots,y_i^m]^{\mathrm{T}}$。

针对第 i 个多输入多输出智能体中第 v 个系统有如下系统:

$$\begin{cases}\dot{x}_{i,1}^{v}=x_{i,2}^{v}+g_{i,1}^{v}(x_{i,1}^{v})\\ \dot{x}_{i,l}^{v}=x_{i,l+1}^{v}+g_{i,l}^{v}(x_{i,1}^{v},\cdots,x_{i,l}^{v})\\ \dot{x}_{i,n}^{v}=u_{i}^{v}+g_{i,n}^{v}(x_{i,1}^{v},\cdots,x_{i,n}^{v})\\ y_{i}^{v}=x_{i,1}^{v}\end{cases},\quad i=1,\cdots,N,l=1,\cdots,n-1,v=1,\cdots,m \tag{5-2}$$

式中：u_i^v 为系统的控制输入；y_i^v 为系统的输出；$g_{i,l}^{v}(x_{i,1}^{v},\cdots,x_{i,l}^{v})$为系统中的未知非线性项。

记 $\boldsymbol{X}_{i,l}^{v}=(x_{i,1}^{v},\cdots,x_{i,l}^{v})^{\mathrm{T}}\in\mathbb{R}^{l}$ 是第 i 个智能体第 v 个子系统的状态向量。系统式(5-2)可改写为

$$\begin{aligned}&\dot{\boldsymbol{X}}_{i,n}^{v}=\boldsymbol{A}_{i}^{v}\boldsymbol{X}_{i,n}^{v}+\boldsymbol{K}_{i}^{v}y_{i}^{v}+\sum_{l=1}^{n}\boldsymbol{B}_{i,l}^{v}[g_{i,l}^{v}(\boldsymbol{X}_{i,l}^{v})]+\boldsymbol{B}_{i}^{v}u_{i}^{v}(t)\\ &y_{i}^{v}=\boldsymbol{C}_{i}^{v}\boldsymbol{X}_{i,l}^{v}\end{aligned} \tag{5-3}$$

式中：$\boldsymbol{A}_{i}^{v}=\begin{bmatrix}-k_{i,1}^{v} & & & \\ \vdots & & \boldsymbol{I}_{n-1} & \\ -k_{i,n}^{v} & 0 & \cdots & 0\end{bmatrix}$；$\boldsymbol{K}_{i}^{v}=\begin{bmatrix}k_{i,1}^{v}\\ \vdots\\ k_{i,n}^{v}\end{bmatrix}$；$\boldsymbol{B}_{i}^{v}=\begin{bmatrix}0\\ \vdots\\ 1\end{bmatrix}$；$\boldsymbol{B}_{i,l}^{v}=[0\cdots1\cdots0]^{\mathrm{T}}$；$\boldsymbol{C}_{i}^{v}=[0\cdots1\cdots0]^{\mathrm{T}}$；$k_{i,1}^{v},\cdots,k_{i,n}^{v}$ 为正常数。

给定一个正定矩阵 $\boldsymbol{Q}_{i}^{\mathrm{T}}=\boldsymbol{Q}_{i}$，存在正定矩阵 $\boldsymbol{P}_{i}^{\mathrm{T}}=\boldsymbol{P}_{i}$ 满足：

$$\boldsymbol{A}_{i}^{\mathrm{T}}\boldsymbol{P}_{i}+\boldsymbol{P}_{i}\boldsymbol{A}_{i}=-2\boldsymbol{Q}_{i} \tag{5-4}$$

5.2　神经网络观测器及控制器设计

5.2.1　资源分配问题描述

对于多智能体系统式(5-1)，其资源分配问题可以描述为

$$\begin{aligned}&\min_{\boldsymbol{y}_{i}\in\mathbb{R}^{m}}\sum_{i=1}^{N}f_{i}(\boldsymbol{y}_{i}),\quad i=1,\cdots,N\\ &\text{s. t. } \boldsymbol{y}_{i}^{\min}\leqslant\boldsymbol{y}_{i}\leqslant\boldsymbol{y}_{i}^{\max}\end{aligned} \tag{5-5}$$

式中：$f_{i}(\boldsymbol{y}_{i})$：$\mathbb{R}^{m}\rightarrow\mathbb{R}$ 为第 i 个智能体的局部目标函数；$\boldsymbol{y}_{i}^{\min}$ 和 $\boldsymbol{y}_{i}^{\max}$ 为智能体输出的下

界和上界，意味着智能体输出的大小有一个不等式关系的约束。

假设 5.1 局部目标函数 $f_i(\boldsymbol{y}_i)$是连续可导的、Γ 强凸的、$\mathbb{L}$ 李普希茨的并且有局部李普希茨梯度。

考虑到含不等式约束的资源分配问题很难直接分析，本章通过 ε 惩罚函数方法消除不等式约束对资源分配问题分析的影响。ε 惩罚函数的形式如下：

$$y_{\varepsilon i}(h_i(\boldsymbol{y}_i))=\begin{cases}0, & h_i(\boldsymbol{y}_i)<0\\ \eta_i h_i^2(\boldsymbol{y}_i)/(2\varepsilon), & 0\leqslant h_i(\boldsymbol{y}_i)\leqslant\varepsilon\\ \eta_i(h_i(\boldsymbol{y}_i)-\varepsilon/2), & h_i(\boldsymbol{y}_i)>\varepsilon\end{cases} \tag{5-6}$$

式中：η_i 为惩罚参数；$h_i(\boldsymbol{y}_i)=(\boldsymbol{y}_i^{\min}-\boldsymbol{y}_i)^{\mathrm{T}}(\boldsymbol{y}_i^{\max}-\boldsymbol{y}_i)+\varepsilon,\varepsilon>0$。

通过构造 ε 惩罚函数，资源分配问题式(5-6)可以改写为

$$\Psi(\boldsymbol{y})=\min_{\boldsymbol{y}_i\in\mathbf{R}^m}\sum_{i=1}^{N}\Psi_i(\boldsymbol{y}_i)=\sum_{i=1}^{N}(f_i(\boldsymbol{y}_i)+y_{\varepsilon i}(h_i(\boldsymbol{y}_i))),\quad i=1,2,\cdots,N \tag{5-7}$$

式中：$\Psi_i(\boldsymbol{y}_i)$：$\mathbb{R}^m\to\mathbb{R}$ 为资源分配问题的全局目标函数；$\boldsymbol{y}=[\boldsymbol{y}_1,\cdots,\boldsymbol{y}_N]^{\mathrm{T}}$ 为多智能体系统输出的向量形式。

记 $\boldsymbol{y}_{i^*}=[y_{i^*}^1,\cdots,y_{i^*}^m]^{\mathrm{T}}$ 为第 i 个智能体的资源分配问题(5-7)的最优解，$\nabla\Psi_i(\boldsymbol{y}_i)=[\nabla\Psi_i^1(\boldsymbol{y}_i),\cdots,\nabla\Psi_i^m(\boldsymbol{y}_i)]^{\mathrm{T}}\in\mathbb{R}^m$ 为局部目标函数 $\Psi_i(\boldsymbol{y}_i)$的梯度。考虑到 $f_i(\boldsymbol{y}_i)$是强凸函数，新的局部目标函数 $\Psi_i(\boldsymbol{y}_i)$也是强凸函数。

5.2.2 神经网络观测器设计

与之前观测器设计方法相同，本章针对第 i 个智能体第 v 个子系统的观测器设计为

$$\begin{cases}\dot{\hat{\boldsymbol{X}}}_{i,n}^v=\boldsymbol{A}_i^v\hat{\boldsymbol{X}}_{i,n}^v+\boldsymbol{K}_i^v y_i^v+\sum\limits_{l=1}^{n}\boldsymbol{B}_{i,l}^v[\hat{g}_{i,l}^v(\hat{\boldsymbol{X}}_{i,l}^v\mid\boldsymbol{\theta}_{i,l}^v)]+\boldsymbol{B}_i u_i^v\\ \hat{y}_i^v=\boldsymbol{C}_i^v\hat{\boldsymbol{X}}_{i,n}^v\end{cases} \tag{5-8}$$

式中：$\boldsymbol{C}_i^v=[1\cdots0\cdots0]$；$\hat{\boldsymbol{X}}_{i,l}^v=(\hat{x}_{i,1}^v,\cdots,\hat{x}_{i,l}^v)^{\mathrm{T}}$ 是 $\boldsymbol{X}_{i,l}^v$ 的估计值。

令 $\boldsymbol{e}_i^v=\boldsymbol{X}_i^v-\hat{\boldsymbol{X}}_i^v$，可得

$$\dot{\boldsymbol{e}}_i^v=\boldsymbol{A}_i^v\boldsymbol{e}_i^v+\sum_{l=1}^{n}\boldsymbol{B}_{i,l}^v[g_{i,l}^v(\hat{\boldsymbol{X}}_{i,l}^v)-\hat{g}_{i,l}^v(\hat{\boldsymbol{X}}_{i,l}^v\mid\boldsymbol{\theta}_{i,l}^v)+\Delta g_{i,l}^v] \tag{5-9}$$

式中

$$\Delta g_{i,l}^{v}=g_{i,l}^{v}(\boldsymbol{X}_{i,l}^{v})-g_{i,l}^{v}(\hat{\boldsymbol{X}}_{i,l}^{v})$$

根据 RBF 神经逼近技术可得

$$\hat{g}_{i,l}^{v}(\hat{\boldsymbol{X}}_{i,l}^{v}\mid\boldsymbol{\theta}_{i,l}^{v})=\boldsymbol{\theta}_{i,l}^{v\mathrm{T}}\boldsymbol{\phi}_{i,l}^{v}(\hat{\boldsymbol{X}}_{i,l}^{v})\tag{5-10}$$

定义最优逼近参数向量为

$$\boldsymbol{\theta}_{i,l^*}^{v}=\underset{\boldsymbol{\theta}_{i,l}^{v}\in\boldsymbol{\chi}_{i,l}^{v}}{\arg\min}\left[\sup_{\hat{\boldsymbol{X}}_{i,l}^{v}\in\boldsymbol{\Omega}_{i,l}^{v}}\left|\hat{g}_{i,l}^{v}(\hat{\boldsymbol{X}}_{i,l}^{v}\mid\boldsymbol{\theta}_{i,l}^{v})-g_{i,l}^{v}(\hat{\boldsymbol{X}}_{i,l}^{v})\right|\right],$$

$$1\leqslant l\leqslant n\tag{5-11}$$

式中：$\boldsymbol{\chi}_{i,l}^{v}$ 和 $\boldsymbol{\Omega}_{i,l}^{v}$ 为 $\boldsymbol{\theta}_{i,l^*}^{v}$ 和 $\hat{\boldsymbol{X}}_{i,l}^{v}$ 的紧集。

定义参数最优逼近误差为

$$\begin{cases}\varepsilon_{i,l}^{v}=g_{i,l}^{v}(\hat{\boldsymbol{X}}_{i,l}^{v})-\hat{g}_{i,l}^{v}(\hat{\boldsymbol{X}}_{i,l}^{v}\mid\boldsymbol{\theta}_{i,l}^{v})\\ \tilde{\boldsymbol{\theta}}_{i,j}^{v}=\boldsymbol{\theta}_{i,l}^{v}-\boldsymbol{\theta}_{i,l}^{v}\end{cases},\quad l=1,2,\cdots,n\tag{5-12}$$

假设 5.2 假设最优逼近误差有界，则存在正常数 ε_{i0}^{v}，满足 $|\varepsilon_{i,l}^{v}|\leqslant\varepsilon_{i0}^{v}$。

假设 5.3 假设存在已知常数 γ_i 使以下不等式成立：

$$|g_i^v(\boldsymbol{X}_i^v)-g_i^v(\hat{\boldsymbol{X}}_i^v)|\leqslant\gamma_i^v\|\boldsymbol{X}_i^v-\hat{\boldsymbol{X}}_i^v\|\tag{5-13}$$

由式(5-8)和式(5-9)可得

$$\begin{aligned}\dot{\boldsymbol{e}}_i^v&=\boldsymbol{A}_i^v\boldsymbol{e}_i^v+\sum_{l=1}^{n}\boldsymbol{B}_{i,l}^{v}[g_{i,l}^{v}(\hat{\boldsymbol{X}}_{i,l}^{v})-\hat{g}_{i,l}^{v}(\hat{\boldsymbol{X}}_{i,l}^{v}\mid\boldsymbol{\theta}_{i,l}^{v})+\Delta g_{i,l}^{v}]\\&=\boldsymbol{A}_i^v\boldsymbol{e}_i^v+\sum_{l=1}^{n}\boldsymbol{B}_{i,l}^{v}[\varepsilon_{i,l}^{v}+\Delta g_{i,l}^{v}+\tilde{\boldsymbol{\theta}}_{i,l}^{v\mathrm{T}}\boldsymbol{\phi}_{i,l}^{v}(\hat{\boldsymbol{X}}_{i,l}^{v})]\\&=\boldsymbol{A}_i^v\boldsymbol{e}_i^v+\Delta\boldsymbol{g}_i^v+\boldsymbol{\varepsilon}_i^v+\sum_{l=1}^{n}B_{i,l}^{v}[\tilde{\boldsymbol{\theta}}_{i,l}^{v\mathrm{T}}\boldsymbol{\phi}_{i,l}^{v}(\hat{\boldsymbol{X}}_{i,l}^{v})]\end{aligned}\tag{5-14}$$

式中

$$\boldsymbol{\varepsilon}_i^v=[\varepsilon_{i,1}^{v},\cdots,\varepsilon_{i,n}^{v}]^{\mathrm{T}},\quad\Delta\boldsymbol{g}_i^v=[\Delta g_{i,1}^{v},\cdots,\Delta g_{i,n}^{v}]^{\mathrm{T}}$$

构造 Lyapunov 函数：

$$V_0=\sum_{i=1}^{N}\sum_{v=1}^{m}V_{i,0}^{v}=\sum_{i=1}^{N}\sum_{v=1}^{m}\frac{1}{2}\boldsymbol{e}_i^{v\mathrm{T}}\boldsymbol{P}_i^v\boldsymbol{e}_i^v\tag{5-15}$$

其微分计算为

$$\dot{V}_0\leqslant\sum_{i=1}^{N}\sum_{v=1}^{m}\left\{\frac{1}{2}\boldsymbol{e}_i^{v\mathrm{T}}(\boldsymbol{P}_i^v\boldsymbol{A}_i^{v\mathrm{T}}+\boldsymbol{A}_i^v\boldsymbol{P}_i^v)\boldsymbol{e}_i^v+\boldsymbol{e}_i^{v\mathrm{T}}\boldsymbol{P}_i^v(\boldsymbol{\varepsilon}_i^v+\Delta\boldsymbol{g}_i^v)+\sum_{l=1}^{n}\boldsymbol{e}_i^{v\mathrm{T}}\boldsymbol{P}_i^v\boldsymbol{B}_{i,l}^{v}[\tilde{\boldsymbol{\theta}}_{i,l}^{v\mathrm{T}}\boldsymbol{\phi}_{i,l}^{v}(\hat{\boldsymbol{X}}_{i,l}^{v})]\right\}$$

$$\leqslant \sum_{i=1}^{N}\sum_{v=1}^{m}\left\{-\boldsymbol{e}_i^{vT}\boldsymbol{Q}_i^v\boldsymbol{e}_i^v+\boldsymbol{e}_i^{vT}\boldsymbol{P}_i^v(\boldsymbol{\varepsilon}_i^v+\Delta\boldsymbol{g}_i^v)+\boldsymbol{e}_i^{vT}\boldsymbol{P}_i^v\sum_{l=1}^{n}\boldsymbol{B}_{i,l}^v\tilde{\boldsymbol{\theta}}_{i,l}^{vT}\boldsymbol{\phi}_{i,l}^v(\hat{\boldsymbol{X}}_{i,l}^v)\right\} \tag{5-16}$$

根据 Young's 不等式和假设 5.3 可得

$$\begin{aligned}\boldsymbol{e}_i^{vT}\boldsymbol{P}_i^v(\boldsymbol{\varepsilon}_i^v+\Delta\boldsymbol{g}_i^v) &\leqslant \|\boldsymbol{e}_i^v\|^2+\frac{1}{2}\|\boldsymbol{P}_i^v\boldsymbol{\varepsilon}_i^v\|^2+\frac{1}{2}\|\boldsymbol{P}_i^v\|^2\|\Delta\boldsymbol{g}_i^v\|^2\\ &\leqslant \|\boldsymbol{e}_i^v\|^2+\frac{1}{2}\|\boldsymbol{P}_i^v\boldsymbol{\varepsilon}_i^v\|^2+\frac{1}{2}\|\boldsymbol{P}_i^v\|^2\sum_{l=1}^{n}|\Delta g_{i,l}^v|^2\\ &\leqslant \|\boldsymbol{e}_i^v\|^2\left(1+\frac{1}{2}\|\boldsymbol{P}_i^v\|^2\sum_{l=1}^{n}\gamma_{i,l}^{v2}\right)+\frac{1}{2}\|\boldsymbol{P}_i^v\boldsymbol{\varepsilon}_i^v\|^2\end{aligned} \tag{5-17}$$

和

$$\begin{aligned}\boldsymbol{e}_i^{vT}\boldsymbol{P}_i^v\sum_{l=1}^{n}\boldsymbol{B}_{i,l}^v\tilde{\boldsymbol{\theta}}_{i,l}^{vT}\boldsymbol{\phi}_{i,l}^v(\hat{\boldsymbol{X}}_{i,l}^v) &\leqslant \frac{1}{2}\boldsymbol{e}_i^{vT}\boldsymbol{P}_i^{vT}\boldsymbol{P}_i^v\boldsymbol{e}_i^v+\frac{1}{2}\sum_{l=1}^{n}\tilde{\boldsymbol{\theta}}_{i,l}^{vT}\boldsymbol{\phi}_{i,l}^v(\hat{\boldsymbol{X}}_{i,l}^v)\boldsymbol{\phi}_{i,l}^{vT}(\hat{\boldsymbol{X}}_{i,l}^v)\tilde{\boldsymbol{\theta}}_{i,l}^v\\ &\leqslant \frac{1}{2}\lambda_{i,\max}^{v2}(\boldsymbol{P}_i^v)\|\boldsymbol{e}_i^v\|^2+\frac{1}{2}\sum_{l=1}^{n}\tilde{\boldsymbol{\theta}}_{i,l}^{vT}\tilde{\boldsymbol{\theta}}_{i,l}^v\end{aligned} \tag{5-18}$$

根据式(5-16)、式(5-17)和式(5-18)可得

$$\dot{V}_{i,0}^v \leqslant -q_{i,0}^v\|\boldsymbol{e}_i^v\|^2+\frac{1}{2}\|\boldsymbol{P}_i^v\boldsymbol{\varepsilon}_i^v\|^2+\frac{1}{2}\sum_{l=1}^{n}\tilde{\boldsymbol{\theta}}_{i,l}^{vT}\tilde{\boldsymbol{\theta}}_{i,l}^v \tag{5-19}$$

式中

$$0<\boldsymbol{\phi}_{i,l}^v(\cdot)\boldsymbol{\phi}_{i,l}^{vT}(\cdot)\leqslant 1,\quad q_{i,0}^v=\lambda_{i,\min}^v(\boldsymbol{Q}_i^v)-\left(1+\frac{1}{2}\|\boldsymbol{P}_i^v\|^2\sum_{l=1}^{n}\gamma_{i,l}^{v2}+\frac{1}{2}\lambda_{i,\max}^{v2}(\boldsymbol{P}_i^v)\right)>0$$

由式(5-19)可得

$$\dot{V}_0 \leqslant \sum_{i=1}^{N}\sum_{v=1}^{m}\left(-q_{i,0}^v\|\boldsymbol{e}_i^v\|^2+\frac{1}{2}\|\boldsymbol{P}_i^v\boldsymbol{\varepsilon}_i^v\|^2+\frac{1}{2}\sum_{l=1}^{n}\tilde{\boldsymbol{\theta}}_{i,l}^{vT}\tilde{\boldsymbol{\theta}}_{i,l}^v\right) \tag{5-20}$$

5.2.3 控制器设计及稳定性分析

为了解决高阶非线性资源分配问题，本章利用反演法结合神经网络技术设计虚拟控制律、自适应律以及控制器使得每个智能体能够收敛到局部目标函数的最优解附近。设计误差面如下：

$$\begin{cases}s_{i,l}^v=\hat{x}_{i,l}^v-v_{i,l}^v\\ w_{i,l}^v=v_{i,l}^v-x_{i,l^*}^v\end{cases},\quad l=2,\cdots,n \tag{5-21}$$

式中：$s_{i,l}^{v}$ 为追踪误差；$v_{i,l}^{v}$ 为滤波器输出；x_{i,l^*}^{v} 为虚拟控制律；$w_{i,l}^{v}$ 为滤波器输出同虚拟控制律之间的误差。

第1步　构造 Lyapunov 函数：

$$V_1 = V_0 + \sum_{i=1}^{N}\left[\Psi_i(\boldsymbol{y}_i) - \Psi_i(\boldsymbol{y}_{i^*}) + \sum_{v=1}^{m}\frac{1}{2\sigma_{i,1}^{v}}\tilde{\boldsymbol{\theta}}_{i,1}^{v\mathrm{T}}\tilde{\boldsymbol{\theta}}_{i,1}^{v} + \frac{1}{2\kappa_{i,1}^{v}}\tilde{\delta}_{i,1}^{v2}\right] \tag{5-22}$$

式中：$\sigma_{i,1}^{v}$、$\kappa_{i,1}^{v}$ 为设计参数，并且 $\sigma_{i,1}^{v}>0$，$\kappa_{i,1}^{v}>0$；$\tilde{\delta}_{i,1}^{v}=\delta_{i,1^*}^{v}-\delta_{i,1}^{v}(i=1,\cdots,N)$ 为估计误差的上界。

基于假设 5.1，Lyapunov 函数 $V_1>0$。对函数 V_1 求导并将 $x_{i,2}^{v}=e_{i,2}^{v}+\hat{x}_{i,2}^{v}$ 代入 V_1 的导数中可得

$$\begin{aligned}
\dot{V}_1 &= \dot{V}_0 + \sum_{i=1}^{N}\left[\nabla\Psi_i^{\mathrm{T}}(\boldsymbol{y}_i)\dot{\boldsymbol{y}}_i - \sum_{v=1}^{m}\frac{1}{\sigma_{i,1}^{v}}\tilde{\boldsymbol{\theta}}_{i,1}^{v\mathrm{T}}\dot{\boldsymbol{\theta}}_{i,1}^{v} - \frac{1}{\kappa_{i,l}^{v}}\tilde{\delta}_{i,1}^{v}\dot{\delta}_{i,1}^{v}\right] \\
&= \dot{V}_0 + \sum_{i=1}^{N}\sum_{v=1}^{m}\left[\nabla\Psi_i^{v}(\boldsymbol{y}_i)\dot{\boldsymbol{y}}_i^{v} - \frac{1}{\sigma_{i,1}^{v}}\tilde{\boldsymbol{\theta}}_{i,1}^{v\mathrm{T}}\dot{\boldsymbol{\theta}}_{i,1}^{v} - \frac{1}{\kappa_{i,l}^{v}}\tilde{\delta}_{i,1}^{v}\dot{\delta}_{i,1}^{v}\right] \\
&= \dot{V}_0 + \sum_{i=1}^{N}\sum_{v=1}^{m}\left[\nabla\Psi_i^{v}(\boldsymbol{y}_i)(x_{i,2^*}^{v} + e_{i,2}^{v} + w_{i,2}^{v} + s_{i,2}^{v} + \tilde{\boldsymbol{\theta}}_{i,1}^{v\mathrm{T}}\boldsymbol{\phi}_{i,1}^{v}(\hat{\boldsymbol{X}}_{i,l}^{v}) + \right. \\
&\quad \left. \boldsymbol{\theta}_{i,1}^{v\mathrm{T}}\boldsymbol{\phi}_{i,1}^{v}(\hat{\boldsymbol{X}}_{i,l}^{v}) + \varepsilon_{i,1}^{v} + \Delta g_{i,1}^{v}) - \frac{1}{\sigma_{i,1}^{v}}\tilde{\boldsymbol{\theta}}_{i,1}^{v\mathrm{T}}\dot{\boldsymbol{\theta}}_{i,1}^{v} - \frac{1}{\kappa_{i,l}^{v}}\tilde{\delta}_{i,1}^{v}\dot{\delta}_{i,1}^{v}\right]
\end{aligned} \tag{5-23}$$

式中：$\dot{\boldsymbol{y}}_i=[\dot{y}_i^1,\cdots,\dot{y}_i^m]^{\mathrm{T}}$。

根据 Young's 不等式可得

$$\nabla\Psi_i^{v}(\boldsymbol{y}_i)e_{i,2}^{v} \leqslant \frac{1}{2}(\nabla\Psi_i^{v}(\boldsymbol{y}_i))^2 + \frac{1}{2}\| e_{i,2}^{v}\|^2 \tag{5-24}$$

$$\nabla\Psi_i^{v}(\boldsymbol{y}_i)w_{i,2}^{v} \leqslant \frac{1}{\alpha+1}(w_{i,2}^{v})^{\alpha+1} + \frac{\alpha}{\alpha+1}(\nabla\Psi_i^{v}(\boldsymbol{y}_i))^{\frac{\alpha+1}{\alpha}} \tag{5-25}$$

$$\nabla\Psi_i^{v}(\boldsymbol{y}_i)s_{i,2}^{v} \leqslant \frac{1}{2}(\nabla\Psi_i^{v}(y_i))^2 + \frac{1}{2}(s_{i,2}^{v})^2 \tag{5-26}$$

将式(5-24)～式(5-26)代入式(5-23)可得

$$\begin{aligned}
\dot{V}_1 &\leqslant \dot{V}_0 + \sum_{i=1}^{N}\sum_{v=1}^{m}\left[\nabla\Psi_i^{v}(\boldsymbol{y}_i)(x_{i,2^*}^{v} + \tilde{\boldsymbol{\theta}}_{i,1}^{v\mathrm{T}}\boldsymbol{\phi}_{i,1}^{v}(\hat{\boldsymbol{X}}_{i,l}^{v}) + \boldsymbol{\theta}_{i,1}^{v\mathrm{T}}\boldsymbol{\phi}_{i,1}^{v}(\hat{\boldsymbol{X}}_{i,l}^{v}) + \varepsilon_{i,1}^{v} + \Delta g_{i,1}^{v}) - \right. \\
&\quad \frac{1}{\sigma_{i,1}^{v}}\tilde{\boldsymbol{\theta}}_{i,1}^{v\mathrm{T}}\dot{\boldsymbol{\theta}}_{i,1}^{v} - \frac{1}{\kappa_{i,l}^{v}}\tilde{\delta}_{i,1}^{v}\dot{\delta}_{i,1}^{v} + \frac{1}{\alpha+1}(w_{1,2}^{v})^{\alpha+1} + \frac{\alpha}{\alpha+1}(\nabla\Psi_i^{v}(\boldsymbol{y}_i))^{\frac{\alpha+1}{\alpha}} + \\
&\quad \left. \frac{1}{2}(\nabla\Psi_i^{v}(\boldsymbol{y}_i))^2 + \frac{1}{2}(s_{i,2}^{v})^2 + \frac{1}{2}(\nabla\Psi_i^{v}(\boldsymbol{y}_i))^2 + \frac{1}{2}\| e_{i,2}^{v}\|^2\right]
\end{aligned} \tag{5-27}$$

记 $\varepsilon_{i,l}^{v}+\Delta g_{i,l}^{v}=\Delta_{i,l}^{v}$，$|\Delta_{i,l}^{v}|\leqslant\delta_{i,l^*}^{v}$，$i=1,\cdots,N$，则有

$$\begin{aligned}\nabla\Psi_i^v(\boldsymbol{y}_i)\Delta_{i,1}^v &\leqslant|\nabla\Psi_i^v(\boldsymbol{y}_i)\Delta_{i,1}^v|\leqslant|\nabla\Psi_i^v(\boldsymbol{y}_i)||\Delta_{i,1}^v|\\ &\leqslant|\nabla\Psi_i^v(\boldsymbol{y}_i)|\delta_{i,1^*}^v=|\nabla\Psi_i^v(\boldsymbol{y}_i)|(\tilde{\delta}_{i,1}^v+\delta_{i,1}^v)\end{aligned} \tag{5-28}$$

根据式(5-27)和式(5-28)可得

$$\begin{aligned}\dot{V}_1\leqslant\dot{V}_0+\sum_{i=1}^{N}\sum_{v=1}^{m}\Bigg\{&\nabla\Psi_i^v(\boldsymbol{y}_i)\Big[x_{i,2^*}^v+\tilde{\boldsymbol{\theta}}_{i,1}^{v\mathrm{T}}\boldsymbol{\phi}_{i,1}^v(\hat{\boldsymbol{X}}_{i,l}^v)+\boldsymbol{\theta}_{i,1}^{v\mathrm{T}}\boldsymbol{\phi}_{i,1}^v(\hat{\boldsymbol{X}}_{i,l}^v)+\\ &|\nabla\Psi_i^v(\boldsymbol{y}_i)|(\tilde{\delta}_{i,1}^v+\delta_{i,1}^v)\Big]-\frac{1}{\sigma_{i,1}^v}\tilde{\boldsymbol{\theta}}_{i,1}^{v\mathrm{T}}\dot{\boldsymbol{\theta}}_{i,1}^v-\frac{1}{\boldsymbol{\kappa}_{i,l}^v}\tilde{\delta}_{i,1}^v\dot{\delta}_{i,1}^v+\frac{1}{\alpha+1}(w_{i,2}^v)^{\alpha+1}+\\ &\frac{\alpha}{\alpha+1}(\nabla\Psi_i^v(\boldsymbol{y}_i))^{\frac{\alpha+1}{\alpha}}+\frac{1}{2}(\nabla\Psi_i^v(\boldsymbol{y}_i))^2+\frac{1}{2}(s_{i,2}^v)^2+\frac{1}{2}(\nabla\Psi_i^v(\boldsymbol{y}_i))^2+\\ &\frac{1}{2}\|e_{i,2}^v\|^2\Bigg\}\end{aligned} \tag{5-29}$$

基于式(5-29)，设计虚拟控制律 $x_{i,2^*}^v$，自适应律$\boldsymbol{\theta}_{i,1}^v$ 和 $\delta_{i,1}^v$ 如下：

$$\begin{aligned}x_{i,2^*}^v=&-\sum_{j=1}^{N}a_{ij}\,\mathrm{sig}^{\alpha}(\nabla\Psi_i^v(\boldsymbol{y}_i)-\nabla\Psi_j^v(\boldsymbol{y}_j))-\sum_{j=1}^{N}a_{ij}\\ &\mathrm{sig}^{\beta}(\nabla\Psi_i^v(\boldsymbol{y}_i)-\nabla\Psi_j^v(\boldsymbol{y}_j))-\boldsymbol{\theta}_{i,1}^{v\mathrm{T}}\boldsymbol{\phi}_{i,1}^v(\hat{\boldsymbol{X}}_{i,1}^v)\\ &-\frac{\alpha}{\alpha+1}\nabla(\Psi_i^v(\boldsymbol{y}_i))^{\frac{1}{\alpha}}-\nabla\Psi_i^v(\boldsymbol{y}_i)-\mathrm{sign}(\nabla\Psi_i^v(\boldsymbol{y}_i))\delta_{i,1}^v\end{aligned} \tag{5-30}$$

$$\dot{\boldsymbol{\theta}}_{i,1}^v=\sigma_{i,1}^v\boldsymbol{\phi}_{i,1}(\hat{\boldsymbol{X}}_{i,l}^v)-\rho_{i,1,1}^v\boldsymbol{\theta}_{i,1}^v-\rho_{i,1,2}^v(\boldsymbol{\theta}_{i,1}^v)^{\beta} \tag{5-31}$$

$$\dot{\delta}_{i,1}^v=\boldsymbol{\kappa}_{i,1}^v|\nabla\Psi_i^v(\boldsymbol{y}_i)|-\zeta_{i,1,1}^v\delta_{i,1}^v-\zeta_{i,1,2}^v(\delta_{i,1}^v)^{\beta} \tag{5-32}$$

式中：$\rho_{i,1,1}^v$、$\rho_{i,1,2}^v$、$\zeta_{i,1,1}^v$ 和 $\zeta_{i,1,2}^v$ 为设计参数。

将式(5-30)～式(5-32)代入式(5-29)可得

$$\begin{aligned}\dot{V}_1\leqslant\dot{V}_0+\sum_{i=1}^{N}\sum_{v=1}^{m}\Bigg\{&\nabla\Psi_i^v(\boldsymbol{y}_i)\Big[-\sum_{j=1}^{N}a_{ij}\,\mathrm{sig}^{\alpha}(\nabla\Psi_i^v(\boldsymbol{y}_i)-\nabla\Psi_j^v(\boldsymbol{y}_j))-\\ &\sum_{j=1}^{N}a_{ij}\,\mathrm{sig}^{\beta}(\nabla\Psi_i^v(\boldsymbol{y}_i)-\nabla\Psi_j^v(\boldsymbol{y}_j))-\boldsymbol{\theta}_{i,1}^{v\mathrm{T}}\boldsymbol{\phi}_{i,1}^v(\hat{\boldsymbol{X}}_{i,1}^v)-\\ &\frac{\alpha}{\alpha+1}(\nabla\Psi_i^v(\boldsymbol{y}_i))^{\frac{1}{\alpha}}-\nabla\Psi_i^v(\boldsymbol{y}_i)-\mathrm{sign}(\nabla\Psi_i^v(\boldsymbol{y}_i))\delta_{i,1}^v+\tilde{\boldsymbol{\theta}}_{i,1}^{v\mathrm{T}}\boldsymbol{\phi}_{i,1}^v(\hat{\boldsymbol{X}}_{i,1}^v)+\\ &\boldsymbol{\theta}_{i,1}^{v\mathrm{T}}\boldsymbol{\phi}_{i,1}^v(\hat{\boldsymbol{X}}_{i,l}^v)+|\nabla\Psi_i^v(\boldsymbol{y}_i)|(\tilde{\delta}_{i,1}^v+\delta_{i,1}^v)\Big]-\end{aligned}$$

$$\frac{1}{\sigma_{i,1}^v}\tilde{\boldsymbol{\theta}}_{i,1}^{vT}(\sigma_{i,1}^v\boldsymbol{\phi}_{i,1}(\hat{\boldsymbol{X}}_{i,1}^v)-\rho_{i,1,1}^v\boldsymbol{\theta}_{i,1}^v-\rho_{i,1,2}^v(\boldsymbol{\theta}_{i,1}^v)^{\beta})-$$
$$\frac{1}{\kappa_{i,1}^v}\tilde{\delta}_{i,1}^v(\kappa_{i,1}^v\mid\nabla\Psi_i^v(\boldsymbol{y}_i)\mid-\zeta_{i,1,1}^v\delta_{i,1}^v-\zeta_{i,1,2}^v(\delta_{i,1}^v)^{\beta})+\frac{1}{\alpha+1}(w_{i,2}^v)^{\alpha+1}+$$
$$\frac{\alpha}{\alpha+1}(\nabla\Psi_i^v(\boldsymbol{y}_i))^{\frac{\alpha+1}{\alpha}}+\frac{1}{2}(\nabla\Psi_i^v(\boldsymbol{y}_i))^2+\frac{1}{2}(s_{i,2}^v)^2+$$
$$\left.\frac{1}{2}(\nabla\Psi_i^v(\boldsymbol{y}_i))^2+\frac{1}{2}\|e_{i,2}^v\|^2\right\}\tag{5-33}$$

将式(5-33)化简可得

$$\dot{V}_1\leqslant\dot{V}_0-\frac{1}{2}\sum_{i=1}^{N}\sum_{v=1}^{m}\left\{(\nabla\Psi_i^v(\boldsymbol{y}_i)-\nabla\Psi_j^v(\boldsymbol{y}_j))\left[\sum_{j=1}^{N}a_{ij}\operatorname{sig}^{\alpha}(\nabla\Psi_i^v(\boldsymbol{y}_i)-\right.\right.$$
$$\left.\left.\nabla\Psi_j^v(\boldsymbol{y}_j))+\sum_{j=1}^{N}a_{ij}\operatorname{sig}^{\beta}(\nabla\Psi_i^v(\boldsymbol{y}_i)-\nabla\Psi_j^v(\boldsymbol{y}_j))\right]\right\}+$$
$$\sum_{i=1}^{N}\sum_{v=1}^{m}\left[\frac{\rho_{i,1,1}^v}{\sigma_{i,1}^v}\tilde{\boldsymbol{\theta}}_{i,1}^{vT}\boldsymbol{\theta}_{i,1}^v+\frac{\rho_{i,1,2}^v}{\sigma_{i,1}^v}\tilde{\boldsymbol{\theta}}_{i,1}^{vT}(\boldsymbol{\theta}_{i,1}^v)^{\beta}+\frac{\zeta_{i,1,1}^v}{\kappa_{i,1}^v}\tilde{\delta}_{i,1}^v\delta_{i,1}^v+\right.$$
$$\left.\frac{\zeta_{i,1,2}^v}{\kappa_{i,1}^v}\tilde{\delta}_{i,1}^v(\delta_{i,1}^v)^{\beta}+\frac{1}{\alpha+1}(w_{i,2}^v)^{\alpha+1}+\frac{1}{2}(s_{i,2}^v)^2+\frac{1}{2}\|e_{i,2}^v\|^2\right]\tag{5-34}$$

记函数 $F(y)$为

$$F(\boldsymbol{y})=-\frac{1}{2}\sum_{i=1}^{N}\sum_{v=1}^{m}\left\{(\nabla\Psi_i^v(\boldsymbol{y}_i)-\nabla\Psi_j^v(\boldsymbol{y}_j))\left[\sum_{j=1}^{N}a_{ij}\operatorname{sig}^{\alpha}(\nabla\Psi_i^v(\boldsymbol{y}_i)-\nabla\Psi_j^v(\boldsymbol{y}_j))+\right.\right.$$
$$\left.\left.\sum_{j=1}^{N}a_{ij}\operatorname{sig}^{\beta}(\nabla\Psi_i^v(\boldsymbol{y}_i)-\nabla\Psi_j^v(\boldsymbol{y}_j))\right]\right\}\tag{5-35}$$

根据引理1.9,函数 $F(y)$有如下不等式关系：

$$F(\boldsymbol{y})=-\frac{1}{2}\sum_{i=1}^{N}\sum_{j=1}^{N}\sum_{v=1}^{m}[a_{ij}(\nabla\Psi_i^v(\boldsymbol{y}_i)-\nabla\Psi_j^v(\boldsymbol{y}_j))^{\alpha+1}+$$
$$a_{ij}(\nabla\Psi_i^v(\boldsymbol{y}_i)-\nabla\Psi_j^v(\boldsymbol{y}_j))^{\beta+1}]$$
$$=-\frac{1}{2}\sum_{i=1}^{N}\sum_{j=1}^{N}\sum_{v=1}^{m}\left\{[a_{ij}^{\frac{2}{\alpha+1}}(\nabla\Psi_i^v(\boldsymbol{y}_i)-\nabla\Psi_j^v(\boldsymbol{y}_j))^2]^{\frac{\alpha+1}{2}}+\right.$$
$$\left.[a_{ij}^{\frac{2}{\beta+1}}(\nabla\Psi_i^v(\boldsymbol{y}_i)-\nabla\Psi_j^v(\boldsymbol{y}_j))^2]^{\frac{\beta+1}{2}}\right\}$$

$$\leqslant -\frac{1}{2}\left[\sum_{i=1}^{N}\sum_{j=1}^{N}\sum_{v=1}^{m} a_{ij}^{\frac{2}{\alpha+1}}(\nabla \Psi_i^v(\boldsymbol{y}_i)-\nabla \Psi_j^v(\boldsymbol{y}_j))^2\right]^{\frac{\alpha+1}{2}} -$$

$$\frac{1}{2}(mN^2)^{\frac{1-\beta}{2}}\left[\sum_{i=1}^{N}\sum_{j=1}^{N}\sum_{v=1}^{m} a_{ij}^{\frac{2}{\beta+1}}(\nabla \Psi_i^v(\boldsymbol{y}_i)-\nabla \Psi_j^v(\boldsymbol{y}_j))^2\right]^{\frac{\beta+1}{2}} \tag{5-36}$$

记矩阵 $\boldsymbol{L}_\alpha$ 和 $\boldsymbol{L}_\beta$ 与矩阵 $\boldsymbol{L}$ 有着相同的结构，矩阵 $\boldsymbol{L}$ 中的元素 a_{ij} 替换为 $a_{ij}^{2/\alpha+1}$ 构成矩阵 $\boldsymbol{L}_\alpha$ 中的元素，元素 a_{ij} 替换为 $a_{ij}^{2/\beta+1}$ 构成矩阵 $\boldsymbol{L}_\beta$ 中的元素。由此可得

$$F(\boldsymbol{y}) \leqslant -\frac{1}{2}[2\,\nabla \boldsymbol{\Psi}^{\mathrm{T}}(\boldsymbol{y})(\boldsymbol{L}_\alpha \otimes \boldsymbol{I}_m)\nabla \boldsymbol{\Psi}(\boldsymbol{y})]^{\frac{\alpha+1}{2}} -$$

$$\frac{1}{2}(mN^2)^{\frac{1-\beta}{2}}[2\,\nabla \boldsymbol{\Psi}^{\mathrm{T}}(\boldsymbol{y})(\boldsymbol{L}_\beta \otimes \boldsymbol{I}_m)\nabla \boldsymbol{\Psi}(\boldsymbol{y})]^{\frac{\beta+1}{2}} \tag{5-37}$$

由于函数 $\Psi(\boldsymbol{y})$是 Γ 强凸函数，给定向量 $\hat{\boldsymbol{y}}=[\hat{\boldsymbol{y}}_1^{\mathrm{T}},\cdots,\hat{\boldsymbol{y}}_N^{\mathrm{T}}]^{\mathrm{T}}$，可以得到 $\Psi(\hat{\boldsymbol{y}})-\Psi(\boldsymbol{y})\geqslant \nabla \boldsymbol{\Psi}(\boldsymbol{y})^{\mathrm{T}}(\hat{\boldsymbol{y}}-\boldsymbol{y})+\frac{\Gamma}{2}\|\hat{\boldsymbol{y}}-\boldsymbol{y}\|^2$。通过 Young's 不等式可得

$$\Psi(\hat{\boldsymbol{y}})-\Psi(\boldsymbol{y}) \geqslant -\frac{1}{2\Gamma}\|\nabla \boldsymbol{\Psi}(\boldsymbol{y})\|^2-\frac{\Gamma}{2}\|\boldsymbol{y}-\hat{\boldsymbol{y}}\|^2+\frac{\Gamma}{2}\|\boldsymbol{y}-\hat{\boldsymbol{y}}\|^2 \geqslant -\frac{1}{2\Gamma}\|\nabla \boldsymbol{\Psi}(\boldsymbol{y})\|^2 \tag{5-38}$$

取 $\hat{\boldsymbol{y}}=\boldsymbol{y}_*$，则有

$$2\Gamma(\Psi(\boldsymbol{y})-\Psi(\boldsymbol{y}_*)) \leqslant \|\nabla \boldsymbol{\Psi}(\boldsymbol{y})\|^2=\sum_{i=1}^{N}\sum_{v=1}^{m}(\nabla \Psi_i^v(\boldsymbol{y}_i))^2 \tag{5-39}$$

根据引理 1.3，由于 $\lambda_2(\boldsymbol{L}_\alpha)=\lambda_2(\boldsymbol{L}_\alpha\otimes \boldsymbol{I}_m)$和 $\lambda_2(\boldsymbol{L}_\beta)=\lambda_2(\boldsymbol{L}_\beta\otimes \boldsymbol{I}_m)$成立，可得

$$\begin{aligned}2\,\nabla \boldsymbol{\Psi}^{\mathrm{T}}(\boldsymbol{y})(\boldsymbol{L}_\alpha \otimes \boldsymbol{I}_m)\nabla \boldsymbol{\Psi}(\boldsymbol{y}) &\geqslant 2\lambda_2(\boldsymbol{L}_\alpha)\|\nabla \boldsymbol{\Psi}(\boldsymbol{y})\|^2 \\ &= 2\lambda_2(\boldsymbol{L}_\alpha)\sum_{i=1}^{N}\sum_{v=1}^{m}(\nabla \Psi_i^v(\boldsymbol{y}_i))^2 \\ &\geqslant 4\lambda_2(\boldsymbol{L}_\alpha)\Gamma(\Psi(\boldsymbol{y})-\Psi(\boldsymbol{y}_*))\end{aligned} \tag{5-40}$$

和

$$\begin{aligned}2\,\nabla \boldsymbol{\Psi}^{\mathrm{T}}(\boldsymbol{y})(\boldsymbol{L}_\beta \otimes \boldsymbol{I}_m)\nabla \boldsymbol{\Psi}(\boldsymbol{y}) &\geqslant 2\lambda_2(\boldsymbol{L}_\beta)\|\nabla \boldsymbol{\Psi}(\boldsymbol{y})\|^2 \\ &= 2\lambda_2(\boldsymbol{L}_\beta)\sum_{i=1}^{N}\sum_{v=1}^{m}(\nabla \boldsymbol{\Psi}_i^v(\boldsymbol{y}_i))^2 \\ &\geqslant 4\lambda_2(\boldsymbol{L}_\beta)\Gamma(\Psi(\boldsymbol{y})-\Psi(\boldsymbol{y}_*))\end{aligned} \tag{5-41}$$

通过式(5-40)、式(5-41)和式(5-37)可得

$$F(\boldsymbol{y}) \leqslant -\frac{1}{2}[4\lambda_2(\boldsymbol{L}_\alpha)\Gamma(\Psi(\boldsymbol{y})-\Psi(\boldsymbol{y}_*))]^{\frac{\alpha+1}{2}} -$$

$$\frac{1}{2}(mN^2)^{\frac{\beta-1}{2}}[4\lambda_2(\boldsymbol{L}_\beta)\Gamma(\boldsymbol{\Psi}(\boldsymbol{y})-\boldsymbol{\Psi}(\boldsymbol{y}_*))]^{\frac{\beta+1}{2}}$$

$$\leqslant -p_1\sum_{i=1}^{N}(\boldsymbol{\Psi}_i(\boldsymbol{y}_i)-\boldsymbol{\Psi}_i(\boldsymbol{y}_{i^*}))^{\frac{\alpha+1}{2}}-p_2\sum_{i=1}^{N}(\boldsymbol{\Psi}_i(\boldsymbol{y}_i)-\boldsymbol{\Psi}_i(\boldsymbol{y}_{i^*}))^{\frac{\beta+1}{2}} \tag{5-42}$$

式中

$$p_1=\frac{1}{2}(4\lambda_2(\boldsymbol{L}_\alpha)\Gamma)^{\frac{\alpha+1}{2}},\quad p_2=\frac{1}{2}(mN^2)^{\frac{1-\beta}{2}}(4\lambda_2(\boldsymbol{L}_\beta)\Gamma)^{\frac{\beta+1}{2}}$$

根据式(5-42)和式(5-34)可得

$$\begin{aligned}\dot{V}_1\leqslant{}&\dot{V}_0-p_1\sum_{i=1}^{N}(\boldsymbol{\Psi}_i(\boldsymbol{y}_i)-\boldsymbol{\Psi}_i(\boldsymbol{y}_{i^*}))^{\frac{\alpha+1}{2}}-p_2\sum_{i=1}^{N}(\boldsymbol{\Psi}_i(\boldsymbol{y}_i)-\boldsymbol{\Psi}_i(\boldsymbol{y}_{i^*}))^{\frac{\beta+1}{2}}+\\&\sum_{i=1}^{N}\sum_{v=1}^{m}\left[\frac{\rho_{i,1,1}^v}{\sigma_{i,1}^v}\tilde{\boldsymbol{\theta}}_{i,1}^{vT}\boldsymbol{\theta}_{i,1}^v+\frac{\rho_{i,1,2}^v}{\sigma_{i,1}^v}\tilde{\boldsymbol{\theta}}_{i,1}^{vT}(\boldsymbol{\theta}_{i,1}^v)^\beta+\frac{\zeta_{i,1,1}^v}{\boldsymbol{\kappa}_{i,1}^v}\tilde{\delta}_{i,1}^v\delta_{i,1}^v+\frac{\zeta_{i,1,2}^v}{\boldsymbol{\kappa}_{i,1}^v}\tilde{\delta}_{i,1}^v(\delta_{i,1}^v)^\beta+\right.\\&\left.\frac{1}{2}(s_{i,2}^v)^2+\frac{1}{2}\|e_{i,2}^v\|^2+\frac{1}{\alpha+1}(w_{i,2}^v)^{\alpha+1}\right]\end{aligned} \tag{5-43}$$

根据式(5-20)和式(5-43)可得

$$\begin{aligned}\dot{V}_1\leqslant{}&\sum_{i=1}^{N}\sum_{v=1}^{m}\left(-q_{i,1}^v\|\boldsymbol{e}_i^v\|^2+\frac{1}{2}\|\boldsymbol{P}_i^v\boldsymbol{\varepsilon}_i^v\|^2+\frac{1}{2}\sum_{l=1}^{n}\tilde{\boldsymbol{\theta}}_{i,l}^{vT}\tilde{\boldsymbol{\theta}}_{i,l}^v\right)-\\&p_1\sum_{i=1}^{N}(\boldsymbol{\Psi}_i(\boldsymbol{y}_i)-\boldsymbol{\Psi}_i(\boldsymbol{y}_{i^*}))^{\frac{\alpha+1}{2}}-p_2\sum_{i=1}^{N}(\boldsymbol{\Psi}_i(\boldsymbol{y}_i)-\boldsymbol{\Psi}_i(\boldsymbol{y}_{i^*}))^{\frac{\beta+1}{2}}+\\&\sum_{i=1}^{N}\sum_{v=1}^{m}\left[\frac{\rho_{i,1,1}^v}{\sigma_{i,1}^v}\tilde{\boldsymbol{\theta}}_{i,1}^{vT}\boldsymbol{\theta}_{i,1}^v+\frac{\rho_{i,1,2}^v}{\sigma_{i,1}^v}\tilde{\boldsymbol{\theta}}_{i,1}^{vT}(\boldsymbol{\theta}_{i,1}^v)^\beta+\frac{\zeta_{i,1,1}^v}{\boldsymbol{\kappa}_{i,1}^v}\tilde{\delta}_{i,1}^v\delta_{i,1}^v+\frac{\zeta_{i,1,2}^v}{\boldsymbol{\kappa}_{i,1}^v}\tilde{\delta}_{i,1}^v(\delta_{i,1}^v)^\beta+\right.\\&\left.\frac{1}{\alpha+1}(w_{i,2}^v)^{\alpha+1}+\frac{1}{2}(s_{i,2}^v)^2\right]\end{aligned} \tag{5-44}$$

式中：$q_{i,1}^v=q_{i,0}^v-\frac{1}{2}$。

设计固定时间一阶滤波器,形式如下：

$$\begin{cases}\tilde{w}_{i,2}^v\dot{v}_{i,2}^v=-(w_{i,2}^v)^\alpha-(w_{i,2}^v)^\beta\\v_{i,2}^v(0)=x_{i,2^*}^v(0)\end{cases} \tag{5-45}$$

根据式(5-21)和式(5-45)可得

$$\dot{w}_{i,2}^v=\dot{v}_{i,2}^v-\dot{x}_{i,2^*}^v$$

$$=\frac{-(v_{i,2}^{v}-x_{i,2^*}^{v})^{\alpha}-(v_{i,2}^{v}-x_{i,2^*}^{v})^{\beta}}{\tilde{w}_{i,2}^{v}}-\dot{x}_{i,2^*}^{v}$$

$$=\frac{-(w_{i,2}^{v})^{\alpha}-(w_{i,2}^{v})^{\beta}}{\tilde{w}_{i,2}^{v}}+B_{i,2}^{v} \tag{5-46}$$

式中：$B_{i,2}^{v}$ 为连续函数，有 $|B_{i,2}^{v}|\leqslant M_{i,2}^{v}$，$M_{i,2}^{v}>0$。

第 2 步　定义第 2 步误差面 $s_{i,2}^{v}=\hat{x}_{i,2}^{v}-v_{i,2}^{v}$，其进行微分为

$$\begin{aligned}\dot{s}_{i,2}^{v}&=\dot{\hat{x}}_{i,2}^{v}-\dot{v}_{i,2}^{v}\\&=s_{i,3}^{v}+w_{i,3}^{v}+x_{i,3^*}^{v}+k_{i,2}^{v}e_{i,1}^{v}+\tilde{\boldsymbol{\theta}}_{i,2}^{v\mathrm{T}}\boldsymbol{\phi}_{i,2}^{v}+\boldsymbol{\theta}_{i,2}^{v\mathrm{T}}\boldsymbol{\phi}_{i,2}^{v}+\varepsilon_{i,2}^{v}+\\&\quad\Delta g_{i,2}^{v}-\dot{v}_{i,2}^{v}\end{aligned} \tag{5-47}$$

构造 Lyapunov 函数：

$$V_2=V_1+\frac{1}{2}\sum_{i=1}^{N}\sum_{v=1}^{m}\left[(s_{i,2}^{v})^2+\frac{1}{\sigma_{i,2}^{v}}\tilde{\boldsymbol{\theta}}_{i,2}^{v\mathrm{T}}\tilde{\boldsymbol{\theta}}_{i,2}^{v}+\frac{1}{\kappa_{i,2}^{v}}(\tilde{\delta}_{i,2}^{v})^2+(w_{i,2}^{v})^2\right] \tag{5-48}$$

式中：$\sigma_{i,2}^{v}$、$\kappa_{i,2}^{v}$ 为设计参数。

对 Lyapunov 函数求导可得

$$\dot{V}_2=\dot{V}_1+\sum_{i=1}^{N}\sum_{v=1}^{m}\left[s_{i,2}^{v}\dot{s}_{i,2}^{v}-\frac{1}{\sigma_{i,2}^{v}}\tilde{\boldsymbol{\theta}}_{i,2}^{v\mathrm{T}}\dot{\boldsymbol{\theta}}_{i,2}^{v}-\frac{1}{\kappa_{i,2}^{v}}\tilde{\delta}_{i,2}^{v}\dot{\delta}_{i,2}^{v}+w_{i,2}^{v}\dot{w}_{i,2}^{v}\right] \tag{5-49}$$

将式(5-38)代入式(5-39)可得

$$\begin{aligned}\dot{V}_2=&\dot{V}_1+\sum_{i=1}^{N}\sum_{v=1}^{m}[s_{i,2}^{v}(s_{i,3}^{v}+w_{i,3}^{v}+x_{i,3^*}^{v}+k_{i,2}^{v}e_{i,1}^{v}+\tilde{\boldsymbol{\theta}}_{i,2}^{v\mathrm{T}}\boldsymbol{\phi}_{i,2}^{v}+\boldsymbol{\theta}_{i,2}^{v\mathrm{T}}\boldsymbol{\phi}_{i,2}^{v}+\\&\varepsilon_{i,2}^{v}+\Delta g_{i,2}^{v}-\dot{v}_{i,2}^{v})-\frac{1}{\sigma_{i,2}^{v}}\tilde{\boldsymbol{\theta}}_{i,2}^{v\mathrm{T}}\dot{\boldsymbol{\theta}}_{i,2}^{v}-\frac{1}{\kappa_{i,2}^{v}}\tilde{\delta}_{i,2}^{v}\dot{\delta}_{i,2}^{v}+w_{i,2}^{v}\dot{w}_{i,2}^{v}]\\=&\dot{V}_1+\sum_{i=1}^{N}\sum_{v=1}^{m}[s_{i,2}^{v}(s_{i,3}^{v}+w_{i,3}^{v}+x_{i,3^*}^{v}+k_{i,2}^{v}e_{i,1}^{v}+\tilde{\boldsymbol{\theta}}_{i,2}^{v\mathrm{T}}\boldsymbol{\phi}_{i,2}^{v}+\boldsymbol{\theta}_{i,2}^{v\mathrm{T}}\boldsymbol{\phi}_{i,2}^{v}+\\&\Delta_{i,2}^{v}-\dot{v}_{i,2}^{v})-\frac{1}{\sigma_{i,2}^{v}}\tilde{\boldsymbol{\theta}}_{i,2}^{v\mathrm{T}}\dot{\boldsymbol{\theta}}_{i,2}^{v}-\frac{1}{\kappa_{i,2}^{v}}\tilde{\delta}_{i,2}^{v}\dot{\delta}_{i,2}^{v}+w_{i,2}^{v}\dot{w}_{i,2}^{v}]\end{aligned} \tag{5-50}$$

式中：$\Delta_{i,2}^{v}=\varepsilon_{i,2}^{v}+\Delta g_{i,2}^{v}$。

由 Young's 不等式可得

$$s_{i,2}^{v}s_{i,3}^{v}\leqslant\frac{1}{2}(s_{i,2}^{v})^2+\frac{1}{2}(s_{i,3}^{v})^2 \tag{5-51}$$

$$s_{i,2}^{v}w_{i,3}^{v} \leqslant \frac{\alpha}{\alpha+1}(s_{i,2}^{v})^{\frac{\alpha+1}{\alpha}} + \frac{1}{\alpha+1}(w_{i,3}^{v})^{\alpha+1} \tag{5-52}$$

$$\begin{aligned} s_{i,2}^{v}\Delta_{i,2}^{v} &\leqslant | s_{i,2}^{v}\Delta_{i,2}^{v} | \leqslant | s_{i,2}^{v} | | \Delta_{i,2}^{v} | \\ &\leqslant | s_{i,2}^{v} | \delta_{i,2^*}^{v} = | s_{i,2}^{v} | (\tilde{\delta}_{i,2}^{v} + \delta_{i,2}^{v}) \end{aligned} \tag{5-53}$$

将式(5-51)～式(5-53)代入式(5-50)可得

$$\begin{aligned} \dot{V}_2 \leqslant \dot{V}_1 + \sum_{i=1}^{N}\sum_{v=1}^{m}\Big[& s_{i,2}^{v}(x_{i,3^*}^{v} + k_{i,2}^{v}e_{i,1}^{v} + \tilde{\boldsymbol{\theta}}_{i,2}^{vT}\boldsymbol{\phi}_{i,2}^{v} + \boldsymbol{\theta}_{i,2}^{vT}\boldsymbol{\phi}_{i,2}^{v} - \dot{v}_{i,2}^{v}) + \\ & | s_{i,2}^{v} | (\tilde{\delta}_{i,2}^{v} + \delta_{i,2}^{v}) + \frac{\alpha}{\alpha+1}(s_{i,2}^{v})^{\frac{\alpha+1}{\alpha}} + \frac{1}{\alpha+1}(w_{i,3}^{v})^{\alpha+1} + \frac{1}{2}(s_{i,2}^{v})^2 + \\ & \frac{1}{2}(s_{i,3}^{v})^2 - \frac{1}{\sigma_{i,2}^{v}}\tilde{\boldsymbol{\theta}}_{i,2}^{vT}\dot{\boldsymbol{\theta}}_{i,2}^{v} - \frac{1}{\kappa_{i,2}^{v}}\tilde{\delta}_{i,2}^{v}\dot{\delta}_{i,2}^{v} + w_{i,2}^{v}\dot{w}_{i,2}^{v}\Big] \end{aligned} \tag{5-54}$$

设计第 2 步虚拟控制律 $x_{i,3^*}^{v}$ 和自适应律$\boldsymbol{\theta}_{i,2}^{v}$，$\delta_{i,2}^{v}$ 如下：

$$\begin{aligned} x_{i,3^*}^{v} = & -s_{i,2}^{v} - c_{i,2,1}^{v}(s_{i,2}^{v})^{\alpha} - c_{i,2,2}^{v}(s_{i,2}^{v})^{\beta} - \boldsymbol{\theta}_{i,2}^{vT}\boldsymbol{\phi}_{i,2}^{v} - k_{i,2}^{v}e_{i,1}^{v} + \\ & \frac{-(v_{i,2}^{v} - x_{i,2^*}^{v})^{\alpha} - (v_{i,2}^{v} - x_{i,2^*}^{v})^{\beta}}{\tilde{w}_{i,2}^{v}} - \frac{\alpha}{\alpha+1}(s_{i,2}^{v})^{\frac{1}{\alpha}} - \text{sign}(s_{i,2}^{v})\delta_{i,2}^{v} \end{aligned} \tag{5-55}$$

$$\dot{\boldsymbol{\theta}}_{i,2}^{v} = \sigma_{i,2}^{v}\boldsymbol{\phi}_{i,2}^{v}s_{i,2}^{v} - \rho_{i,2,1}^{v}\boldsymbol{\theta}_{i,2}^{v} - \rho_{i,2,2}^{v}(\boldsymbol{\theta}_{i,2}^{v})^{\beta} \tag{5-56}$$

$$\dot{\delta}_{i,2}^{v} = \kappa_{i,2}^{v} | s_{i,2}^{v} | - \zeta_{i,2,1}^{v}\delta_{i,2}^{v} - \zeta_{i,2,2}^{v}(\delta_{i,2}^{v})^{\beta} \tag{5-57}$$

式中：$c_{i,2,1}^{v}$、$c_{i,2,2}^{v}$、$\rho_{i,2,1}^{v}$、$\rho_{i,2,2}^{v}$、$\zeta_{i,2,1}^{v}$、$\zeta_{i,2,2}^{v}$ 为设计参数。

将式(5-55)～式(5-57)代入式(5-54)可得

$$\begin{aligned} \dot{V}_2 \leqslant \dot{V}_1 + \sum_{i=1}^{N}\sum_{v=1}^{m}\Big[& s_{i,2}^{v}(-s_{i,2}^{v} - c_{i,2,1}^{v}(s_{i,2}^{v})^{\alpha} - c_{i,2,2}^{v}(s_{i,2}^{v})^{\beta} - \boldsymbol{\theta}_{i,2}^{vT}\boldsymbol{\phi}_{i,2}^{v} - \\ & k_{i,2}^{v}e_{i,1}^{v} + \frac{-(v_{i,2}^{v} - x_{i,2^*}^{v})^{\alpha} - (v_{i,2}^{v} - x_{i,2^*}^{v})^{\beta}}{\tilde{w}_{i,2}^{v}} - \frac{\alpha}{\alpha+1}(s_{i,2}^{v})^{\frac{1}{\alpha}} - \\ & \text{sign}(s_{i,2}^{v})\delta_{i,2}^{v} + k_{i,2}^{v}e_{i,1}^{v} + \tilde{\boldsymbol{\theta}}_{i,2}^{vT}\boldsymbol{\phi}_{i,2}^{v} + \boldsymbol{\theta}_{i,2}^{vT}\boldsymbol{\phi}_{i,2}^{v} - \dot{v}_{i,2}^{v}) + | s_{i,2}^{v} | (\tilde{\delta}_{i,2}^{v} + \delta_{i,2}^{v}) + \\ & \frac{\alpha}{\alpha+1}(s_{i,2}^{v})^{\frac{\alpha+1}{\alpha}} + \frac{1}{\alpha+1}(w_{i,3}^{v})^{\alpha+1} + \frac{1}{2}(s_{i,2}^{v})^2 + \frac{1}{2}(s_{i,3}^{v})^2 - \\ & \frac{1}{\sigma_{i,2}^{v}}\tilde{\boldsymbol{\theta}}_{i,2}^{vT}(\sigma_{i,2}^{v}\boldsymbol{\phi}_{i,2}^{v}s_{i,2}^{v} - \rho_{i,2,1}^{v}\boldsymbol{\theta}_{i,2}^{v} - \rho_{i,2,2}^{v}(\boldsymbol{\theta}_{i,2}^{v})^{\beta}) - \frac{1}{\kappa_{i,2}^{v}}\tilde{\delta}_{i,2}^{v}(\kappa_{i,2}^{v} | s_{i,2}^{v} | - \end{aligned}$$

$$\xi^v_{i,2,1}\delta^v_{i,2}-\xi^v_{i,2,2}(\delta^v_{i,2})^\beta)+w^v_{i,2}\left(\frac{-(w^v_{i,2})^\alpha-(w^v_{i,2})^\beta}{\tilde{w}^v_{i,2}}+B^v_{i,2}\right)\Bigg] \tag{5-58}$$

根据 Young's 不等式,不等式

$$w^v_{i,2}B^v_{i,2}\leqslant|w^v_{i,2}B^v_{i,2}|\leqslant\frac{1}{\beta+1}(w^v_{i,2})^{\beta+1}+\frac{\beta}{\beta+1}(M^v_{i,2})^{\frac{\beta+1}{\beta}}$$

成立,结合式(5-58)可得

$$\begin{aligned}\dot{V}_2\leqslant{}&\dot{V}_1+\sum_{i=1}^N\sum_{v=1}^m\Bigg[-(s^v_{i,2})^2-c^v_{i,2,1}(s^v_{i,2})^{\alpha+1}-c^v_{i,2,2}(s^v_{i,2})^{\beta+1}+\frac{1}{2}(s^v_{i,2})^2+\\&\frac{\rho^v_{i,2,1}}{\sigma^v_{i,2}}\tilde{\boldsymbol{\theta}}^{vT}_{i,2}\boldsymbol{\theta}^v_{i,2}+\frac{\rho^v_{i,2,2}}{\sigma^v_{i,2}}\tilde{\boldsymbol{\theta}}^{vT}_{i,2}(\boldsymbol{\theta}^v_{i,2})^\beta+\frac{\zeta^v_{i,2,1}}{\boldsymbol{\kappa}^v_{i,2}}\tilde{\delta}^v_{i,2}\delta^v_{i,2}+\frac{\zeta^v_{i,2,2}}{\boldsymbol{\kappa}^v_{i,2}}\tilde{\delta}^v_{i,2}(\delta^v_{i,2})^\beta-\\&\frac{1}{\tilde{w}^v_{i,2}}(w^v_{i,2})^{\alpha+1}+\frac{1}{\alpha+1}(w^v_{i,3})^{\alpha+1}-\frac{1}{\tilde{w}^v_{i,2}}(w^v_{i,2})^{\beta+1}+\frac{1}{\beta+1}(w^v_{i,2})^{\beta+1}+\\&\frac{\beta}{\beta+1}(M^v_{i,2})^{\frac{\beta+1}{\beta}}+\frac{1}{2}(s^v_{i,3})^2\Bigg]\end{aligned} \tag{5-59}$$

根据式(5-44)和式(5-59)可得

$$\begin{aligned}\dot{V}_2\leqslant{}&\sum_{i=1}^N\sum_{v=1}^m\left(-q^v_{i,1}\|\boldsymbol{e}^v_i\|^2+\frac{1}{2}\|\boldsymbol{P}^v_i\varepsilon^v_i\|^2+\frac{1}{2}\sum_{l=1}^n\tilde{\boldsymbol{\theta}}^{vT}_{i,l}\tilde{\boldsymbol{\theta}}^v_{i,l}\right)-p_1\sum_{i=1}^N(\boldsymbol{\Psi}_i(\boldsymbol{y}_i)-\\&\boldsymbol{\Psi}_i(\boldsymbol{y}_{i^*}))^{\frac{\alpha+1}{2}}-p_2\sum_{i=1}^N(\boldsymbol{\Psi}_i(\boldsymbol{y}_i)-\boldsymbol{\Psi}_i(\boldsymbol{y}_{i^*}))^{\frac{\beta+1}{2}}+\\&\sum_{i=1}^N\sum_{v=1}^m\Bigg[\frac{\rho^v_{i,1,1}}{\sigma^v_{i,1}}\tilde{\boldsymbol{\theta}}^{vT}_{i,1}\boldsymbol{\theta}^v_{i,1}+\frac{\rho^v_{i,1,2}}{\sigma^v_{i,1}}\tilde{\boldsymbol{\theta}}^{vT}_{i,1}(\boldsymbol{\theta}^v_{i,1})^\beta+\\&\frac{\zeta^v_{i,1,1}}{\boldsymbol{\kappa}^v_{i,1}}\tilde{\delta}^v_{i,1}\delta^v_{i,1}+\frac{\zeta^v_{i,1,2}}{\boldsymbol{\kappa}^v_{i,1}}\tilde{\delta}^v_{i,1}(\delta^v_{i,1})^\beta+\frac{1}{\alpha+1}(w^v_{i,2})^{\alpha+1}+\frac{1}{2}(s^v_{i,2})^2\Bigg]+\\&\sum_{i=1}^N\sum_{v=1}^m\Bigg[-(s^v_{i,2})^2-c^v_{i,2,1}(s^v_{i,2})^{\alpha+1}-c^v_{i,2,2}(s^v_{i,2})^{\beta+1}+\frac{1}{\alpha+1}(w^v_{i,3})^{\alpha+1}+\\&\frac{1}{2}(s^v_{i,2})^2+\frac{\rho^v_{i,2,1}}{\sigma^v_{i,2}}\tilde{\boldsymbol{\theta}}^{vT}_{i,2}\boldsymbol{\theta}^v_{i,2}+\frac{\rho^v_{i,2,2}}{\sigma^v_{i,2}}\tilde{\boldsymbol{\theta}}^{vT}_{i,2}(\boldsymbol{\theta}^v_{i,2})^\beta+\frac{\zeta^v_{i,2,1}}{\boldsymbol{\kappa}^v_{i,2}}\tilde{\delta}^v_{i,2}\delta^v_{i,2}+\\&\frac{\zeta^v_{i,2,2}}{\boldsymbol{\kappa}^v_{i,2}}\tilde{\delta}^v_{i,2}(\delta^v_{i,2})^\beta-\frac{1}{\tilde{w}^v_{i,2}}(w^v_{i,2})^{\alpha+1}+\frac{1}{\alpha+1}(w^v_{i,3})^{\alpha+1}-\\&\left(\frac{1}{\tilde{w}^v_{i,2}}-\frac{1}{\beta+1}\right)(w^v_{i,2})^{\beta+1}+\frac{\beta}{\beta+1}(M^v_{i,2})^{\frac{\beta+1}{\beta}}+\frac{1}{2}(s^v_{i,3})^2\Bigg]\end{aligned} \tag{5-60}$$

将式(5-60)化简可得

$$\begin{aligned}\dot{V}_2 \leqslant & \sum_{i=1}^{N}\sum_{v=1}^{m}\left(-q_{i,1}^{v}\|\boldsymbol{e}_i^{v}\|^2+\frac{1}{2}\|\boldsymbol{P}_i^{v}\boldsymbol{\varepsilon}_i^{v}\|^2+\frac{1}{2}\sum_{l=1}^{n}\tilde{\boldsymbol{\theta}}_{i,l}^{v\mathrm{T}}\tilde{\boldsymbol{\theta}}_{i,l}^{v}\right)- \\ & p_1\sum_{i=1}^{N}(\Psi_i(\boldsymbol{y}_i)-\Psi_i(\boldsymbol{y}_{i^*}))^{\frac{\alpha+1}{2}}-p_2\sum_{i=1}^{N}(\Psi_i(\boldsymbol{y}_i)-\Psi_i(\boldsymbol{y}_{i^*}))^{\frac{\beta+1}{2}}+ \\ & \sum_{i=1}^{N}\sum_{v=1}^{m}\left[\sum_{l=1}^{2}\left(\frac{\rho_{i,l,1}^{v}}{\sigma_{i,l}^{v}}\tilde{\boldsymbol{\theta}}_{i,l}^{v\mathrm{T}}\boldsymbol{\theta}_{i,l}^{v}+\frac{\rho_{i,l,2}^{v}}{\sigma_{i,l}^{v}}\tilde{\boldsymbol{\theta}}_{i,l}^{v\mathrm{T}}(\boldsymbol{\theta}_{i,l}^{v})^{\beta}+\frac{\zeta_{i,l,1}^{v}}{\kappa_{i,l}^{v}}\tilde{\delta}_{i,l}^{v}\delta_{i,l}^{v}+\frac{\zeta_{i,l,2}^{v}}{\kappa_{i,l}^{v}}\tilde{\delta}_{i,l}^{v}(\delta_{i,l}^{v})^{\beta}\right)-\right. \\ & c_{i,2,1}^{v}(s_{i,2}^{v})^{\alpha+1}-c_{i,2,2}^{v}(s_{i,2}^{v})^{\beta+1}-\left(\frac{1}{\tilde{w}_{i,2}^{v}}-\frac{1}{\alpha+1}\right)(w_{i,2}^{v})^{\alpha+1}- \\ & \left.\left(\frac{1}{\tilde{w}_{i,2}^{v}}-\frac{1}{\beta+1}\right)(w_{i,2}^{v})^{\beta+1}+\frac{1}{\alpha+1}(w_{i,3}^{v})^{\alpha+1}+\frac{\beta}{\beta+1}(M_{i,2}^{v})^{\frac{\beta+1}{\beta}}+\frac{1}{2}(s_{i,3}^{v})^2\right]\end{aligned} \tag{5-61}$$

利用滤波器技术可得

$$\begin{cases}\tilde{w}_{i,3}^{v}\dot{v}_{i,3}^{v}=-(w_{i,3}^{v})^{\alpha}-(w_{i,3}^{v})^{\beta} \\ v_{i,3}^{v}(0)=x_{i,3^*}^{v}(0)\end{cases} \tag{5-62}$$

根据式(5-21)和式(5-62)可得

$$\begin{aligned}\dot{w}_{i,3}^{v}&=\dot{v}_{i,3}^{v}-\dot{x}_{i,3^*}^{v} \\ &=\frac{-(v_{i,3}^{v}-x_{i,3^*}^{v})^{\alpha}-(v_{i,3}^{v}-x_{i,3^*}^{v})^{\beta}}{\tilde{w}_{i,3}^{v}}-\dot{x}_{i,3^*}^{v} \\ &=\frac{-(w_{i,3}^{v})^{\alpha}-(w_{i,3}^{v})^{\beta}}{\tilde{w}_{i,3}^{v}}+B_{i,3}^{v}\end{aligned} \tag{5-63}$$

式中：$B_{i,3}^{v}$ 为连续函数，有 $|B_{i,3}^{v}|\leqslant M_{i,3}^{v}$，$M_{i,3}^{v}>0$。

第 k 步 设计第 m 步误差变量 $s_{i,k}^{v}=\hat{x}_{i,k}^{v}-v_{i,k}^{v}$，计算 $s_{i,k}^{v}$ 的微分为

$$\begin{aligned}\dot{s}_{i,k}^{v}&=\dot{\hat{x}}_{i,k}^{v}-\dot{v}_{i,k}^{v} \\ &=s_{i,k+1}^{v}+w_{i,k+1}^{v}+x_{i,k+1^*}^{v}+k_{i,k}^{v}e_{i,1}^{v}+\tilde{\boldsymbol{\theta}}_{i,k}^{v\mathrm{T}}\boldsymbol{\phi}_{i,k}^{v}+\boldsymbol{\theta}_{i,k}^{v\mathrm{T}}\boldsymbol{\phi}_{i,k}^{v}+\varepsilon_{i,k}^{v}+ \\ &\quad\Delta g_{i,k}^{v}-\dot{v}_{i,k}^{v}\end{aligned} \tag{5-64}$$

构造 Lyapunov 函数：

$$V_k=V_{k-1}+\frac{1}{2}\sum_{i=1}^{N}\sum_{v=1}^{m}\left[(s_{i,k}^{v})^2+\frac{1}{\sigma_{i,k}^{v}}\tilde{\boldsymbol{\theta}}_{i,k}^{v\mathrm{T}}\tilde{\boldsymbol{\theta}}_{i,k}^{v}+\frac{1}{\kappa_{i,k}^{v}}(\tilde{\delta}_{i,k}^{v})^2+(w_{i,k}^{v})^2\right] \tag{5-65}$$

式中：$\sigma_{i,k}^{v}$、$\kappa_{i,k}^{v}$ 为设计参数。

对 Lyapunov 函数 V_k 求导可得

$$\dot{V}_k = \dot{V}_{k-1} + \sum_{i=1}^{N}\sum_{v=1}^{m}\left[s_{i,k}^{v}\dot{s}_{i,k}^{v} - \frac{1}{\sigma_{i,k}^{v}}\tilde{\boldsymbol{\theta}}_{i,k}^{v\mathrm{T}}\dot{\boldsymbol{\theta}}_{i,k}^{v} - \frac{1}{\kappa_{i,k}^{v}}\tilde{\delta}_{i,k}^{v}\dot{\delta}_{i,k}^{v} + w_{i,k}^{v}\dot{w}_{i,k}^{v}\right] \tag{5-66}$$

将式(5-64)代入式(5-66)可得

$$\begin{aligned}\dot{V}_k &= \dot{V}_{k-1} + \sum_{i=1}^{N}\sum_{v=1}^{m}\Big[s_{i,k}^{v}(s_{i,k+1}^{v} + w_{i,k+1}^{v} + x_{i,k+1^*}^{v} + k_{i,k}^{v}e_{i,1}^{v} + \tilde{\boldsymbol{\theta}}_{i,k}^{v\mathrm{T}}\boldsymbol{\phi}_{i,k}^{v} + \\ &\quad \boldsymbol{\theta}_{i,k}^{v\mathrm{T}}\boldsymbol{\phi}_{i,k}^{v} + \varepsilon_{i,k}^{v} + \Delta g_{i,k}^{v} - \dot{v}_{i,k}^{v}) - \frac{1}{\sigma_{i,k}^{v}}\tilde{\boldsymbol{\theta}}_{i,k}^{v\mathrm{T}}\dot{\boldsymbol{\theta}}_{i,k}^{v} - \frac{1}{\kappa_{i,k}^{v}}\tilde{\delta}_{i,k}^{v}\dot{\delta}_{i,k}^{v} + w_{i,k}^{v}\dot{w}_{i,k}^{v}\Big] \\ &= \dot{V}_{k-1} + \sum_{i=1}^{N}\sum_{v=1}^{m}\Big[s_{i,k}^{v}(s_{i,k+1}^{v} + w_{i,k+1}^{v} + x_{i,k+1^*}^{v} + k_{i,k}^{v}e_{i,1}^{v} + \tilde{\boldsymbol{\theta}}_{i,k}^{v\mathrm{T}}\boldsymbol{\phi}_{i,k}^{v} + \\ &\quad \boldsymbol{\theta}_{i,k}^{v\mathrm{T}}\boldsymbol{\phi}_{i,k}^{v} + \Delta_{i,k}^{v} - \dot{v}_{i,k}^{v}) - \frac{1}{\sigma_{i,k}^{v}}\tilde{\boldsymbol{\theta}}_{i,k}^{v\mathrm{T}}\dot{\boldsymbol{\theta}}_{i,k}^{v} - \frac{1}{\kappa_{i,k}^{v}}\tilde{\delta}_{i,k}^{v}\dot{\delta}_{i,k}^{v} + w_{i,k}^{v}\dot{w}_{i,k}^{v}\Big]\end{aligned} \tag{5-67}$$

式中：$\Delta_{i,k}^{v} = \varepsilon_{i,k}^{v} + \Delta g_{i,k}^{v}$。

根据 Young's 不等式可得

$$s_{i,k}^{v}s_{i,k+1}^{v} \leqslant \frac{1}{2}(s_{i,k}^{v})^2 + \frac{1}{2}(s_{i,k+1}^{v})^2 \tag{5-68}$$

$$s_{i,k}^{v}w_{i,k+1}^{v} \leqslant \frac{\alpha}{\alpha+1}(s_{i,k}^{v})^{\frac{\alpha+1}{\alpha}} + \frac{1}{\alpha+1}(w_{i,k+1}^{v})^{\alpha+1} \tag{5-69}$$

$$s_{i,k}^{v}\Delta_{i,k}^{v} \leqslant |s_{i,k}^{v}\Delta_{i,k}^{v}| \leqslant |s_{i,k}^{v}|\,|\Delta_{i,k}^{v}| \leqslant |s_{i,k}^{v}|\,\delta_{i,k^*}^{v} = |s_{i,k}^{v}|\,(\tilde{\delta}_{i,k}^{v} + \delta_{i,k}^{v}) \tag{5-70}$$

将式(5-68)～式(5-70)代入式(5-67)可得

$$\begin{aligned}\dot{V}_k &\leqslant \dot{V}_{k-1} + \sum_{i=1}^{N}\sum_{v=1}^{m}\Big[s_{i,k}^{v}(x_{i,k+1^*}^{v} + k_{i,k}^{v}e_{i,1}^{v} + \tilde{\boldsymbol{\theta}}_{i,k}^{v\mathrm{T}}\boldsymbol{\phi}_{i,k}^{v} + \boldsymbol{\theta}_{i,k}^{v\mathrm{T}}\boldsymbol{\phi}_{i,k}^{v} - \\ &\quad \dot{v}_{i,k}^{v}) + |s_{i,k}^{v}|\,(\tilde{\delta}_{i,k}^{v} + \delta_{i,k}^{v}) + \frac{\alpha}{\alpha+1}(s_{i,k}^{v})^{\frac{\alpha+1}{\alpha}} + \frac{1}{\alpha+1}(w_{i,k+1}^{v})^{\alpha+1} + \\ &\quad \frac{1}{2}(s_{i,k}^{v})^2 + \frac{1}{2}(s_{i,k+1}^{v})^2 - \frac{1}{\sigma_{i,k}^{v}}\tilde{\boldsymbol{\theta}}_{i,k}^{v\mathrm{T}}\dot{\boldsymbol{\theta}}_{i,k}^{v} - \frac{1}{\kappa_{i,k}^{v}}\tilde{\delta}_{i,k}^{v}\dot{\delta}_{i,k}^{v} + w_{i,k}^{v}\dot{w}_{i,k}^{v}\Big]\end{aligned} \tag{5-71}$$

设计第 m 步虚拟控制律 $x_{i,k+1^*}^{v}$ 及自适应律 $\boldsymbol{\theta}_{i,k}^{v}$ 和 $\delta_{i,k}^{v}$ 如下：

$$\begin{aligned}x_{i,k+1^*}^{v} &= -s_{i,k}^{v} - c_{i,k,1}^{v}(s_{i,k}^{v})^{\alpha} - c_{i,k,2}^{v}(s_{i,k}^{v})^{\beta} - \boldsymbol{\theta}_{i,k}^{v\mathrm{T}}\boldsymbol{\phi}_{i,k}^{v} - k_{i,k}^{v}e_{i,1}^{v} + \\ &\quad \frac{-(v_{i,k}^{v} - x_{i,k^*}^{v})^{\alpha} - (v_{i,k}^{v} - x_{i,k^*}^{v})^{\beta}}{\tilde{w}_{i,k}^{v}} - \frac{\alpha}{\alpha+1}(s_{i,k}^{v})^{\frac{1}{\alpha}} - \operatorname{sign}(s_{i,k}^{v})\delta_{i,k}^{v}\end{aligned} \tag{5-72}$$

$$\dot{\boldsymbol{\theta}}_{i,k}^{v}=\sigma_{i,k}^{v}\boldsymbol{\phi}_{i,k}^{v}s_{i,k}^{v}-\rho_{i,k,1}^{v}\boldsymbol{\theta}_{i,k}^{v}-\rho_{i,k,2}^{v}(\boldsymbol{\theta}_{i,k}^{v})^{\beta} \tag{5-73}$$

$$\dot{\delta}_{i,k}^{v}=\kappa_{i,k}^{v}\mid s_{i,k}^{v}\mid-\zeta_{i,k,1}^{v}\delta_{i,k}^{v}-\zeta_{i,k,2}^{v}(\delta_{i,k}^{v})^{\beta} \tag{5-74}$$

式中：$c_{i,k,1}^{v}$、$c_{i,k,2}^{v}$、$\rho_{i,k,1}^{v}$、$\rho_{i,k,2}^{v}$、$\zeta_{i,k,1}^{v}$、$\zeta_{i,k,2}^{v}$ 为设计参数。

将式(5-72)～式(5-74)代入式(5-71)可得

$$\begin{aligned}\dot{V}_{k}\leqslant\dot{V}_{k-1}+\sum_{i=1}^{N}\sum_{v=1}^{m}\Bigg[&s_{i,k}^{v}(-s_{i,k}^{v}-c_{i,k,1}^{v}(s_{i,k}^{v})^{\alpha}-c_{i,k,2}^{v}(s_{i,k}^{v})^{\beta}-\boldsymbol{\theta}_{i,k}^{v\mathrm{T}}\boldsymbol{\phi}_{i,k}^{v}-\\&k_{i,k}^{v}e_{i,1}^{v}+\frac{-(v_{i,k}^{v}-x_{i,k^{*}}^{v})^{\alpha}-(v_{i,k}^{v}-x_{i,k^{*}}^{v})^{\beta}}{\tilde{w}_{i,k}^{v}}-\frac{\alpha}{\alpha+1}(s_{i,k}^{v})^{\frac{1}{\alpha}}-\operatorname{sign}(s_{i,k}^{v})\delta_{i,k}^{v}+\\&k_{i,k}^{v}e_{i,1}^{v}+\tilde{\boldsymbol{\theta}}_{i,k}^{v\mathrm{T}}\boldsymbol{\phi}_{i,k}^{v}+\boldsymbol{\theta}_{i,k}^{v\mathrm{T}}\boldsymbol{\phi}_{i,k}^{v}-\dot{v}_{i,k}^{v})+\mid s_{i,k}^{v}\mid(\tilde{\delta}_{i,k}^{v}+\delta_{i,k}^{v})+\frac{\alpha}{\alpha+1}(s_{i,k}^{v})^{\frac{\alpha+1}{\alpha}}+\\&\frac{1}{\alpha+1}(w_{i,k+1}^{v})^{\alpha+1}+\frac{1}{2}(s_{i,k}^{v})^{2}+\frac{1}{2}(s_{i,k+1}^{v})^{2}-\frac{1}{\sigma_{i,k}^{v}}\tilde{\boldsymbol{\theta}}_{i,k}^{v\mathrm{T}}(\sigma_{i,k}^{v}\boldsymbol{\phi}_{i,k}^{v}s_{i,k}^{v}-\\&\rho_{i,k,1}^{v}\boldsymbol{\theta}_{i,k}^{v}-\rho_{i,k,2}^{v}(\boldsymbol{\theta}_{i,k}^{v})^{\beta})-\frac{1}{\kappa_{i,k}^{v}}\tilde{\delta}_{i,k}^{v}(\kappa_{i,k}^{v}\mid s_{i,k}^{v}\mid-\zeta_{i,k,1}^{v}\delta_{i,k}^{v}-\zeta_{i,k,2}^{v}(\delta_{i,k}^{v})^{\beta})+\\&w_{i,k}^{v}\dot{w}_{i,k}^{v}\Bigg]\end{aligned} \tag{5-75}$$

利用滤波器技术可得

$$\begin{cases}\tilde{w}_{i,k}^{v}\dot{v}_{i,k}^{v}=-(w_{i,k}^{v})^{\alpha}-(w_{i,k}^{v})^{\beta}\\v_{i,k}^{v}(0)=x_{i,k^{*}}^{v}(0)\end{cases} \tag{5-76}$$

根据式(5-21)和式(5-76)可得

$$\begin{aligned}\dot{w}_{i,k}^{v}&=\dot{v}_{i,k}^{v}-\dot{x}_{i,k^{*}}^{v}\\&=\frac{-(v_{i,k}^{v}-x_{i,k^{*}}^{v})^{\alpha}-(v_{i,k}^{v}-x_{i,k^{*}}^{v})^{\beta}}{\tilde{w}_{i,k}^{v}}-\dot{x}_{i,k^{*}}^{v}\\&=\frac{-(w_{i,k}^{v})^{\alpha}-(w_{i,k}^{v})^{\beta}}{\tilde{w}_{i,k}^{v}}+B_{i,k}^{v}\end{aligned} \tag{5-77}$$

式中：$B_{i,k}^{v}$ 为连续函数，有 $|B_{i,k}^{v}|\leqslant M_{i,k}^{v}$，$M_{i,k}^{v}>0$。

第 n 步　利用滤波器技术设计一阶滤波器如下：

$$\begin{cases}\tilde{w}_{i,n}^{v}\dot{v}_{i,n}^{v}=-(w_{i,n}^{v})^{\alpha}-(w_{i,n}^{v})^{\beta}\\v_{i,n}^{v}(0)=x_{i,n^{*}}^{v}(0)\end{cases} \tag{5-78}$$

根据式(5-21)和式(5-78)可得

$$\begin{aligned}\dot{w}_{i,n}^{v}&=\dot{v}_{i,n}^{v}-\dot{x}_{i,n^*}^{v}\\&=\frac{-(v_{i,n}^{v}-x_{i,n^*}^{v})^{\alpha}-(v_{i,n}^{v}-x_{i,n^*}^{v})^{\beta}}{\tilde{w}_{i,n}^{v}}-\dot{x}_{i,n^*}^{v}\\&=\frac{-(w_{i,n}^{v})^{\alpha}-(w_{i,n}^{v})^{\beta}}{\tilde{w}_{i,n}^{v}}+B_{i,n}^{v}\end{aligned}\tag{5-79}$$

式中：$B_{i,n}^{v}$ 为连续函数，有 $|B_{i,n}^{v}|\leqslant M_{i,n}^{v}$，$M_{i,n}^{v}>0$。

设计第 n 步误差变量 $s_{i,n}^{v}=\hat{x}_{i,n}^{v}-v_{i,n}^{v}$。对误差变量 $s_{i,n}^{v}$ 求导可得

$$\begin{aligned}\dot{s}_{i,n}^{v}&=\dot{\hat{x}}_{i,n}^{v}-\dot{v}_{i,n}^{v}\\&=u_{i}^{v}+k_{i,n}^{v}e_{i,1}^{v}+\tilde{\boldsymbol{\theta}}_{i,n}^{v\mathrm{T}}\boldsymbol{\phi}_{i,n}^{v}+\boldsymbol{\theta}_{i,n}^{v\mathrm{T}}\boldsymbol{\phi}_{i,n}^{v}+\varepsilon_{i,n}^{v}+\Delta g_{i,n}^{v}-\dot{v}_{i,n}^{v}\end{aligned}\tag{5-80}$$

构造 Lyapunov 函数：

$$V_{n}=V_{n-1}+\frac{1}{2}\sum_{i=1}^{N}\sum_{v=1}^{m}\left[(s_{i,n}^{v})^{2}+\frac{1}{\sigma_{i,n}^{v}}\tilde{\boldsymbol{\theta}}_{i,n}^{v\mathrm{T}}\tilde{\boldsymbol{\theta}}_{i,n}^{v}+\frac{1}{\kappa_{i,n}^{v}}(\tilde{\delta}_{i,n}^{v})^{2}+(w_{i,n}^{v})^{2}\right]\tag{5-81}$$

式中：$\sigma_{i,n}^{v}$、$\kappa_{i,n}^{v}$ 为设计参数。

计算 Lyapunov 函数的导数有

$$\dot{V}_{n}=\dot{V}_{n-1}+\sum_{i=1}^{N}\sum_{v=1}^{m}\left[s_{i,n}^{v}\dot{s}_{i,n}^{v}-\frac{1}{\sigma_{i,n}^{v}}\tilde{\boldsymbol{\theta}}_{i,n}^{v\mathrm{T}}\dot{\boldsymbol{\theta}}_{i,n}^{v}-\frac{1}{\kappa_{i,n}^{v}}\tilde{\delta}_{i,n}^{v}\dot{\delta}_{i,n}^{v}+w_{i,n}^{v}\dot{w}_{i,n}^{v}\right]\tag{5-82}$$

将式(5-80)代入式(5-82)可得

$$\begin{aligned}\dot{V}_{n}=&\dot{V}_{n-1}+\sum_{i=1}^{N}\sum_{v=1}^{m}\Bigg[s_{i,n}^{v}(u_{i}^{v}+k_{i,n}^{v}e_{i,1}^{v}+\tilde{\boldsymbol{\theta}}_{i,n}^{v\mathrm{T}}\boldsymbol{\phi}_{i,n}^{v}+\boldsymbol{\theta}_{i,n}^{v\mathrm{T}}\boldsymbol{\phi}_{i,n}^{v}+\varepsilon_{i,n}^{v}+\Delta g_{i,n}^{v}-\dot{v}_{i,n}^{v})-\\&\frac{1}{\sigma_{i,n}^{v}}\tilde{\boldsymbol{\theta}}_{i,n}^{v\mathrm{T}}\dot{\boldsymbol{\theta}}_{i,n}^{v}-\frac{1}{\kappa_{i,n}^{v}}\tilde{\delta}_{i,n}^{v}\dot{\delta}_{i,n}^{v}+w_{i,n}^{v}\dot{w}_{i,n}^{v}\Bigg]\\=&\dot{V}_{n-1}+\sum_{i=1}^{N}\sum_{v=1}^{m}\Bigg[s_{i,n}^{v}(u_{i}^{v}+k_{i,n}^{v}e_{i,1}^{v}+\tilde{\boldsymbol{\theta}}_{i,n}^{v\mathrm{T}}\boldsymbol{\phi}_{i,n}^{v}+\boldsymbol{\theta}_{i,n}^{v\mathrm{T}}\boldsymbol{\phi}_{i,n}^{v}-\dot{v}_{i,n}^{v})+s_{i,n}^{v}\Delta_{i,n}^{v}-\\&\frac{1}{\sigma_{i,n}^{v}}\tilde{\boldsymbol{\theta}}_{i,n}^{v\mathrm{T}}\dot{\boldsymbol{\theta}}_{i,n}^{v}-\frac{1}{\kappa_{i,n}^{v}}\tilde{\delta}_{i,n}^{v}\dot{\delta}_{i,n}^{v}+w_{i,n}^{v}\dot{w}_{i,n}^{v}\Bigg]\end{aligned}\tag{5-83}$$

式中：$\Delta_{i,n}^{v}=\varepsilon_{i,n}^{v}+\Delta g_{i,n}^{v}$。

记 $|\Delta_{i,n}^{v}|\leqslant\delta_{i,n^*}^{v}$，有如下不等式关系：

$$s_{i,n}^{v}\Delta_{i,n}^{v}\leqslant|s_{i,n}^{v}\Delta_{i,n}^{v}|\leqslant|s_{i,n}^{v}||\Delta_{i,n}^{v}|\leqslant|s_{i,n}^{v}|\delta_{i,n^*}^{v}=|s_{i,n}^{v}|(\tilde{\delta}_{i,n}^{v}+\delta_{i,n}^{v})\tag{5-84}$$

由式(5-83)和式(5-84)可得

$$\dot{V}_n \leqslant \dot{V}_{n-1} + \sum_{i=1}^{N}\sum_{v=1}^{m}\left[s_{i,n}^v(u_i^v + k_{i,n}^v e_{i,1}^v + \tilde{\boldsymbol{\theta}}_{i,n}^{vT}\boldsymbol{\phi}_{i,n}^v + \boldsymbol{\theta}_{i,n}^{vT}\boldsymbol{\phi}_{i,n}^v - \dot{v}_{i,n}^v) + \right.$$
$$\left. |s_{i,n}^v|(\tilde{\delta}_{i,n}^v + \delta_{i,n}^v) - \frac{1}{\sigma_{i,n}^v}\tilde{\boldsymbol{\theta}}_{i,n}^{vT}\dot{\boldsymbol{\theta}}_{i,n}^v - \frac{1}{\kappa_{i,n}^v}\tilde{\delta}_{i,n}^v\dot{\delta}_{i,n}^v + w_{i,n}^v\dot{w}_{i,n}^v\right] \tag{5-85}$$

设计控制输入 u_i^v 和自适应律$\boldsymbol{\theta}_{i,n}^v$ 和 $\delta_{i,n}^v$ 如下：

$$u_i^v = -\frac{1}{2}s_{i,n}^v - c_{i,n,1}^v(s_{i,n}^v)^\alpha - c_{i,n,2}^v(s_{i,n}^v)^\beta - \boldsymbol{\theta}_{i,n}^{vT}\boldsymbol{\phi}_{i,n}^v - k_{i,n}^v e_{i,1}^v +$$
$$\frac{-(v_{i,n}^v - x_{i,n^*}^v)^\alpha - (v_{i,n}^v - x_{i,n^*}^v)^\beta}{\tilde{w}_{i,n}^v} - \mathrm{sign}(s_{i,n}^v)\delta_{i,n}^v \tag{5-86}$$

$$\dot{\boldsymbol{\theta}}_{i,n}^v = \sigma_{i,n}^v\boldsymbol{\phi}_{i,n}^v s_{i,n}^v - \rho_{i,n,1}^v\boldsymbol{\theta}_{i,n}^v - \rho_{i,n,2}^v(\boldsymbol{\theta}_{i,n}^v)^\beta \tag{5-87}$$

$$\dot{\delta}_{i,n}^v = \boldsymbol{\kappa}_{i,n}^v|s_{i,n}^v| - \zeta_{i,n,1}^v\delta_{i,n}^v - \zeta_{i,n,2}^v(\delta_{i,n}^v)^\beta \tag{5-88}$$

式中：$c_{i,n,1}^v$、$c_{i,n,2}^v$、$\rho_{i,n,1}^v$、$\rho_{i,n,2}^v$、$\zeta_{i,n,1}^v$、$\zeta_{i,n,2}^v$ 为设计参数。

将式(5-86)～式(5-88)代入式(5-85)可得

$$\dot{V}_n \leqslant \dot{V}_{n-1} + \sum_{i=1}^{N}\sum_{v=1}^{m}\left[s_{i,n}^v\left(-\frac{1}{2}s_{i,n}^v - c_{i,n,1}^v(s_{i,n}^v)^\alpha - c_{i,n,2}^v(s_{i,n}^v)^\beta - \boldsymbol{\theta}_{i,n}^{vT}\boldsymbol{\phi}_{i,n}^v - \right.\right.$$
$$k_{i,n}^v e_{i,1}^v + \frac{-(v_{i,n}^v - x_{i,n^*}^v)^\alpha - (v_{i,n}^v - x_{i,n^*}^v)^\beta}{\tilde{w}_{i,n}^v} - \mathrm{sign}(s_{i,n}^v)\delta_{i,n}^v + k_{i,n}^v e_{i,1}^v +$$
$$\left.\tilde{\boldsymbol{\theta}}_{i,n}^{vT}\boldsymbol{\phi}_{i,n}^v + \boldsymbol{\theta}_{i,n}^{vT}\boldsymbol{\phi}_{i,n}^v - \dot{v}_{i,n}^v\right) +$$
$$|s_{i,n}^v|(\tilde{\delta}_{i,n}^v + \delta_{i,n}^v) - \frac{1}{\sigma_{i,n}^v}\tilde{\boldsymbol{\theta}}_{i,n}^{vT}(\sigma_{i,n}^v\boldsymbol{\phi}_{i,n}^v s_{i,n}^v -$$
$$\rho_{i,n,1}^v\boldsymbol{\theta}_{i,n}^v - \rho_{i,n,2}^v(\boldsymbol{\theta}_{i,n}^v)^\beta) - \frac{1}{\boldsymbol{\kappa}_{i,n}^v}\tilde{\delta}_{i,n}^v(\boldsymbol{\kappa}_{i,n}^v|s_{i,n}^v| - \zeta_{i,n,1}^v\delta_{i,n}^v -$$
$$\left.\zeta_{i,n,2}^v(\delta_{i,n}^v)^\beta) + w_{i,n}^v\left(\frac{-(w_{i,n}^v)^\alpha - (w_{i,n}^v)^\beta}{\tilde{w}_{i,n}^v} + B_{i,n}^v\right)\right] \tag{5-89}$$

根据式(5-89)可得

$$\dot{V}_{n-1} \leqslant \sum_{i=1}^{N}\sum_{v=1}^{m}\left(-q_{i,1}^v\|\boldsymbol{e}_i^v\|^2 + \frac{1}{2}\|\boldsymbol{P}_i^v\boldsymbol{\varepsilon}_i^v\|^2 + \frac{1}{2}\sum_{l=1}^{n}\tilde{\boldsymbol{\theta}}_{i,l}^{vT}\tilde{\boldsymbol{\theta}}_{i,l}^v\right) -$$
$$p_1\sum_{i=1}^{N}(\boldsymbol{\Psi}_i(\boldsymbol{y}_i) - \boldsymbol{\Psi}_i(\boldsymbol{y}_{i^*}))^{\frac{\alpha+1}{2}} - p_2\sum_{i=1}^{N}(\boldsymbol{\Psi}_i(\boldsymbol{y}_i) - \boldsymbol{\Psi}_i(\boldsymbol{y}_{i^*}))^{\frac{\beta+1}{2}} +$$

$$\sum_{i=1}^{N}\sum_{v=1}^{m}\left[\sum_{l=1}^{n-1}\left(\frac{\rho_{i,l,1}^{v}}{\sigma_{i,l}^{v}}\tilde{\boldsymbol{\theta}}_{i,l}^{v\mathrm{T}}\boldsymbol{\theta}_{i,l}^{v}+\frac{\rho_{i,l,2}^{v}}{\sigma_{i,l}^{v}}\tilde{\boldsymbol{\theta}}_{i,l}^{v\mathrm{T}}(\boldsymbol{\theta}_{i,l}^{v})^{\alpha}+\frac{\zeta_{i,l,1}^{v}}{\kappa_{i,l}^{v}}\tilde{\delta}_{i,l}^{v}\delta_{i,l}^{v}+\frac{\zeta_{i,l,2}^{v}}{\kappa_{i,l}^{v}}\tilde{\delta}_{i,l}^{v}(\delta_{i,l}^{v})^{\alpha}\right)+\sum_{l=2}^{n-1}\left(-c_{i,l,1}^{v}(s_{i,l}^{v})^{\alpha+1}-c_{i,l,2}^{v}(s_{i,l}^{v})^{\beta+1}-\left(\frac{1}{\tilde{w}_{i,l}^{v}}-\frac{1}{\alpha+1}\right)(w_{i,l}^{v})^{\alpha+1}-\left(\frac{1}{\tilde{w}_{i,l}^{v}}-\frac{1}{\beta+1}\right)(w_{i,l}^{v})^{\beta+1}+\frac{\beta}{\beta+1}(M_{i,l}^{v})^{\frac{\beta+1}{\beta}}\right)+\frac{1}{2}(s_{i,n}^{v})^{2}+\frac{1}{\alpha+1}(w_{i,n}^{v})^{\alpha+1}\right] \tag{5-90}$$

通过 Young's 不等式可得

$$w_{i,n}^{v}B_{i,n}^{v}\leqslant|w_{i,n}^{v}B_{i,n}^{v}|\leqslant\frac{1}{\beta+1}(w_{i,n}^{v})^{\beta+1}+\frac{\beta}{\beta+1}(M_{i,n}^{v})^{\frac{\beta+1}{\beta}} \tag{5-91}$$

由式(5-90)和式(5-91)可得

$$\dot{V}_{n}\leqslant\sum_{i=1}^{N}\sum_{v=1}^{m}\left(-q_{i,1}^{v}\|\boldsymbol{e}_{i}^{v}\|^{2}+\frac{1}{2}\|\boldsymbol{P}_{i}^{v}\boldsymbol{\varepsilon}_{i}^{v}\|^{2}+\frac{1}{2}\sum_{l=1}^{n}\tilde{\boldsymbol{\theta}}_{i,l}^{v\mathrm{T}}\tilde{\boldsymbol{\theta}}_{i,l}^{v}\right)-p_{1}\sum_{i=1}^{N}(\Psi_{i}(\boldsymbol{y}_{i})-\Psi_{i}(\boldsymbol{y}_{i^{*}}))^{\frac{\alpha+1}{2}}-p_{2}\sum_{i=1}^{N}(\Psi_{i}(\boldsymbol{y}_{i})-\Psi_{i}(\boldsymbol{y}_{i^{*}}))^{\frac{\beta+1}{2}}+\sum_{i=1}^{N}\sum_{v=1}^{n}\left[\sum_{l=1}^{n}\left(\frac{\rho_{i,l,1}^{v}}{\sigma_{i,l}^{v}}\tilde{\boldsymbol{\theta}}_{i,l}^{v\mathrm{T}}\boldsymbol{\theta}_{i,l}^{v}+\frac{\rho_{i,l,2}^{v}}{\sigma_{i,l}^{v}}\tilde{\boldsymbol{\theta}}_{i,l}^{v\mathrm{T}}(\boldsymbol{\theta}_{i,l}^{v})^{\beta}+\frac{\zeta_{i,l,1}^{v}}{\kappa_{i,l}^{v}}\tilde{\delta}_{i,l}^{v}\delta_{i,l}^{v}+\frac{\zeta_{i,l,2}^{v}}{\kappa_{i,l}^{v}}\tilde{\delta}_{i,l}^{v}(\delta_{i,l}^{v})^{\beta}\right)+\sum_{l=2}^{n}\left(-c_{i,l,1}^{v}(s_{i,l}^{v})^{\alpha+1}-c_{i,l,2}^{v}(s_{i,l}^{v})^{\beta+1}-\left(\frac{1}{\tilde{w}_{i,l}^{v}}-\frac{1}{\alpha+1}\right)(w_{i,l}^{v})^{\alpha+1}-\left(\frac{1}{\tilde{w}_{i,l}^{v}}-\frac{1}{\beta+1}\right)(w_{i,l}^{v})^{\beta+1}+\frac{\beta}{\beta+1}(M_{i,l}^{v})^{\frac{\beta+1}{\beta}}\right)\right] \tag{5-92}$$

根据引理 1.8 可得

$$\tilde{\boldsymbol{\theta}}_{i,l}^{v\mathrm{T}}(\boldsymbol{\theta}_{i,l}^{v})^{\beta}=\tilde{\boldsymbol{\theta}}_{i,l}^{v\mathrm{T}}(\boldsymbol{\theta}_{i,l^{*}}^{v}-\tilde{\boldsymbol{\theta}}_{i,l}^{v})^{\beta}\leqslant\frac{\beta}{\beta+1}(\|\boldsymbol{\theta}_{i,l^{*}}^{v}\|^{\beta+1}-\|\tilde{\boldsymbol{\theta}}_{i,l}^{v}\|^{\beta+1})$$

$$\tilde{\delta}_{i,l}^{v}(\delta_{i,l}^{v})^{\beta}=\tilde{\delta}_{i,l}^{v}(\delta_{i,l^{*}}^{v}-\tilde{\delta}_{i,l}^{v})^{\beta}\leqslant\frac{\beta}{\beta+1}((\delta_{i,l^{*}}^{v})^{\beta+1}-(\tilde{\delta}_{i,l}^{v})^{\beta+1}) \tag{5-93}$$

根据式(5-93)可得

$$\dot{V}_{n}\leqslant\sum_{i=1}^{N}\sum_{v=1}^{m}\left(-q_{i,1}^{v}\|\boldsymbol{e}_{i}^{v}\|^{2}+\frac{1}{2}\|\boldsymbol{P}_{i}^{v}\boldsymbol{\varepsilon}_{i}^{v}\|^{2}\right)-p_{1}\sum_{i=1}^{N}(\Psi_{i}(\boldsymbol{y}_{i})-\Psi_{i}(\boldsymbol{y}_{i^{*}}))^{\frac{\alpha+1}{2}}-$$

$$p_2\sum_{i=1}^{N}(\Psi_i(\boldsymbol{y}_i)-\Psi_i(\boldsymbol{y}_{i^*}))^{\frac{\beta+1}{2}}+$$

$$\sum_{i=1}^{N}\sum_{v=1}^{n}\left\{\sum_{l=1}^{n}\left[-\left(\frac{\rho_{i,l,1}^{v}}{2\sigma_{i,l}^{v}}-\frac{1}{2}\right)\tilde{\boldsymbol{\theta}}_{i,l}^{v\mathrm{T}}\tilde{\boldsymbol{\theta}}_{i,l}^{v}+\right.\right.$$

$$\frac{\rho_{i,l,1}^{v}}{2\sigma_{i,l}^{v}}\boldsymbol{\theta}_{i,l^*}^{v\mathrm{T}}\boldsymbol{\theta}_{i,l^*}^{v}+\frac{\rho_{i,l,2}^{v}\beta}{\sigma_{i,l}^{v}(\beta+1)}(\|\boldsymbol{\theta}_{i,l^*}^{v}\|^{\beta+1}-\|\tilde{\boldsymbol{\theta}}_{i,l}^{v}\|^{\beta+1})-\frac{\zeta_{i,l,1}^{v}}{2\boldsymbol{\kappa}_{i,l}^{v}}(\tilde{\delta}_{i,l}^{v})^2+$$

$$\left.\frac{\zeta_{i,l,1}^{v}}{2\boldsymbol{\kappa}_{i,l}^{v}}(\delta_{i,l^*}^{v})^2+\frac{\zeta_{i,l,2}^{v}\beta}{\boldsymbol{\kappa}_{i,l}^{v}(\beta+1)}((\delta_{i,l^*}^{v})^{\beta+1}-(\tilde{\delta}_{i,l}^{v})^{\beta+1})\right]+$$

$$\sum_{l=2}^{n}\left[-c_{i,l,1}^{v}(s_{i,l}^{v})^{\alpha+1}-c_{i,l,2}^{v}(s_{i,l}^{v})^{\beta+1}+\frac{\beta}{\beta+1}(M_{i,l}^{v})^{\frac{\beta+1}{\beta}}-\left(\frac{1}{\tilde{w}_{i,l}^{v}}-\frac{1}{\alpha+1}\right)(w_{i,l}^{v})^{\alpha+1}-\right.$$

$$\left.\left.\left(\frac{1}{\tilde{w}_{i,l}^{v}}-\frac{1}{\beta+1}\right)(w_{i,l}^{v})^{\beta+1}\right]\right\}\tag{5-94}$$

根据相关文献,存在正实数 $\Pi_i^v>0$,使得不等式 $\|\boldsymbol{e}_i^v\|\leqslant\Pi_i^v$ 成立。根据引理 1.7 可得

$$\begin{aligned}-q_{i,1}^{v}\|\boldsymbol{e}_i^v\|^2&\leqslant-\left(\frac{q_{i,1}^{v}}{2}\|\boldsymbol{e}_i^v\|^2\right)^{\frac{\alpha+1}{2}}-\left(\frac{q_{i,1}^{v}}{2}\|\boldsymbol{e}_i^v\|^2\right)^{\frac{\beta+1}{2}}+\Lambda_i^v\\&\leqslant-\left(\frac{\rho_{i,1}^{v}\boldsymbol{e}_i^{v\mathrm{T}}\boldsymbol{P}_i^v\boldsymbol{e}_i^v}{2\lambda_{\max}(\boldsymbol{P}_i^v)}\right)^{\frac{\alpha+1}{2}}-\left(\frac{q_{i,1}^{v}\boldsymbol{e}_i^{v\mathrm{T}}\boldsymbol{P}_i^v\boldsymbol{e}_i^v}{2\lambda_{\max}(\boldsymbol{P}_i^v)}\right)^{\frac{\beta+1}{2}}+\Lambda_i^v\end{aligned}\tag{5-95}$$

$$\left[\left(\frac{\rho_{i,l,1}^{v}}{2\sigma_{i,l}^{v}}-\frac{1}{2}\right)\tilde{\boldsymbol{\theta}}_{i,l}^{v\mathrm{T}}\tilde{\boldsymbol{\theta}}_{i,l}^{v}\right]^{\frac{\alpha+1}{2}}\leqslant\left(\frac{\rho_{i,l,1}^{v}}{2\sigma_{i,l}^{v}}-\frac{1}{2}\right)\tilde{\boldsymbol{\theta}}_{i,l}^{v\mathrm{T}}\tilde{\boldsymbol{\theta}}_{i,l}^{v}+\Phi_{i,l}^{v}\tag{5-96}$$

$$\left[\frac{\zeta_{i,l,1}^{v}}{2\boldsymbol{\kappa}_{i,l}^{v}}(\tilde{\delta}_{i,l}^{v})^2\right]^{\frac{\alpha+1}{2}}\leqslant\frac{\zeta_{i,l,1}^{v}}{2\boldsymbol{\kappa}_{i,l}^{v}}(\tilde{\delta}_{i,l}^{v})^2+\Phi_{i,l}^{v}\tag{5-97}$$

式中

$$\Phi_{i,l}^{v}=\frac{1-\alpha}{2}\left(\frac{1+\alpha}{2}\right)^{\frac{1+\alpha}{1-\alpha}},\quad\Lambda_i^v=\Phi_{i,l}^{v}+\left(\frac{q_{i,1}^{v}}{2}(\Pi_i^v)^2\right)^{\frac{\beta+1}{2}}$$

将式(5-95)、式(5-96)和式(5-97)代入式(5-94)可得

$$\dot{V}_n\leqslant\sum_{i=1}^{N}\sum_{v=1}^{m}\left[-\left(\frac{q_{i,1}^{v}\boldsymbol{e}_i^{v\mathrm{T}}\boldsymbol{P}_i^v\boldsymbol{e}_i^v}{2\lambda_{\max}(\boldsymbol{P}_i^v)}\right)^{\frac{\alpha+1}{2}}-\left(\frac{q_{i,1}^{v}\boldsymbol{e}_i^{v\mathrm{T}}\boldsymbol{P}_i^v\boldsymbol{e}_i^v}{2\lambda_{\max}(\boldsymbol{P}_i^v)}\right)^{\frac{\beta+1}{2}}+\Lambda_i^v+\frac{1}{2}\|\boldsymbol{P}_i^v\boldsymbol{\varepsilon}_i^v\|^2\right]-$$

$$p_1\sum_{i=1}^{N}(\Psi_i(\boldsymbol{y}_i)-\Psi_i(\boldsymbol{y}_{i^*}))^{\frac{\alpha+1}{2}}-p_2\sum_{i=1}^{N}(\Psi_i(\boldsymbol{y}_i)-\Psi_i(\boldsymbol{y}_{i^*}))^{\frac{\beta+1}{2}}+$$

$$\sum_{i=1}^{N}\sum_{v=1}^{n}\left\{\sum_{l=1}^{n}\left[-\left(\frac{\rho_{i,l,1}^{v}}{2\sigma_{i,l}^{v}}-\frac{1}{2}\right)^{\frac{\alpha+1}{2}}\|\tilde{\boldsymbol{\theta}}_{i,l}^{v}\|^{\alpha+1}+\frac{\rho_{i,l,1}^{v}}{2\sigma_{i,l}^{v}}\boldsymbol{\theta}_{i,l^*}^{v\mathrm{T}}\boldsymbol{\theta}_{i,l^*}^{v}+\frac{\rho_{i,l,2}^{v}\beta}{\sigma_{i,l}^{v}(\beta+1)}(\|\boldsymbol{\theta}_{i,l^*}^{v}\|^{\beta+1}-\right.\right.$$

$$\|\tilde{\boldsymbol{\theta}}_{i,l}^{v}\|^{\beta+1})-\left(\frac{\zeta_{i,l,1}^{v}}{2\kappa_{i,l}^{v}}\right)^{\frac{\alpha+1}{2}}(\delta_{i,l}^{v})^{\alpha+1}+\frac{\zeta_{i,l,1}^{v}}{2\kappa_{i,l}^{v}}(\delta_{i,l^*}^{v})^{2}+\frac{\zeta_{i,l,2}^{v}\beta}{\kappa_{i,l}^{v}(\beta+1)}((\delta_{i,l^*}^{v})^{\beta+1}-$$

$$\left.(\tilde{\delta}_{i,l}^{v})^{\beta+1})+2\Phi_{i,l}^{v}\right]+$$

$$\sum_{l=2}^{n}\left[-c_{i,l,1}^{v}(s_{i,l}^{v})^{\alpha+1}-c_{i,l,2}^{v}(s_{i,l}^{v})^{\beta+1}+\frac{\beta}{\beta+1}(M_{i,l}^{v})^{\frac{\beta+1}{\beta}}-\right.$$

$$\left.\left.\left(\frac{1}{\tilde{w}_{i,l}^{v}}-\frac{1}{\alpha+1}\right)(w_{i,l}^{v})^{\alpha+1}-\left(\frac{1}{\tilde{w}_{i,l}^{v}}-\frac{1}{\beta+1}\right)(w_{i,l}^{v})^{\beta+1}\right]\right\} \tag{5-98}$$

定义

$$\xi=\sum_{i=1}^{N}\sum_{v=1}^{m}\left[\Lambda_{i}^{v}+\frac{1}{2}\|\boldsymbol{P}_{i}^{v}\boldsymbol{\varepsilon}_{i}^{v}\|^{2}+\sum_{l=1}^{n}\left(\frac{\rho_{i,l,1}^{v}}{2\sigma_{i,l}^{v}}\boldsymbol{\theta}_{i,l^*}^{v\mathrm{T}}\boldsymbol{\theta}_{i,l^*}^{v}+\frac{\rho_{i,l,2}^{v}\beta}{\sigma_{i,l}^{v}(\beta+1)}\|\boldsymbol{\theta}_{i,l^*}^{v}\|^{\beta+1}+\right.\right.$$

$$\left.\left.\frac{\zeta_{i,l,1}^{v}}{2\kappa_{i,l}^{v}}(\delta_{i,l^*}^{v})^{2}+\frac{\zeta_{i,l,2}^{v}\beta}{\kappa_{i,l}^{v}(\beta+1)}(\delta_{i,l^*}^{v})^{\beta+1}+2\Phi_{i,l}^{v}\right)+\sum_{l=2}^{n}\frac{\beta}{\beta+1}(M_{i,l}^{v})^{\frac{\beta+1}{\beta}}\right] \tag{5-99}$$

由式(5-98)和式(5-99)可得

$$\dot{V}_{n}\leqslant\sum_{i=1}^{N}\sum_{v=1}^{m}\left[-\left(\frac{q_{i,1}^{v}\boldsymbol{e}_{i}^{v\mathrm{T}}\boldsymbol{P}_{i}^{v}\boldsymbol{e}_{i}^{v}}{2\lambda_{\max}(\boldsymbol{P}_{i}^{v})}\right)^{\frac{\alpha+1}{2}}-\left(\frac{q_{i,1}^{v}\boldsymbol{e}_{i}^{v\mathrm{T}}\boldsymbol{P}_{i}^{v}\boldsymbol{e}_{i}^{v}}{2\lambda_{\max}(\boldsymbol{P}_{i}^{v})}\right)^{\frac{\beta+1}{2}}\right]-$$

$$p_{1}\sum_{i=1}^{N}(\boldsymbol{\Psi}_{i}(\boldsymbol{y}_{i})-\boldsymbol{\Psi}_{i}(\boldsymbol{y}_{i^*}))^{\frac{\alpha+1}{2}}-p_{2}\sum_{i=1}^{N}(\boldsymbol{\Psi}_{i}(\boldsymbol{y}_{i})-\boldsymbol{\Psi}_{i}(\boldsymbol{y}_{i^*}))^{\frac{\beta+1}{2}}+$$

$$\sum_{i=1}^{N}\sum_{v=1}^{n}\left\{\sum_{l=1}^{n}\left[-\left(\frac{\rho_{i,l,1}^{v}}{2\sigma_{i,l}^{v}}-\frac{1}{2}\right)^{\frac{\alpha+1}{2}}\|\tilde{\boldsymbol{\theta}}_{i,l}^{v}\|^{\alpha+1}-\frac{\rho_{i,l,2}^{v}\beta}{\sigma_{i,l}^{v}(\beta+1)}\|\tilde{\boldsymbol{\theta}}_{i,l}^{v}\|^{\beta+1}-\right.\right.$$

$$\left.\left(\frac{\zeta_{i,l,1}^{v}}{2\kappa_{i,l}^{v}}\right)^{\frac{\alpha+1}{2}}(\tilde{\delta}_{i,l}^{v})^{\alpha+1}-\frac{\zeta_{i,l,2}^{v}\beta}{\kappa_{i,l}^{v}(\beta+1)}(\tilde{\delta}_{i,l}^{v})^{\beta+1}\right]+\sum_{l=2}^{n}\left[-c_{i,l,1}^{v}(s_{i,l}^{v})^{\alpha+1}-\right.$$

$$\left.\left.c_{i,l,2}^{v}(s_{i,l}^{v})^{\beta+1}-\left(\frac{1}{\tilde{w}_{i,l}^{v}}-\frac{1}{\alpha+1}\right)(w_{i,l}^{v})^{\alpha+1}-\left(\frac{1}{\tilde{w}_{i,l}^{v}}-\frac{1}{\beta+1}\right)(w_{i,l}^{v})^{\beta+1}\right]\right\}+\xi$$

$$\leqslant-\mu V^{\frac{\alpha+1}{2}}-\varphi V^{\frac{\beta+1}{2}}+\xi \tag{5-100}$$

式中

$$\mu=\min\left\{\left(\frac{q_{i,1}^{v}}{2\lambda_{\max}(\boldsymbol{P}_{i}^{v})}\right)^{\frac{\alpha+1}{2}},p_{1},c_{i,l,1}^{v},\left(\frac{\rho_{i,l,1}^{v}}{2\sigma_{i,l}^{v}}-\frac{1}{2}\right)^{\frac{\alpha+1}{2}},\left(\frac{\zeta_{i,l,1}^{v}}{2\kappa_{i,l}^{v}}\right)^{\frac{\alpha+1}{2}},\left(\frac{1}{\tilde{w}_{i,l}^{v}}-\frac{1}{\alpha+1}\right)\right\} \tag{5-101}$$

$$\varphi=\min\left\{\left(\frac{q_{i,1}^{v}}{2\lambda_{\max}(\boldsymbol{P}_{i}^{v})}\right)^{\frac{\beta+1}{2}},p_{2},c_{i,l,2}^{v},\frac{\rho_{i,l,2}^{v}\beta}{\sigma_{i,l}^{v}(\beta+1)},\frac{\zeta_{i,l,2}^{v}\beta}{\kappa_{i,l}^{v}(\beta+1)},\left(\frac{1}{\tilde{w}_{i,l}^{v}}-\frac{1}{\beta+1}\right)\right\} \tag{5-102}$$

根据引理1.6可得，系统式(5-1)是实际固定时间稳定，收敛时间的上界表示为

$$T\leqslant T_{\max}=\frac{2}{(1-\alpha)\mu\iota}+\frac{2}{(\beta-1)\varphi\iota} \tag{5-103}$$

系统解的残差集表示为

$$\left\{\lim_{t\to T}\mid V(x)\leqslant\min\left\{\left(\frac{\xi}{(1-\iota)\mu}\right)^{\frac{2}{\alpha+1}},\left(\frac{\xi}{(1-\iota)\varphi}\right)^{\frac{2}{\beta+1}}\right\}\right\} \tag{5-104}$$

5.2.4　估计器设计及稳定性分析

根据式(5-55)可知，虚拟控制律 $x_{i,2^*}^{v}$ 中包含智能体 i 自身的局部目标函数梯度信息和邻接智能体局部目标函数的梯度信息。为了构造分布式控制算法，通过构造分布式估计器来获得邻接智能体的梯度信息。假设每个智能体都包含一个分布式估计器来估计邻接智能体的梯度信息。记对角矩阵 $\boldsymbol{A}_i=\mathrm{diag}\{a_i\}\in\mathbb{R}^{N\times N}$ 和正定对角矩阵 $\boldsymbol{\mathcal{B}}=\boldsymbol{\mathcal{A}}+(\boldsymbol{L}\otimes\boldsymbol{I}_m)$。定义 $\boldsymbol{w}_i=[w_i^1,\cdots,w_i^m]^{\mathrm{T}}$ 是第 i 个智能体的分布式估计器，形式如下：

$$\begin{aligned}\dot{\boldsymbol{w}}_i=&-k_{i,1}\mathrm{sig}^{\alpha}\left[a_i(\boldsymbol{w}_i-\nabla\boldsymbol{\Psi}_i(\boldsymbol{y}_i))+\sum_{j\in N_i}a_{ij}(\boldsymbol{w}_i-\boldsymbol{w}_j)\right]-\\&k_{i,2}\mathrm{sig}^{\beta}\left[a_i(\boldsymbol{w}_i-\nabla\boldsymbol{\Psi}_i(\boldsymbol{y}_i))+\sum_{j\in N_i}a_{ij}(\boldsymbol{w}_i-\boldsymbol{w}_j)\right]\end{aligned} \tag{5-105}$$

式中：a_i、$k_{i,1}$、$k_{i,2}$ 为设计参数。

引理5.1　如果多智能体系统式(5-1)的无向网络拓扑 G 是全连接的，如果参数 a_i、$k_{i,1}$ 和 $k_{i,2}$ 选取合理，当时间 $t>T_0$ 时，估计器 $\boldsymbol{w}_i\to\nabla\boldsymbol{\Psi}_i(\boldsymbol{y}_i)$。

证明：定义误差变量 $\boldsymbol{\mathcal{E}}_i\in\mathbb{R}^m$ 有

$$\boldsymbol{\mathcal{E}}_i=a_i(\boldsymbol{w}_i-\nabla\boldsymbol{\Psi}_i(\boldsymbol{y}_i))+\sum_{j\in N_i}a_{ij}(\boldsymbol{w}_i-\boldsymbol{w}_j)$$

对于 $\boldsymbol{\mathcal{E}}_i$，存在 $\boldsymbol{\mathcal{E}}_{i^*}$ 和 $\boldsymbol{w}_{i^*}$ 使得 $\boldsymbol{\mathcal{E}}_{i^*}$ 满足

$$\boldsymbol{\mathcal{E}}_{i^*}=a_i(\boldsymbol{w}_{i^*}-\nabla\boldsymbol{\Psi}_i(\boldsymbol{y}_i))+\sum_{j\in N_i}a_{ij}(\boldsymbol{w}_{i^*}-\boldsymbol{w}_{j^*})=0$$

定义 $\tilde{\boldsymbol{w}}_{\mathrm{i}}=\boldsymbol{w}_i-\boldsymbol{w}_{i^*}$，然后可得

$$\begin{aligned}\boldsymbol{\mathcal{E}}_i&=\boldsymbol{\mathcal{E}}_i-\boldsymbol{\mathcal{E}}_{i^*}\\&=a_i(\boldsymbol{w}_i-\nabla\boldsymbol{\Psi}_i(\boldsymbol{y}_i))+\sum_{j\in N_i}a_{ij}(\boldsymbol{w}_i-\boldsymbol{w}_j)-a_i(\boldsymbol{w}_{i^*}-\nabla\boldsymbol{\Psi}_i(\boldsymbol{y}_i))+\sum_{j\in N_i}a_{ij}(\boldsymbol{w}_{i^*}-\boldsymbol{w}_{j^*})\\&=a_i\tilde{\boldsymbol{w}}_i+\sum_{j\in N_i}a_{ij}(\tilde{\boldsymbol{w}}_i-\tilde{\boldsymbol{w}}_j)\end{aligned}\tag{5-106}$$

记 $\boldsymbol{\mathcal{E}}=[\boldsymbol{\mathcal{E}}_1^{\mathrm{T}},\cdots,\boldsymbol{\mathcal{E}}_N^{\mathrm{T}}]^{\mathrm{T}}$，$\tilde{\boldsymbol{w}}=[\tilde{\boldsymbol{w}}_1^T,\cdots,\tilde{\boldsymbol{w}}_{\mathrm{N}}^T]^T$，$\boldsymbol{w}=[\boldsymbol{w}_1^{\mathrm{T}},\cdots,\boldsymbol{w}_N^{\mathrm{T}}]^{\mathrm{T}}$。根据式(5-106)，有 $\boldsymbol{\mathcal{E}}=\boldsymbol{\mathcal{B}}\tilde{\boldsymbol{w}}$。构造 Lyapunov 函数：

$$V_{\mathcal{E}}=\frac{1}{2}\boldsymbol{\mathcal{E}}^{\mathrm{T}}\boldsymbol{\mathcal{B}}^{-1}\boldsymbol{\mathcal{E}}=\frac{1}{2}\tilde{\boldsymbol{w}}^{\mathrm{T}}\boldsymbol{\mathcal{B}}\tilde{\boldsymbol{w}}\tag{5-107}$$

对 Lyapunov 函数 $V_{\mathcal{E}}$ 求导可得

$$\dot{V}_{\mathcal{E}}=\tilde{\boldsymbol{w}}^{\mathrm{T}}\boldsymbol{\mathcal{B}}\dot{\tilde{\boldsymbol{w}}}=\tilde{\boldsymbol{w}}^{\mathrm{T}}\boldsymbol{\mathcal{B}}\tilde{\boldsymbol{w}}\tag{5-108}$$

由式(5-105)可知，$\dot{\boldsymbol{w}}_i=-k_{i,1}\mathrm{sig}^{\alpha}(\boldsymbol{\mathcal{E}}_i)-k_{i,2}\mathrm{sig}^{\beta}(\boldsymbol{\mathcal{E}}_i)$。定义对角矩阵 $\boldsymbol{K}_1=\mathrm{diag}(k_{i,1}\boldsymbol{I}_m)$，$\boldsymbol{K}_2=\mathrm{diag}(k_{i,2}\boldsymbol{I}_m)$。考虑到 $\mathrm{sig}^{\alpha}(\boldsymbol{\mathcal{E}})=[(\mathrm{sig}^{\alpha}(\boldsymbol{\mathcal{E}}_1))^{\mathrm{T}},\cdots,(\mathrm{sig}^{\alpha}(\boldsymbol{\mathcal{E}}_N))^{\mathrm{T}}]^{\mathrm{T}}$，有 $\dot{\boldsymbol{w}}=-\boldsymbol{K}_1\mathrm{sig}^{\alpha}(\boldsymbol{\mathcal{E}})-\boldsymbol{K}_2\mathrm{sig}^{\beta}(\boldsymbol{\mathcal{E}})$。根据式(5-108)可得

$$\begin{aligned}\dot{V}_{\mathcal{E}}&=-\tilde{\boldsymbol{w}}^{\mathrm{T}}\boldsymbol{\mathcal{B}}\boldsymbol{K}_1\mathrm{sig}^{\alpha}(\boldsymbol{\mathcal{E}})-\tilde{\boldsymbol{w}}^{\mathrm{T}}\boldsymbol{\mathcal{B}}\boldsymbol{K}_2\mathrm{sig}^{\beta}(\boldsymbol{\mathcal{E}})\\&=-\tilde{\boldsymbol{w}}^{\mathrm{T}}\boldsymbol{\mathcal{B}}\boldsymbol{K}_1\mathrm{sig}^{\alpha}(\boldsymbol{\mathcal{B}}\tilde{\boldsymbol{w}})-\tilde{\boldsymbol{w}}^{\mathrm{T}}\boldsymbol{\mathcal{B}}\boldsymbol{K}_2\mathrm{sig}^{\beta}(\boldsymbol{\mathcal{B}}\tilde{\boldsymbol{w}})\\&\leqslant-\lambda_{\min}(\boldsymbol{K}_1)\tilde{\boldsymbol{w}}^{\mathrm{T}}\boldsymbol{\mathcal{B}}\mathrm{sig}^{\alpha}(\boldsymbol{\mathcal{B}}\tilde{\boldsymbol{w}})-\lambda_{\min}(\boldsymbol{K}_2)\tilde{\boldsymbol{w}}^{\mathrm{T}}\boldsymbol{\mathcal{B}}\mathrm{sig}^{\beta}(\boldsymbol{\mathcal{B}}\tilde{\boldsymbol{w}})-\\&\quad\lambda_{\min}(\boldsymbol{K}_1)\sum_{i=1}^{N}\sum_{v=1}^{m}\Big[a_i(w_i^v-\nabla\Psi_i^v)+\sum_{j\in N_i}a_{ij}(w_i^v-w_j^v)\Big]^{\alpha+1}-\\&\quad\lambda_{\min}(\boldsymbol{K}_2)\sum_{i=1}^{N}\sum_{v=1}^{m}\Big[a_i(w_i^v-\nabla\Psi_i^v)+\sum_{j\in N_i}a_{ij}(w_i^v-w_j^v)\Big]^{\beta+1}\end{aligned}\tag{5-109}$$

根据引理 1.9 和式(5-109)可得

$$\begin{aligned}\dot{V}_{\mathcal{E}}&\leqslant-\lambda_{\min}(\boldsymbol{K}_1)\Big\{\sum_{i=1}^{N}\sum_{v=1}^{m}\Big[a_i(w_i^v-\nabla\Psi_i^v)+\sum_{j\in N_i}(w_i^v-w_j^w)\Big]^2\Big\}^{\frac{\alpha+1}{2}}-\\&\quad\lambda_{\min}(\boldsymbol{K}_2)(mN)^{\frac{1-\beta}{2}}\Big\{\sum_{i=1}^{N}\sum_{v=1}^{m}\Big[a_i(w_i^v-\nabla\Psi_i^v)+\sum_{j\in N_i}(w_i^v-w_j^w)\Big]^2\Big\}^{\frac{\beta+1}{2}}\\&\leqslant-\lambda_{\min}(\boldsymbol{K}_1)(\boldsymbol{\mathcal{E}}^{\mathrm{T}}\boldsymbol{\mathcal{E}})^{\frac{\alpha+1}{2}}-\lambda_{\min}(\boldsymbol{K}_2)(mN)^{\frac{1-\beta}{2}}(\boldsymbol{\mathcal{E}}^{\mathrm{T}}\boldsymbol{\mathcal{E}})^{\frac{\beta+1}{2}}\end{aligned}$$

$$\leqslant -\lambda_{\min}(\boldsymbol{K}_1)\left[\frac{1}{\lambda_{\min}(\boldsymbol{\mathcal{B}}^{-1})}\right]^{\frac{\alpha+1}{2}} V_{\mathcal{E}}^{\frac{\alpha+1}{2}} - \lambda_{\min}(\boldsymbol{K}_2)(mN)^{\frac{1-\beta}{2}}\left[\frac{1}{\lambda_{\max}(\boldsymbol{\mathcal{B}}^{-1})}\right]^{\frac{\beta+1}{2}} V_{\mathcal{E}}^{\frac{\beta+1}{2}} \tag{5-110}$$

根据引理1.6可知，$\tilde{w}_i(t)$在固定时间收敛。收敛时间的上界为

$$T_0 = \frac{1}{\lambda_{\min}(\boldsymbol{K}_1)\left[\frac{1}{\lambda_{\max}(\boldsymbol{\mathcal{B}}^{-1})}\right]^{\frac{\alpha+1}{2}}(1-\alpha)} + \frac{1}{\lambda_{\min}(\boldsymbol{K}_2)(mN)^{\frac{1-\beta}{2}}\left[\frac{1}{\lambda_{\max}(\boldsymbol{\mathcal{B}}^{-1})}\right]^{\frac{\beta+1}{2}}(\beta-1)} \tag{5-111}$$

根据式(5-106)可得$\boldsymbol{\mathcal{E}}_i=0$，$\boldsymbol{w}_i=\nabla\boldsymbol{\Psi}_i(\boldsymbol{y}_i)$，$t>T_0$。

5.2.5　分布式控制器设计

基于引理5.1，估计器能够在固定时间内得到邻接智能体局部目标函数的梯度信息。通过将变量$\nabla\Psi_i^v(\boldsymbol{y}_i)$和$\nabla\Psi_j^v(\boldsymbol{y}_j)$替换为$w_i^v$和$w_j^v$可以得到分布式控制算法如下：

误差面定义同式(5-21)。设计虚拟控制律为

$$\begin{cases} x_{1,2^*}^v = -\sum\limits_{j=1}^{N} a_{ij}\operatorname{sig}^{\alpha}(w_i^v - w_j^v) - \sum\limits_{j=1}^{N} a_{ij}\operatorname{sig}^{\beta}(w_i^v - w_j^v) - \boldsymbol{\theta}_{i,1}^v\boldsymbol{\phi}_{i,1}^v(\hat{\boldsymbol{X}}_{i,1}^v) - \\ \qquad \dfrac{\alpha}{\alpha+1} w_i^{v\frac{1}{\alpha}} - w_i^v - \operatorname{sign}(w_i^v)\delta_{i,1}^v \\ x_{i,3^*}^v = -s_{i,2}^v - c_{i,2,1}^v(s_{i,2}^v)^{\alpha} - c_{i,2,2}^v(s_{i,2}^v)^{\beta} - \boldsymbol{\theta}_{i,2}^v\boldsymbol{\phi}_{i,2}^v - k_{i,2}^v e_{i,1}^v + \\ \qquad \dfrac{-(v_{i,2}^v - x_{i,2^*}^v)^{\alpha} - (v_{i,2}^v - x_{1,2^*}^v)^{\beta}}{\tilde{w}_{i,2}^v} - \dfrac{\alpha}{\alpha+1}(s_{i,2}^v)^{\frac{1}{\alpha}} - \operatorname{sign}(s_{i,2}^v)\delta_{i,2}^v \\ x_{i,k+1^*}^v = -s_{i,k}^v - c_{i,k,1}^v(s_{i,k}^v)^{\alpha} - c_{i,k,2}^v(s_{i,k}^v)^{\beta} - \boldsymbol{\theta}_{i,k}^v\boldsymbol{\phi}_{i,k}^v - k_{i,k}^v e_{i,1}^v + \\ \qquad \dfrac{-(v_{i,k}^v - x_{i,k^*}^v)^{\alpha} - (v_{i,k}^v - x_{i,k^*}^v)^{\beta}}{\tilde{w}_{i,k}^v} - \dfrac{\alpha}{a+1}(s_{i,k}^v)^{\frac{1}{\alpha}} - \operatorname{sign}(s_{i,k}^v)\delta_{i,k}^v \end{cases} \tag{5-112}$$

设计自适应律为

$$\begin{cases} \dot{\boldsymbol{\theta}}_{i,1}^v = \sigma_{i,1}^v w_i \boldsymbol{\phi}_{i,1}^v(\hat{\boldsymbol{X}}_{i,1}^v) - \rho_{i,1,1}^v\boldsymbol{\theta}_{i,1}^v - \rho_{i,1,2}^v(\boldsymbol{\theta}_{i,1}^v)^{\beta} \\ \dot{\boldsymbol{\theta}}_{i,2}^v = \sigma_{i,2}^v \boldsymbol{\phi}_{i,2}^v(\hat{\boldsymbol{X}}_{i,2}^v)s_{i,2}^v - \rho_{i,2,1}^v\boldsymbol{\theta}_{i,2}^v - \rho_{i,2,2}^v(\boldsymbol{\theta}_{i,2}^v)^{\beta} \\ \dot{\boldsymbol{\theta}}_{i,k}^v = \sigma_{i,k}^v \boldsymbol{\phi}_{i,k}^v(\hat{\boldsymbol{X}}_{i,k}^v)s_{i,k}^v - \rho_{i,k,1}^v\boldsymbol{\theta}_{i,k}^v - \rho_{i,k,2}^v(\boldsymbol{\theta}_{i,k}^v)^{\beta} \\ \dot{\boldsymbol{\theta}}_{i,n}^v = \sigma_{i,n}^v \boldsymbol{\phi}_{i,n}^v(\hat{\boldsymbol{X}}_{i,n}^v)s_{i,n}^v - \rho_{i,n,1}^v\boldsymbol{\theta}_{i,n}^v - \rho_{i,n,2}^v(\boldsymbol{\theta}_{i,n}^v)^{\beta} \end{cases} \tag{5-113}$$

和

$$\begin{cases}\dot{\delta}_{i,1}^{v}=\kappa_{i,1}^{v}\mid w_{i}\mid-\zeta_{i,1,1}^{v}\delta_{i,1}^{v}-\zeta_{i,1,2}^{v}(\delta_{i,1}^{v})^{\beta}\\ \dot{\delta}_{i,2}^{v}=\kappa_{i,2}^{v}\mid s_{i,2}^{v}\mid-\zeta_{i,2,1}^{v}\delta_{i,2}^{v}-\zeta_{i,2,2}^{v}(\delta_{i,2}^{v})^{\beta}\\ \dot{\delta}_{i,k}^{v}=\kappa_{i,k}^{v}\mid s_{i,k}^{v}\mid-\zeta_{i,k,1}^{v}\delta_{i,k}^{v}-\zeta_{i,k,2}^{v}(\delta_{i,k}^{v})^{\beta}\\ \dot{\delta}_{i,n}^{v}=\kappa_{i,n}^{v}\mid s_{i,n}^{v}\mid-\zeta_{i,n,1}^{v}\delta_{i,n}^{v}-\zeta_{i,n,2}^{v}(\delta_{i,n}^{v})^{\beta}\end{cases} \tag{5-114}$$

设计控制输入为

$$u_{i}^{v}=-s_{i,n}^{v}-c_{i,n,1}^{v}(s_{i,n}^{v})^{\alpha}-c_{i,n,2}^{v}(s_{i,n}^{v})^{\beta}-\boldsymbol{\theta}_{i,n}^{v\mathrm{T}}\boldsymbol{\phi}_{i,n}^{v}(\hat{\boldsymbol{X}}_{i,n}^{v})+\delta_{i,n,2}^{v} \tag{5-115}$$

式中：$k=1,\cdots,n-1$；$c_{i,*,1}^{v},c_{i,*,2}^{v}>0$；$\sigma_{i,*}^{v}>0$；$\rho_{i,*,1}^{v},\rho_{i,*,2}^{v}>0$；$\alpha=r_1/r_2$；$\beta=r3/r_2$；$r_1$、$r_2$、$r_3$ 为正奇数且 $1<r_1<r_2<r_3$。

5.3 仿真实例

考虑如下多智能体系统：

$$\begin{cases}\dot{x}_{i,1}^{v}=x_{i,2}^{v}+g_{i,1}^{v}(x_{i,1}^{v})\\ \dot{x}_{i,2}^{v}=u_{i}+g_{i,2}^{v}(x_{i,1}^{v},x_{i,2}^{v}),\quad i=1,2,\cdots,5,v=1,2\\ y_{i}^{v}=x_{i,1}^{v}\end{cases} \tag{5-116}$$

式中

$$g_{i,1}^{v}=0,\quad g_{1,2}^{v}=x_{1,1}^{v}-0.1x_{1,2}^{v},\quad g_{2,2}^{v}=0.5x_{2,1}^{v}-0.25x_{2,2}^{v}$$

$$g_{3,2}^{v}=(x_{3,1}^{v})^2+x_{3,1}^{v}-0.25x_{3,2}^{v},\quad g_{4,2}^{v}=0.1(x_{4,1}^{v})^2+x_{4,1}^{v}-0.25x_{4,2}^{v}$$

$$g_{5,2}^{v}=-0.1(x_{5,1}^{v})^2+x_{5,1}^{v}+0.1(x_{5,2}^{v})^2$$

选取系统初始信号为

$$\boldsymbol{x}_{1,1}=[8,8]^{\mathrm{T}},\quad \boldsymbol{x}_{2,1}=[-4,-2]^{\mathrm{T}},\quad \boldsymbol{x}_{3,1}=[-5,6]^{\mathrm{T}},$$

$$\boldsymbol{x}_{4,1}=[-3,2]^{\mathrm{T}},\quad \boldsymbol{x}_{5,1}=[3,-3]^{\mathrm{T}}$$

给定局部目标函数为

$$\begin{cases}f_1(y_1)=(y_1^1-2)^2+(y_1^2-2)^2 \\ f_2(y_2)=2(y_2^1+0.5)^2+2(y_2^2-0.5)^2 \\ f_3(y_3)=(y_3^1+2)^2+(y_3^2+2)^2 & -1\leqslant y_i^v\leqslant 1, i=1,\cdots,5, v=1,2 \\ f_4(y_4)=(y_4^1-0.5)^2+(y_4^2+0.5)^2 \\ f_5(y_5)=1.5(y_5^1)^2+1.5((y_5^2)-0.5)^2\end{cases} \tag{5-117}$$

根据式(5-112)～式(5-115)设计虚拟控制律、自适应律和控制输入。选取参数 $a_{ij}=0.1$，$\alpha=11/13$，$\beta=15/13$，$c_{i,2,1}^v=c_{i,2,2}^v=1$，$k_{i,1}^v=50$，$k_{i,2}^v=800$，$\sigma_{i,1}^v=0.5$，$\sigma_{i,2}^v=15$，$\rho_{i,1,1}^v=\rho_{i,1,2}^v=80$，$\rho_{i,2,1}^v=\rho_{i,2,2}^v=20$，$\kappa_{i,1}^v=1$，$\kappa_{i,2}^v=5$，$\zeta_{i,1}^v=10$，$\zeta_{i,2}^v=5$。

图 5-1～图 5-7 为仿真结果。图 5-1 为多智能体通信拓扑图。图 5-2 和图 5-3 为通过本章所提出方法得到的系统状态 $x_{i,1}^1$ 图像以及状态观测器估计值 $\hat{x}_{i,1}^1$。图 5-4 和图 5-5 为通

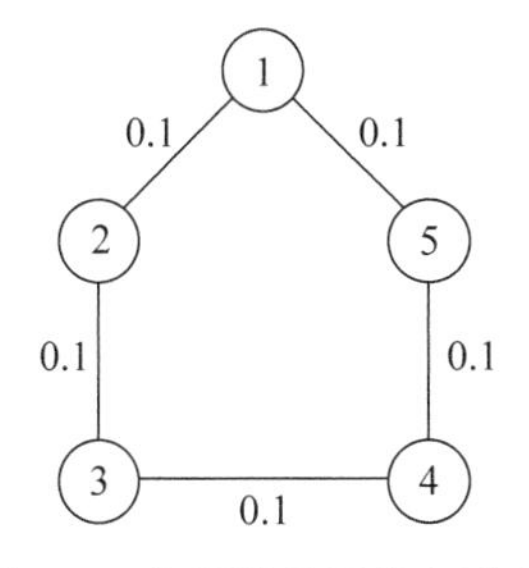

图 5-1　多智能体通信拓扑图

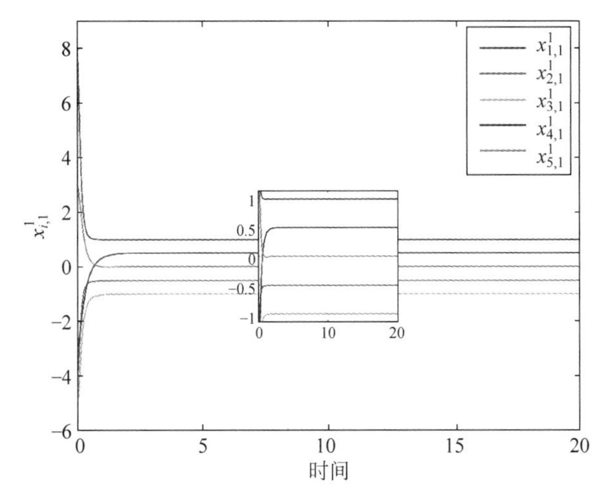

彩图

图 5-2　状态 $x_{i,1}^1$ 轨迹

过本章所提方法的得到的系统状态 $x_{i,1}^2$ 图像以及状态观测器估计值 $\hat{x}_{i,1}^2$，通过图 5-2～图 5-5 的展示可以看出，每个智能体都能收敛到其局部目标函数最优解附近，并且状态观测器可以在合理的误差内估计出每个智能体的状态。图 5-6 为本章所提出方法得到的控制输入轨迹。图 5-7 为每个智能体局部目标函数的梯度值，可以看出梯度值能够在固定时间内收敛到 0 附近，这意味着所提出的算法可以在合理的误差范围内解决资源分配问题。

彩图

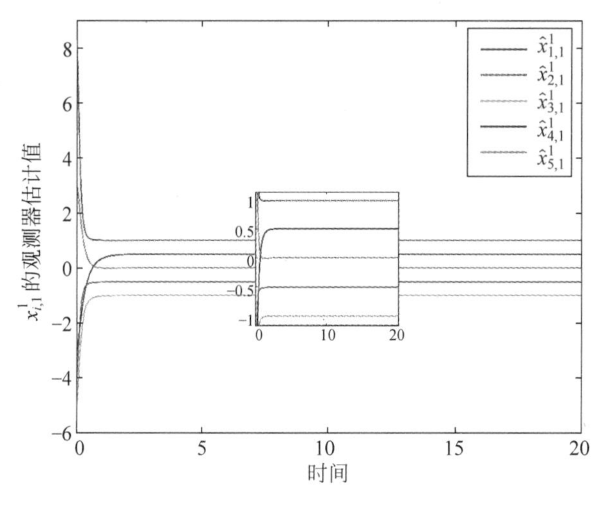

图 5-3 状态 $\hat{x}_{i,1}^1$ 轨迹

彩图

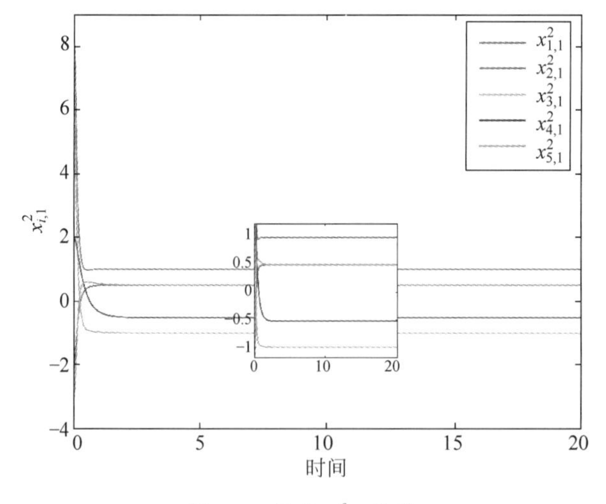

图 5-4 状态 $x_{i,1}^2$ 轨迹

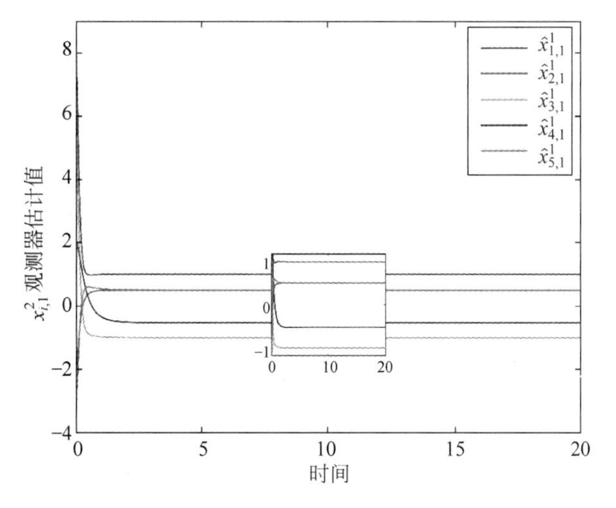

彩图

图 5-5　状态 $\hat{x}_{i,2}^2$ 轨迹

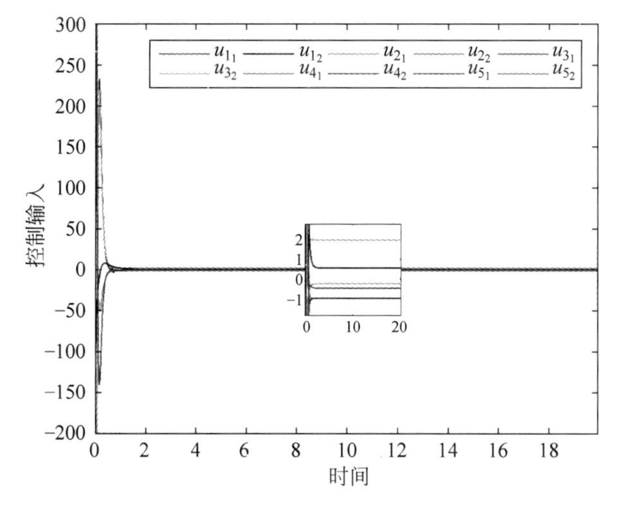

彩图

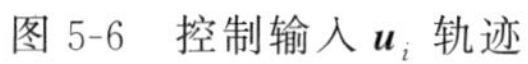

图 5-6　控制输入 $\boldsymbol{u}_i$ 轨迹

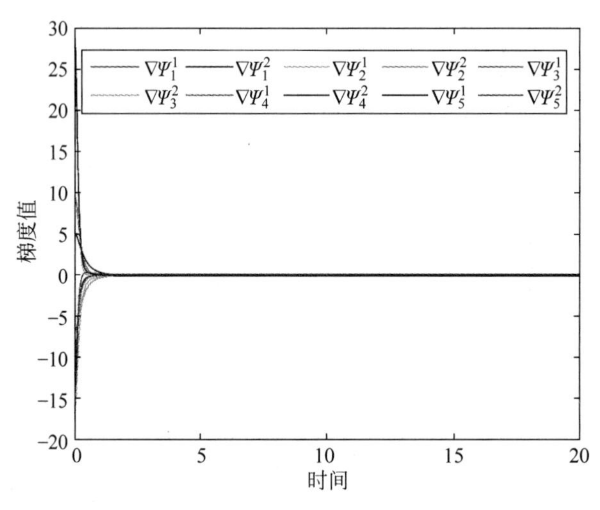

图 5-7　局部目标函数 $\Psi_i(\boldsymbol{y}_i)$的梯度

第6章

基于扩张观测器的固定时间多智能体系统资源分配算法

6.1 问题描述

6.1.1 模型描述

本章考虑如下 MIMO 非线性多智能体系统：

$$\begin{cases} \dot{\boldsymbol{x}}_{i,1}(t)=\boldsymbol{x}_{i,2}(t)+\boldsymbol{g}_{i,1}(\bar{\boldsymbol{x}}_{i,1})+\boldsymbol{d}_{i,1}(t) \\ \dot{\boldsymbol{x}}_{i,l}(t)=\boldsymbol{x}_{i,l+1}(t)+\boldsymbol{g}_{i,l}(\bar{\boldsymbol{x}}_{i,l})+\boldsymbol{d}_{i,l}(t) \\ \dot{\boldsymbol{x}}_{i,n}(t)=\boldsymbol{u}_{i}(t)+\boldsymbol{g}_{i,n}(\bar{\boldsymbol{x}}_{i,n})+\boldsymbol{d}_{i,n}(t) \\ \boldsymbol{y}_{i}(t)=\boldsymbol{x}_{i,1}(t) \end{cases},\quad i=1,\cdots,N,l=1,\cdots,n-1 \tag{6-1}$$

式中：$\boldsymbol{x}_{i,1}(t),\cdots,\boldsymbol{x}_{i,n}(t)\in\mathbb{R}^{m}$ 为系统状态；$\bar{\boldsymbol{x}}_{i,h}=[\boldsymbol{x}_{i,1}^{\mathrm{T}}(t),\cdots,\boldsymbol{x}_{i,h}^{\mathrm{T}}(t)]^{\mathrm{T}}$ 为系统状态向量，其中 $h=1,\cdots,n$；$\boldsymbol{g}_{i,h}(\bar{\boldsymbol{x}}_{i,h})\in\mathbb{R}^{m}$ 为系统中未知非线性光滑函数，$\boldsymbol{d}_{i,h}(t)\in\mathbb{R}^{m}$ 为系统的外部干扰；$\boldsymbol{u}_{i}(t)\in\mathbb{R}^{m}$ 为系统控制输入；$\boldsymbol{y}_{i}\in\mathbb{R}^{m}$ 为系统输出。

记 $\boldsymbol{x}_{i,h}(t)=[x_{i,h}^{1}(t),\cdots,x_{i,h}^{m}(t)]^{\mathrm{T}}$，$\boldsymbol{g}_{i,h}(\bar{\boldsymbol{x}}_{i,h})=[g_{i,h}^{1}(x_{i,1}^{1}(t),\cdots,x_{i,h}^{1}(t)),\cdots,$

$g_{i,h}^{m}(x_{i,1}^{m}(t),\cdots,x_{i,h}^{m}(t))]^{\mathrm{T}}$，$\boldsymbol{d}_{i,h}(t)=[d_{i,h}^{1}(t),\cdots,d_{i,h}^{m}(t)]^{\mathrm{T}}$，$\boldsymbol{u}_{i}(t)=[u_{i}^{1}(t),\cdots,u_{i}^{m}(t)]^{\mathrm{T}}$，$\boldsymbol{y}_{i}=[y_{i}^{1}(t),\cdots,y_{i}^{m}(t)]^{\mathrm{T}}$

针对第 i 个多输入多输出智能体中第 v 个系统有如下系统：

$$\begin{cases}\dot{x}_{i,1}^{v}(t)=x_{i,2}^{v}(t)+g_{i,1}^{v}(x_{i,1}^{v})+d_{i,1}^{v}(t)\\ \dot{x}_{i,l}^{v}(t)=x_{i,l+1}^{v}(t)+g_{i,l}^{v}(x_{i,1}^{v},\cdots,x_{i,l}^{v})+d_{i,l}^{v}(t)\\ \dot{x}_{i,n}^{v}(t)=u_{i}^{v}(t)+g_{i,n}^{v}(x_{i,1}^{v},\cdots,x_{i,n}^{v})+d_{i,n}^{v}(t)\\ y_{i}^{v}(t)=x_{i,1}^{v}(t)\end{cases},\quad i=1,\cdots,N,l=1,\cdots,n-1,v=1,\cdots,m \tag{6-2}$$

式中：$u_{i}^{v}(t)$为系统的控制输入；$y_{i}^{v}(t)$为系统的输出；$g_{i,l}^{v}(x_{i,1}^{v}(t),\cdots,x_{i,l}^{v}(t))$为系统中的未知非线性项。

记 $\boldsymbol{X}_{i,l}^{v}=(x_{i,1}^{v}(t),\cdots,x_{i,l}^{v}(t))^{\mathrm{T}}\in\mathbb{R}^{l}$ 为第 i 个智能体第 v 个子系统的状态向量。系统式(6-2)可改写为

$$\begin{aligned}&\dot{\boldsymbol{X}}_{i,n}^{v}=\boldsymbol{A}_{i}^{v}\boldsymbol{X}_{i,n}^{v}+\boldsymbol{K}_{i}^{v}y_{i}^{v}(t)+\sum_{l=1}^{n}\boldsymbol{B}_{i,l}^{v}[g_{i,l}^{v}(\boldsymbol{X}_{i,l}^{v})]+\boldsymbol{B}_{i}^{v}u_{i}^{v}(t)\\&y_{i}^{v}(t)=\boldsymbol{C}_{i}^{v}\boldsymbol{X}_{i,l}^{v}\end{aligned} \tag{6-3}$$

式中：$\boldsymbol{A}_{i}^{v}=\begin{bmatrix}-k_{i,1}^{v} & & \\ \vdots & & \boldsymbol{I} \\ -k_{i,n}^{v} & 0 & \cdots & 0\end{bmatrix}$；$\boldsymbol{K}_{i}^{v}=\begin{bmatrix}k_{i,1}^{v}\\ \vdots\\ k_{i,n}^{v}\end{bmatrix}$；$\boldsymbol{B}_{i}^{v}=\begin{bmatrix}0\\ \vdots\\ 1\end{bmatrix}$；$\boldsymbol{B}_{i,l}^{v}=[0\cdots1\cdots0]^{\mathrm{T}}$；$\boldsymbol{C}_{i}^{v}=[0\cdots1\cdots0]^{\mathrm{T}}$；$k_{i,1}^{v},\cdots,k_{i,n}^{v}$ 为正常数。

假设 6.1 每个智能体都能够通过无向全连接拓扑图 G 与邻接智能体交换信息。

假设 6.2 对于 $i=1,\cdots,N$，$l=1,\cdots,n$，$v=1,\cdots,m$，系统中的外部干扰 $d_{i,l}^{v}(t)$及其导数 $\dot{d}_{i,l}^{v}(t)$是连续有界的。

6.1.2 资源分配问题描述

与第 5 章相同，本章研究一类带有不等式约束的资源分配问题如下：

$$\min_{\boldsymbol{y}_i\in\mathbf{R}^m}\sum_{i=1}^{N}f_i(\boldsymbol{y}_i(t)),\quad i=1,\cdots,N$$

$$\text{s.t.}\ \boldsymbol{y}_i^{\min} \leqslant \boldsymbol{y}_i(t) \leqslant \boldsymbol{y}_i^{\max} \tag{6-4}$$

式中：$f_i(\boldsymbol{y}_i)$：$\mathbb{R}^m \to \mathbb{R}$ 为第 i 个智能体的局部目标函数；$\boldsymbol{y}_i^{\min}$、$\boldsymbol{y}_i^{\max}$ 分别为智能体输出的下界和上界，意味着智能体输出的大小有一个不等式关系的约束。

假设 6.3　局部目标函数 $f_i(\boldsymbol{y}_i)$是连续可导的、Γ 强凸的、$\mathbb{L}$ 李普希茨的并且有局部李普希茨梯度。

考虑到含不等式约束的资源分配问题很难直接分析，本章通过 ε 惩罚函数方法消除不等式约束对资源分配问题分析的影响。ε 惩罚函数的形式如下：

$$y_{\varepsilon i}(h_i(\boldsymbol{y}_i)) = \begin{cases} 0, & h_i(\boldsymbol{y}_i) < 0 \\ \eta_i h_i^2(\boldsymbol{y}_i)/(2\varepsilon), & 0 \leqslant h_i(\boldsymbol{y}_i) \leqslant \varepsilon \\ \eta_i(h_i(\boldsymbol{y}_i) - \varepsilon/2), & h_i(\boldsymbol{y}_i) > \varepsilon \end{cases} \tag{6-5}$$

式中：η_i 为惩罚参数；$h_i(\boldsymbol{y}_i) = (\boldsymbol{y}_i^{\min} - \boldsymbol{y}_i)^{\mathrm{T}}(\boldsymbol{y}_i^{\max} - \boldsymbol{y}_i) + \varepsilon, \varepsilon > 0$。

通过构造 ε 惩罚函数，资源分配问题(6-4)可以改写为

$$\Psi(\boldsymbol{y}) = \min_{\boldsymbol{y}_i \in \mathbb{R}^m} \sum_{i=1}^{N} \Psi_i(\boldsymbol{y}_i) = \sum_{i=1}^{N} (f_i(\boldsymbol{y}_i) + y_{\varepsilon i}(h_i(\boldsymbol{y}_i))), \quad i = 1, 2, \cdots, N \tag{6-6}$$

式中：$\Psi_i(\boldsymbol{y}_i)$：$\mathbb{R}^m \to \mathbb{R}$ 为资源分配问题的全局目标函数；$\boldsymbol{y} = [\boldsymbol{y}_1^{\mathrm{T}}, \cdots, \boldsymbol{y}_N^{\mathrm{T}}]^{\mathrm{T}}$ 为多智能体系统输出的向量形式。

记 $\boldsymbol{y}_{i^*} = [y_{i^*}^1, \cdots, y_{i^*}^m]^{\mathrm{T}}$ 为第 i 个智能体的资源分配问题式(6-6)的最优解，$\nabla \boldsymbol{\Psi}_i(\boldsymbol{y}_i) = [\nabla \Psi_i^1(\boldsymbol{y}_i), \cdots, \nabla \Psi_i^m(\boldsymbol{y}_i)]^{\mathrm{T}} \in \mathbb{R}^m$ 为局部目标函数 $\Psi_i(\boldsymbol{y}_i)$的梯度。考虑到 $f_i(\boldsymbol{y}_i)$是强凸函数，新的局部目标函数 $\Psi_i(\boldsymbol{y}_i)$也是强凸函数。

6.2　固定时间二阶扩张观测器及控制器设计

6.2.1　固定时间二阶扩张观测器设计

考虑一阶系统如下：

$$\dot{x}_1(t) = g(t) + u(t) \tag{6-7}$$

式中：$x_1(t)$为可测的系统状态；$g(t)$为连续函数；$u(t)$为控制输入。

令 $x_2 = g(t)$，$\dot{x}_2(t) = \bar{g}(t)$记为扩张状态和新构成的扩张状态的导数。系统式(6-7)可

以表示为

$$\begin{cases}\dot{x}_1(t)=x_2+u(t)\\ \dot{x}_2(t)=\bar{g}(t)\end{cases} \tag{6-8}$$

为了精确获得系统中的不确定项，一个二阶固定时间扩张观测器(TFxESO)设计如下：

$$\begin{cases}z_i(t)=x_i(t)-\phi_i(t), \quad i=1,2\\ \dot{\phi}_1(t)=\phi_2(t)+k_1\operatorname{sig}^{\alpha_1}(z_1(t))+k_2\operatorname{sig}^{\beta_1}(z_1(t))+u(t)\\ \dot{\phi}_2(t)=k_3\operatorname{sig}^{\alpha_2}(z_1(t))+k_4\operatorname{sig}^{\beta_2}(z_1(t))\end{cases} \tag{6-9}$$

式中：$z_i(t)$为 TFxESO 的估计误差；k_1、k_2、k_3、k_4 为设计参数；$\alpha_1\in\left(\frac{2}{3},1\right)$；$\alpha_2=2\alpha_1-1$；$\beta_1=\frac{1}{\alpha_1}$；$\beta_2=\beta_1+\frac{1}{\beta_1}-1$。TFxESO 中的状态 ϕ_2 用来估计系统式(6-8)中的扩张状态 x_2。

假设 6.4 $\phi_2(t)$的变化率是未知但有界的，即$|\bar{g}(t)|\leqslant\bar{g}$，其中 $\bar{g}$ 是有界的正实数。

证明：由系统式(6-8)和系统式(6-9)可以得到估计误差模型为

$$\begin{cases}\dot{z}_1(t)=z_2(t)-k_1\operatorname{sig}^{\alpha_1}(z_1(t))-k_2\operatorname{sig}^{\beta_1}(z_1(t))\\ \dot{z}_2(t)=-k_3\operatorname{sig}^{\alpha_2}(z_1(t))-k_4\operatorname{sig}^{\beta_2}(z_1(t))+\bar{g}(t)\end{cases} \tag{6-10}$$

定义误差向量 $\boldsymbol{z}=[z_1(t),z_2(t)]^{\mathrm{T}}\in\mathbb{R}^2$，并首先考虑如下系统：

$$\dot{\boldsymbol{z}}=\boldsymbol{W}_1(\boldsymbol{z}) \tag{6-11}$$

其中，向量场 $\boldsymbol{W}_1(\boldsymbol{z})$形式为

$$\boldsymbol{W}_1(\boldsymbol{z})=[z_2-k_1\operatorname{sig}^{\alpha_1}(z_1(t))-k_3\operatorname{sig}^{\alpha_2}(z_1(t))] \tag{6-12}$$

根据定义 1.3，$\boldsymbol{W}_1(\boldsymbol{z})$是权重为 $\boldsymbol{r}_1$、度数为 $\alpha_1-1<0$ 的齐次方程，其中 $\boldsymbol{r}_1=(1,\alpha_1)$。定义向量 $\tilde{\boldsymbol{z}}=[\operatorname{sig}(z_1(t)),\operatorname{sig}^{1/\alpha_1}(z_1(t))]^{\mathrm{T}}\in\mathbb{R}^2$。基于系统式(6-11)构造 Lyapunov 函数：

$$V_1=\frac{1}{2}\tilde{\boldsymbol{z}}^{\mathrm{T}}\boldsymbol{P}\tilde{\boldsymbol{z}} \tag{6-13}$$

式中：$\boldsymbol{P}\in\mathbb{R}^2$ 为正定对称矩阵。

根据定义 1.3，方程 V_1 是权重为 $\boldsymbol{r}_1$、度数 $d_1=2$ 的齐次方程。由此可得方程 V_1 沿向量场 $\boldsymbol{W}_1(\boldsymbol{z})$的李导数 $\boldsymbol{L}_{\boldsymbol{W}_1}V_1(\boldsymbol{z})$是权重为 $\boldsymbol{r}_1$、度数 $d_2=\alpha_1+1$ 的齐次方程。因此，由引理 1.11 可得

$$L_{\boldsymbol{W}_1}V_1(\boldsymbol{z})\leqslant-\mu_3V_1^{D_1} \tag{6-14}$$

式中

$$\mu_3=-\max_{\{z:V_1(z)=1\}}L_{\boldsymbol{W}_1}V_1(\boldsymbol{z}),\quad D_1=\frac{d_2}{d_1}=\frac{\alpha_1+1}{2}<1$$

由于 $L_{\boldsymbol{W}_1}V_1(\boldsymbol{z})$是负定的，有 $\mu_3>0$。

相同的，考虑如下系统：

$$\dot{\boldsymbol{z}}=\boldsymbol{W}_2(\boldsymbol{z}) \tag{6-15}$$

其中，向量场 $\boldsymbol{W}_2(\boldsymbol{z})$形式为

$$\boldsymbol{W}_2(\boldsymbol{z})=[-k_2\mathrm{sig}^{\beta_1}(z_1(t))-k_4\mathrm{sig}^{\beta_2}(z_1(t))] \tag{6-16}$$

根据定义 1.3，$\boldsymbol{W}_2(\boldsymbol{z})$是权重为 $\boldsymbol{r}_1$、度数为 $\beta_1-1>0$。基于系统式(6-15)构造 Lyapunov 函数：

$$V_2=\frac{1}{2}\tilde{z}^{\mathrm{T}}\boldsymbol{P}\tilde{z} \tag{6-17}$$

其中，向量 $\tilde{z}$ 和矩阵 $\boldsymbol{P}$ 的定义与函数 V_1 相同。类似地，可以得出方程 V_2 是权重为 $\boldsymbol{r}_1$、度数 $d_3=2$ 的齐次方程，并且方程 V_2 沿向量场 $\boldsymbol{W}_2(\boldsymbol{z})$的李导数 $L_{\boldsymbol{W}_2}V_2(\boldsymbol{z})$是权重为 $\boldsymbol{r}_1$、度数 $d_4=\beta_1+1$ 的齐次方程。因此，由引理 1.11 可得

$$L_{\boldsymbol{W}_2}V_2(\boldsymbol{z})\leqslant-\varphi_3V_2^{D_2} \tag{6-18}$$

式中

$$\varphi_3=-\max_{\{z:V_2(z)=1\}}L_{\boldsymbol{W}_2}V_2(\boldsymbol{z}),\quad D_2=\frac{d_4}{d_3}=\frac{\beta_1+1}{2}<1$$

由于 $L_{\boldsymbol{W}_2}V_2(\boldsymbol{z})$是负定的，可得 $\varphi_3>0$。

考虑完整的估计误差模型式(6-10)，构造如下 Lyapunov 函数：

$$V_3=\frac{1}{2}\tilde{z}^{\mathrm{T}}\boldsymbol{P}\tilde{z} \tag{6-19}$$

其中，向量 $\tilde{z}$ 和矩阵 $\boldsymbol{P}$ 的定义与方程 V_2 相同。对方程 V_3 求导可得

$$\dot{V}_3=L_{\boldsymbol{W}_1}V_1(\boldsymbol{z})+L_{\boldsymbol{W}_2}V_2(\boldsymbol{z})+\frac{\partial V_3}{\partial z_2}\bar{g}(t)=L_{\boldsymbol{W}_1}V_1(\boldsymbol{z})+L_{\boldsymbol{W}_2}V_2(\boldsymbol{z})+\frac{\partial V_2(\boldsymbol{z})}{\partial z_2}\bar{g}(t) \tag{6-20}$$

根据引理 1.12，有函数$\dfrac{\partial V_2(\boldsymbol{z})}{\partial z_2}$是权重为 $\boldsymbol{r}_1$、度数 $d_5=3-2\alpha_1$ 的齐次方程，并且有 $c_1V_2^{\frac{d_5}{2}}\leqslant\dfrac{\partial V_2(\boldsymbol{z})}{\partial z_2}\leqslant c_2V_2^{\frac{d_5}{2}}$，$c_1=\min_{\{z:V_2(z)=1\}}\dfrac{\partial V_2(\boldsymbol{z})}{\partial z_2}$，$c_2=\max_{\{z:V_2(z)=1\}}\dfrac{\partial V_2(\boldsymbol{z})}{\partial z_2}$

将式(6-14)、式(6-18)代入式(6-20)可得

$$\dot{V}_3\leqslant-\mu_3V_1^{D_1}-\varphi_3V_2^{D_2}+c_2\bar{g}V_2^{\frac{d_5}{2}} \tag{6-21}$$

记正实数 $\gamma\in(0,1)$，然后当

$$\varphi_3 \gamma V_3^{D_2-\frac{d_5}{2}} - c_2 \bar{g} > 0$$

时可得不等式关系

$$\dot{V}_3 \leqslant -\mu_3 V_3^{D_1} - \varphi_3 (1-\gamma) V_3^{D_2}$$

成立。由此可得 V_3 能够收敛至 $\bar{V}_3$，表示如下：

$$V_3 < \left(\frac{c_2 \bar{g}}{\varphi_3 \gamma}\right)^{\frac{2}{2D_2-d_5}} \triangleq \bar{V}_3 \tag{6-22}$$

根据引理1.6、式(6-21)和式(6-22)可以得到，V_3 能够在时间 T_3 之前收敛至 $\bar{V}_3$。T_3 表达式为

$$T_3 \leqslant T_{\max} = \frac{1}{\mu_3(1-D_1)} + \frac{1}{\varphi_3(1-\gamma)(D_2-1)} \tag{6-23}$$

根据向量 $\boldsymbol{z}$ 的定义可得

$$\| \boldsymbol{z} \| \leqslant | z_1(t) | + (| z_2(t) |^{\frac{1}{\alpha_1}})^{\alpha_1} \leqslant \| \tilde{\boldsymbol{z}} \| + \| \tilde{\boldsymbol{z}} \|^{\alpha_1} \tag{6-24}$$

基于式(6-19)和式(6-22)可知，向量 $\tilde{\boldsymbol{z}}$ 满足

$$\| \tilde{\boldsymbol{z}} \| \leqslant \left(\frac{\bar{V}_3}{\lambda_{\min}(\boldsymbol{P})}\right)^{\frac{1}{2}}$$

由式(6-24)可得到残差集 $\boldsymbol{Z}$ 形式为

$$\boldsymbol{Z} = \left\{ \boldsymbol{z} \in \mathbb{R}^2 \mid \| \boldsymbol{z} \| \leqslant \left(\frac{\bar{V}_3}{\lambda_{\min}(\boldsymbol{P})}\right)^{\frac{1}{2}} + \left(\frac{\bar{V}_3}{\lambda_{\min}(\boldsymbol{P})}\right)^{\frac{\alpha_1}{2}} \right\} \tag{6-25}$$

证明完毕。

根据式(6-25)可以得出结论，TFxESO 的估计误差 $z_2(t)$ 能够在固定时间 T_3 内收敛到范围 $\boldsymbol{Z}$。因此 $z_2(t)$ 的数值将不会趋于无穷并且存在一个未知的正整数 $\bar{z}$ 使得 $z_{i,l,2}^{v}(t) \leqslant \bar{z}$。

6.2.2 固定时间分布式控制器设计

本章结合 TFxESO 与固定时间反演控制方法相结合，针对高阶非线性多智能体系统设计分布式控制器以解决分布式优化问题。

第1步 构造 Lyapunov 函数：

$$V_1 = \sum_{i=1}^{N} [\Psi_i(\boldsymbol{y}_i) - \Psi_i(\boldsymbol{y}_{i^*})] \tag{6-26}$$

对方程 V_1 求导并将 $\dot{y}_i$ 代入 V_1 的导数中，可得

$$\begin{aligned}\dot{V}_1 &= \sum_{i=1}^{N}[\nabla\boldsymbol{\Psi}_i^{\mathrm{T}}(\boldsymbol{y}_i)\dot{\boldsymbol{y}}_i] = \dot{V}_0 + \sum_{i=1}^{N}\sum_{v=1}^{m}[\nabla\Psi_i^v(\boldsymbol{y}_i)\dot{\boldsymbol{y}}_i^v] \\ &= \sum_{i=1}^{N}\sum_{v=1}^{m}[\nabla\Psi_i^v(\boldsymbol{y}_i)(x_{i,2}^v(t) + g_{i,1}^v(\boldsymbol{X}_{i,1}^v) + d_{i,1}^v(t))]\end{aligned} \tag{6-27}$$

为了解决系统式(6-2)中的非线性部分，TFxESO 被用来估计未知非线性项与外部干扰之和。定义函数 $\bar{g}_{i,1}^v(t) = g_{i,1}^v(\boldsymbol{X}_{i,1}^v) + d_{i,1}^v(t)$。设计 TFxESO 形式如下：

$$\begin{cases} z_{i,1,1}^v(t) = x_{i,1}^v(t) - \phi_{i,1,l}^v(t) \\ z_{i,1,2}^v(t) = \bar{g}_{i,1}^v(t) - \phi_{i,1,2}^v(t) \\ \dot{\phi}_{i,1,1}^v(t) = \phi_{i,1,2}^v(t) + k_{11}\operatorname{sig}^{\alpha_1}(z_{i,1,1}^v(t)) + k_{12}\operatorname{sig}^{\beta_1}(z_{i,1,1}^v(t)) + x_{i,2}^v(t) \\ \dot{\phi}_{i,1,2}^v(t) = k_{21}\operatorname{sig}^{\alpha_2}(z_{i,1,1}^v(t)) + k_{22}\operatorname{sig}^{\beta_2}(z_{i,1,1}^v(t)) \end{cases} \tag{6-28}$$

式中：$z_{i,1,1}^v(t)$、$z_{i,1,2}^v(t)$ 为估计误差；$\phi_{i,1,2}^v(t)$ 为 $\bar{g}_{i,1}^v(t)$ 的估计值；$k_{i,1,1}$、$k_{i,1,2}$、$k_{i,1,3}$、$k_{i,1,4}$ 为设计参数；$\alpha_1 \in (2/3,1)$；$\alpha_2 = 2\alpha_1 - 1$；$\beta_1 = 1/\alpha_1$；$\beta_2 = \beta_1 + 1/\beta_1 - 1$。

根据式(6-27)和式(6-28)可得

$$\dot{V}_1 = \sum_{i=1}^{N}\sum_{v=1}^{m}[\nabla\Psi_i^v(\boldsymbol{y}_i)(x_{i,2}^v(t) + \dot{\phi}_{i,1,2}^v(t) + z_{i,1,2}^v(t))] \tag{6-29}$$

定义第 2 步追踪误差 $s_{i,2}^v(t) = x_{i,2}^v(t) - x_{i,2^*}^v(t)$。将追踪误差 $s_{i,2}^v(t)$ 代入式(6-29)可得

$$\dot{V}_1 = \sum_{i=1}^{N}\sum_{v=1}^{m}[\nabla\Psi_i^v(\boldsymbol{y}_i)(x_{i,2^*}(t) + s_{i,2}^v(t) + \dot{\phi}_{i,1,2}^v(t) + z_{i,1,2}^v(t))] \tag{6-30}$$

根据 Young’s 不等式可得

$$\nabla\Psi_i^v(\boldsymbol{y}_i)s_{i,2}^v(t) \leqslant \frac{1}{2}(\nabla\Psi_i^v(\boldsymbol{y}_i))^2 + \frac{1}{2}(s_{i,2}^v(t))^2$$

$$\nabla\Psi_i^v(\boldsymbol{y}_i)z_{i,1,2}^v(t) \leqslant \frac{1}{2}(\nabla\Psi_i^v(\boldsymbol{y}_i))^2 + \frac{1}{2}\bar{z}^2$$

由此可得

$$\begin{aligned}\dot{V}_1 \leqslant \sum_{i=1}^{N}\sum_{v=1}^{m}\Big[&\nabla\Psi_i^v(\boldsymbol{y}_i)(x_{i,2^*}(t) + \dot{\phi}_{i,1,2}^v(t) + z_{i,1,2}^v(t)) + \\ &(\nabla\Psi_i^v(\boldsymbol{y}_i))^2 + \frac{1}{2}(s_{i,2}^v(t))^2 + \frac{1}{2}\bar{z}^2\Big]\end{aligned} \tag{6-31}$$

设计第1步虚拟控制律为

$$x_{i,2^*}^v = -a_1 \sum_{j=1}^{N} a_{ij} \operatorname{sig}^{\alpha}(\nabla \Psi_i^v(\boldsymbol{y}_i) - \nabla \Psi_j^v(\boldsymbol{y}_j)) - a_2 \sum_{j=1}^{N} a_{ij} \operatorname{sig}^{\beta}(\nabla \Psi_i^v(\boldsymbol{y}_i) - \nabla \Psi_j^v(\boldsymbol{y}_j)) - \nabla \Psi_i^v(\boldsymbol{y}_i) \tag{6-32}$$

将式(6-32)代入式(6-31)可得

$$\dot{V}_1 \leqslant \sum_{i=1}^{N}\sum_{v=1}^{m}\left\{\nabla \Psi_i^v(\boldsymbol{y}_i)\left[-a_1 \sum_{j=1}^{N} a_{ij} \operatorname{sig}^{\alpha}(\nabla \Psi_i^v(\boldsymbol{y}_i) - \nabla \Psi_j^v(\boldsymbol{y}_j)) - a_2 \sum_{j=1}^{N} a_{ij} \operatorname{sig}^{\beta}(\nabla \Psi_i^v(\boldsymbol{y}_i) - \nabla \Psi_j^v(\boldsymbol{y}_j)) - \nabla \Psi_i^v(\boldsymbol{y}_i)\right] + \frac{1}{2}(\nabla \Psi_i^v(\boldsymbol{y}_i))^2 + \frac{1}{2}(s_{i,2}^v(t))^2 + \frac{1}{2}\bar{z}^2\right\} \tag{6-33}$$

与第5章证明类似,式(6-33)可以改写为

$$\dot{V}_1 \leqslant -p_1 \sum_{i=1}^{N} (\Psi_i(\boldsymbol{y}_i) - \Psi_i(\boldsymbol{y}_{i^*}))^{\frac{\alpha+1}{2}} - p_2 \sum_{i=1}^{N} (\Psi_i(\boldsymbol{y}_i) - \Psi_i(\boldsymbol{y}_{i^*}))^{\frac{\beta+1}{2}} + \sum_{i=1}^{N}\sum_{v=1}^{m} \frac{1}{2}(s_{i,2}^v(t))^2 + \sum_{i=1}^{N}\sum_{v=1}^{m} \frac{1}{2}\bar{z}^2 \tag{6-34}$$

式中

$$p_1 = \frac{a_1}{2}(4\lambda_2(\boldsymbol{L}_\alpha)\Gamma)^{\frac{\alpha+1}{2}}, \quad p_2 = \frac{a_2}{2}(mN^2)^{\frac{1-\beta}{2}}(4\lambda_2(\boldsymbol{L}_\beta)\Gamma)^{\frac{\beta+1}{2}}$$

第2步　为了避免“微分爆炸”问题并且能够获得虚拟控制律的导数,根据引理1.10,设计高增益微分追踪器,可得

$$\dot{x}_{i,2^*}^v(t) = \delta_{i,2,2}^v(t) + s_{i,2}^v(t), \quad |s_{i,2}^v(t)| \leqslant s_{i,2^*}^v \tag{6-35}$$

对第2步追踪误差 $s_{i,2}^v(t)$ 求导可得

$$\begin{aligned}\dot{s}_{i,2}^v(t) &= \dot{x}_{i,2}^v(t) - \dot{x}_{i,2^*}^v(t) \\ &= s_{i,3}^v(t) + x_{i,3^*}^v(t) + g_{i,2}^v(\boldsymbol{X}_{i,2}^v) + d_{i,2}^v(t) - \delta_{i,2,2}^v(t) - s_{i,2}^v(t)\end{aligned} \tag{6-36}$$

为了解决式(6-36)中的非线性函数 $g_{i,2}^v(\boldsymbol{X}_{i,2}^v)$ 以及外部干扰 $d_{i,2}^v(t)$,定义 $\bar{g}_{i,2}^v(t) = g_{i,2}^v(\boldsymbol{X}_{i,2}^v) + d_{i,2}^v(t)$,设计 TFxESO 形式如下:

$$\begin{cases} z_{i,2,1}^{v}(t)=x_{i,2}^{v}(t)-\phi_{i,2,1}^{v}(t) \\ z_{i,2,2}^{v}(t)=\bar{g}_{i,2}^{v}(t)-\phi_{i,2,2}^{v}(t) \\ \dot{\phi}_{i,2,1}^{v}(t)=\phi_{i,2,2}^{v}(t)+k_{11}\operatorname{sig}^{\alpha_1}(z_{i,2,1}^{v}(t))+k_{12}\operatorname{sig}^{\beta_1}(z_{i,2,1}^{v}(t))+x_{i,2}^{v}(t) \\ \dot{\phi}_{i,2,2}^{v}(t)=k_{21}\operatorname{sig}^{\alpha_2}(z_{i,2,1}^{v}(t))+k_{22}\operatorname{sig}^{\beta_2}(z_{i,2,1}^{v}(t)) \end{cases} \tag{6-37}$$

构造 Lyapunov 函数：

$$V_2(t)=V_1(t)+\frac{1}{2}\sum_{i=1}^{N}\sum_{v=1}^{m}(s_{i,2}^{v}(t))^2$$

对 Lyapunov 函数 $V_2(t)$ 求导可得

$$\begin{aligned} \dot{V}_2(t)=&\dot{V}_1(t)+\sum_{i=1}^{N}\sum_{v=1}^{m}s_{i,2}^{v}(t)(x_{i,3^*}^{v}(t)+s_{i,3}^{v}(t)+g_{i,2}^{v}(\boldsymbol{X}_{i,2}^{v})+ \\ &d_{i,2}^{v}(t)-\delta_{i,2,2}^{v}(t)-s_{i,2}^{v}(t)) \\ =&\dot{V}_1(t)+\sum_{i=1}^{N}\sum_{v=1}^{m}s_{i,2}^{v}(t)(x_{i,3^*}^{v}(t)+s_{i,3}^{v}(t)+\phi_{i,2,2}^{v}(t)+ \\ &z_{i,2,2}^{v}(t)-\delta_{i,2,2}^{v}(t)-s_{i,2}^{v}(t)) \end{aligned} \tag{6-38}$$

根据 Young's 不等式可得

$$-s_{i,2}^{v}(t)s_{i,2}(t)\leqslant\frac{1}{2}(s_{i,2}^{v}(t))^2+\frac{1}{2}(s_{i,2^*}^{v})^2 \tag{6-39}$$

$$s_{i,2}^{v}(t)s_{i,3}^{v}(t)\leqslant\frac{1}{2}(s_{i,2}^{v}(t))^2+\frac{1}{2}(s_{i,3}^{v}(t))^2 \tag{6-40}$$

$$s_{i,2}^{v}(t)z_{i,2,2}^{v}(t)\leqslant\frac{1}{2}(s_{i,2}^{v}(t))^2+\frac{1}{2}\bar{z}^2 \tag{6-41}$$

将式(6-39)～式(6-41)代入式(6-38)可得

$$\begin{aligned} \dot{V}_2(t)\leqslant&-p_1(V_1(t))^{\frac{\alpha+1}{2}}-p_2(V_1(t))^{\frac{\beta+1}{2}}+\sum_{i=1}^{N}\sum_{v=1}^{m}\frac{1}{2}(s_{i,2}^{v}(t))^2+ \\ &\sum_{i=1}^{N}\sum_{v=1}^{m}\frac{1}{2}\bar{z}^2+\sum_{i=1}^{N}\sum_{v=1}^{m}\Big[s_{i,2}^{v}(t)(x_{i,3^*}^{v}(t)+\phi_{i,2,2}^{v}(t)-\delta_{i,2,2}^{v}(t))+\frac{1}{2}(s_{i,2}^{v}(t))^2+ \\ &\frac{1}{2}(s_{i,2^*}^{v})^2+\frac{1}{2}(s_{i,2}^{v}(t))^2+\frac{1}{2}(s_{i,3}^{v}(t))^2+\frac{1}{2}(s_{i,2}^{v}(t))^2+\frac{1}{2}\bar{z}^2\Big] \end{aligned} \tag{6-42}$$

设计虚拟控制律为

$$x_{i,3^*}^{v}(t)=-2s_{i,2}^{v}(t)-b_{i,2,1}^{v}(s_{i,2}^{v}(t))^{\alpha}-b_{i,2,2}^{v}(s_{i,2}^{v}(t))^{\beta}-\phi_{i,2,2}^{v}(t)+\delta_{i,2,2}^{v}(t) \tag{6-43}$$

根据式(6-42)和式(6-43)可得

$$\dot{V}_2(t) \leqslant -p_1(V_1(t))^{\frac{\alpha+1}{2}} - p_2(V_1(t))^{\frac{\beta+1}{2}} + \sum_{i=1}^{N}\sum_{v=1}^{m}\Big[-b_{i,2,1}^{v}(s_{i,2}^{v}(t))^{\alpha+1} - b_{i,2,2}^{v}(s_{i,2}^{v}(t))^{\beta+1} + \frac{1}{2}(s_{i,2^*}^{v})^2 + \frac{1}{2}(s_{i,3}^{v}(t))^2 + \bar{z}^2\Big] \tag{6-44}$$

第 k 步　根据引理 1.10,设计高增益微分追踪器,可得

$$\dot{x}_{i,k^*}^{v}(t) = \delta_{i,k,2}^{v}(t) + s_{i,k}^{v}(t), \qquad |s_{i,k}^{v}(t)| \leqslant s_{i,k^*}^{v} \tag{6-45}$$

定义第 k 步误差为

$$s_{i,k}^{v}(t) = x_{i,k}^{v}(t) - x_{i,k^*}^{v}(t)$$

对上式求导可得

$$\dot{s}_{i,k}^{v}(t) = x_{i,k+1^*}^{v}(t) + s_{i,k+1}^{v}(t) + g_{i,k}^{v}(\boldsymbol{X}_{i,k}^{v}) + d_{i,k}^{v}(t) - \delta_{i,k,2}^{v}(t) - s_{i,k}^{v}(t) \tag{6-46}$$

为了解决式(6-46)中的非线性函数 $g_{i,k}^{v}(\boldsymbol{X}_{i,k}^{v})$ 及外部干扰 $d_{i,k}^{v}(t)$,定义 $\bar{g}_{i,k}^{v}(t) = g_{i,k}^{v}(\boldsymbol{X}_{i,k}^{v}) + d_{i,k}^{v}(t)$,设计 TFxESO 形式如下:

$$\begin{cases} z_{i,k,1}^{v}(t) = x_{i,k}^{v}(t) = \phi_{i,k,1}^{v}(t) \\ z_{i,k,2}^{v}(t) = \bar{g}_{i,k}^{v}(t) - \phi_{i,k,2}^{v}(t) \\ \dot{\phi}_{i,k,1}^{v}(t) = \phi_{i,k,2}^{v}(t) + k_{11}\mathrm{sig}^{\alpha_1}(z_{i,k,1}^{v}(t)) + k_{12}\mathrm{sig}^{\beta_1}(z_{i,k,1}^{v}(t)) + x_{i,k}^{v}(t) \\ \dot{\phi}_{i,k,2}^{v}(t) = k_{21}\mathrm{sig}^{\alpha_2}(z_{i,k,1}^{v}(t)) + k_{22}\mathrm{sig}^{\beta_2}(z_{i,k,1}^{v}(t)) \end{cases} \tag{6-47}$$

构造 Lyapunov 函数:

$$V_k(t) = V_{k-1}(t) + \frac{1}{2}\sum_{i=1}^{N}\sum_{v=1}^{m}(s_{i,k}^{v}(t))^2$$

由式(6-46)和式(6-47)可以得到 Lyapunov 函数的导数为

$$\dot{V}_k(t) = \dot{V}_{k-1}(t) + \sum_{i=1}^{N}\sum_{v=1}^{m}s_{i,k}^{v}(t)(x_{i,k+1^*}^{v}(t) + s_{i,k+1}^{v}(t) + \phi_{i,k,2}^{v}(t) + z_{i,k,2}^{v}(t) - \delta_{i,k,2}^{v}(t) - s_{i,k}^{v}(t)) \tag{6-48}$$

根据 Young's 不等式可得

$$-s_{i,k}^{v}(t)s_{i,k}(t) \leqslant \frac{1}{2}(s_{i,k}^{v}(t))^2 + \frac{1}{2}(s_{i,k^*}^{v})^2 \tag{6-49}$$

$$s_{i,k}^{v}(t)s_{i,k+1}^{v}(t) \leqslant \frac{1}{2}(s_{i,k}^{v}(t))^2 + \frac{1}{2}(s_{i,k+1}^{v}(t))^2 \tag{6-50}$$

$$s_{i,k}^{v}(t)z_{i,k,2}^{v}(t) \leqslant \frac{1}{2}(s_{i,k}^{v}(t))^2 + \frac{1}{2}\bar{z}^2 \tag{6-51}$$

将式(6-49)～式(6-51)代入式(6-48)可得

$$\dot{V}_k(t) \leqslant \dot{V}_{k-1}(t) + \sum_{i=1}^{N}\sum_{v=1}^{m}\left[s_{i,k}^{v}(t)(x_{i,k+1^*}^{v}(t) + \phi_{i,k,2}^{v}(t) - \delta_{i,k,2}^{v}(t)) + \frac{1}{2}(s_{i,k}^{v}(t))^2 + \frac{1}{2}(s_{i,k^*}^{v})^2 + \frac{1}{2}(s_{i,k}^{v}(t))^2 + \frac{1}{2}(s_{i,k+1}^{v}(t))^2 + \frac{1}{2}(s_{i,k}^{v}(t))^2 + \frac{1}{2}\bar{z}^2\right] \tag{6-52}$$

联立式(6-34)和式(6-44)可得

$$\dot{V}_{k-1}(t) \leqslant -p_1(V_1(t))^{\frac{\alpha+1}{2}} - p_2(V_1(t))^{\frac{\beta+1}{2}} - \sum_{i=1}^{N}\sum_{v=1}^{m}\sum_{l=2}^{k-1}\left[-b_{i,l,1}^{v}(s_{i,l}^{v}(t))^{\alpha+1} - b_{i,l,2}^{v}(s_{i,l}^{v}(t))^{\beta+1} + \frac{1}{2}(s_{i,l^*}^{v})^2\right] + \sum_{i=1}^{N}\sum_{v=1}^{m}\frac{1}{2}(s_{i,k}^{v}(t))^2 + \sum_{i=1}^{N}\sum_{v=1}^{m}\sum_{l=1}^{k-1}\frac{l}{2}\bar{z}^2 \tag{6-53}$$

由式(6-52)和式(6-53)可得

$$\dot{V}_k(t) \leqslant -p_1(V_1(t))^{\frac{\alpha+1}{2}} - p_2(V_1(t))^{\frac{\beta+1}{2}} - \sum_{i=1}^{N}\sum_{v=1}^{m}\sum_{l=2}^{k-1}[-b_{i,l,1}^{v}(s_{i,l}^{v}(t))^{\alpha+1} - b_{i,l,2}^{v}(s_{i,l}^{v}(t))^{\beta+1} + \frac{1}{2}(s_{i,l^*}^{v})^2] + \sum_{i=1}^{N}\sum_{v=1}^{m}\sum_{l=1}^{k-1}\frac{l}{2}\bar{z}^2 + \sum_{i=1}^{N}\sum_{v=1}^{m}\frac{1}{2}(s_{i,k}^{v}(t))^2 + \sum_{i=1}^{N}\sum_{v=1}^{m}\left[s_{i,k}^{v}(t)(x_{i,k+1^*}^{v}(t) + \phi_{i,k,2}^{v}(t) - \delta_{i,k,2}^{v}(t)) + \frac{1}{2}(s_{i,k}^{v}(t))^2 + \frac{1}{2}(s_{i,k^*}^{v})^2 + \frac{1}{2}(s_{i,k}^{v}(t))^2 + \frac{1}{2}(s_{i,k+1}^{v}(t))^2 + \frac{1}{2}(s_{i,k}^{v}(t))^2 + \frac{1}{2}\bar{z}^2\right] \tag{6-54}$$

定义虚拟控制律为

$$x_{i,k+1^*}^{v}(t) = -2s_{i,k}^{v}(t) - b_{i,k,1}^{v}(s_{i,k}^{v}(t))^{\alpha} - b_{i,k,2}^{v}(s_{i,k}^{v}(t))^{\beta} - \phi_{i,k,2}^{v}(t) + \delta_{i,k,2}^{v}(t) \tag{6-55}$$

将式(6-55)代入式(6-54)可得

$$\dot{V}_k(t) \leqslant -p_1(V_1(t))^{\frac{\alpha+1}{2}} - p_2(V_1(t))^{\frac{\beta+1}{2}} - \sum_{i=1}^{N}\sum_{v=1}^{m}\sum_{l=2}^{k}\left[-b_{i,l,1}^{v}(s_{i,l}^{v}(t))^{\alpha+1} - b_{i,l,2}^{v}(s_{i,l}^{v}(t))^{\beta+1} + \frac{1}{2}(s_{i,l^*}^{v})^2\right] + \sum_{i=1}^{N}\sum_{v=1}^{m}\sum_{l=1}^{k}\frac{l}{2}\bar{z}^2 + \sum_{i=1}^{N}\sum_{v=1}^{m}\frac{1}{2}(s_{i,k+1}^{v}(t))^2 \tag{6-56}$$

第 n 步　根据引理 1.10,设计高增益微分追踪器,可得

$$\dot{x}_{i,n^*}^{v}(t)=\delta_{i,n,2}^{v}(t)+s_{i,n}^{v}(t),\quad |s_{i,n}^{v}(t)|\leqslant s_{i,n^*}^{v} \tag{6-57}$$

定义第 n 步误差为

$$s_{i,n}^{v}(t)=x_{i,n}^{v}(t)-x_{i,n^*}^{v}(t)$$

对误差 $s_{i,n}^{v}(t)$ 求导可得

$$\dot{s}_{i,n}^{v}(t)=u_{i}^{v}(t)+g_{i,n}^{v}(\boldsymbol{X}_{i,n}^{v})+d_{i,n}^{v}(t)-\delta_{i,n,2}^{v}(t)-s_{i,n}^{v}(t) \tag{6-58}$$

为了解决式(6-58)中的非线性函数 $g_{i,n}^{v}(\boldsymbol{X}_{i,n}^{v})$ 及外部干扰 $d_{i,n}^{v}(t)$,定义 $\bar{g}_{i,n}^{v}(t)=g_{i,n}^{v}(\boldsymbol{X}_{i,k}^{v})+d_{i,n}^{v}(t)$,设计 TFxESO 形式如下:

$$\begin{cases}z_{i,n,1}^{v}(t)=x_{i,n}^{v}(t)-\phi_{i,n,1}^{v}(t)\\ z_{i,n,2}^{v}(t)=\bar{g}_{i,n}^{v}(t)-\phi_{i,n,2}^{v}(t)\\ \dot{\phi}_{i,n,1}^{v}(t)=\phi_{i,n,2}^{v}(t)+k_{11}\operatorname{sig}^{\alpha_1}(z_{i,n,1}^{v}(t))+k_{12}\operatorname{sig}^{\beta_1}(z_{i,n,1}^{v}(t))+x_{i,n}^{v}(t)\\ \dot{\phi}_{i,n,2}^{v}(t)=k_{21}\operatorname{sig}^{\alpha_2}(z_{i,n,1}^{v}(t))+k_{22}\operatorname{sig}^{\beta_2}(z_{i,n,1}^{v}(t))\end{cases} \tag{6-59}$$

构造 Lyapunov 函数:

$$V_n(t)=V_{n-1}(t)+\frac{1}{2}\sum_{i=1}^{N}\sum_{v=1}^{m}(s_{i,n}^{v}(t))^2$$

结合式(6-58)和式(6-59),对 Lyapunov 函数求导可得

$$\dot{V}_n(t)=\dot{V}_{n-1}(t)+\sum_{i=1}^{N}\sum_{v=1}^{m}s_{i,n}^{v}(t)(u_{i}^{v}(t)+\phi_{i,n,2}^{v}(t)+z_{i,n,2}^{v}(t)-\delta_{i,n,2}^{v}(t)-s_{i,n}^{v}(t)) \tag{6-60}$$

根据 Young's 不等式可得

$$-s_{i,n}^{v}(t)s_{i,n}(t)\leqslant\frac{1}{2}(s_{i,n}^{v}(t))^2+\frac{1}{2}(s_{i,n^*}^{v})^2 \tag{6-61}$$

$$s_{i,n}^{v}(t)z_{i,n,2}^{v}(t)\leqslant\frac{1}{2}(s_{i,n}^{v}(t))^2+\frac{1}{2}\bar{z}^2 \tag{6-62}$$

将式(6-61)和式(6-62)代入式(6-60)可得

$$\begin{aligned}\dot{V}_n(t)\leqslant\dot{V}_{n-1}(t)+\sum_{i=1}^{N}\sum_{v=1}^{m}\Big[&s_{i,n}^{v}(t)(u_{i}^{v}(t)+\phi_{i,n,2}^{v}(t)-\delta_{i,n,2}^{v}(t))+\frac{1}{2}(s_{i,n}^{v}(t))^2+\\&\frac{1}{2}(s_{i,n^*}^{v})^2+\frac{1}{2}(s_{i,n}^{v}(t))^2+\frac{1}{2}\bar{z}^2\Big]\end{aligned} \tag{6-63}$$

联立式(6-34)、式(6-44)和式(6-56)可得

$$\dot{V}_{n-1}(t) \leqslant -p_1(V_1(t))^{\frac{\alpha+1}{2}} - p_2(V_1(t))^{\frac{\beta+1}{2}} - \sum_{i=1}^{N}\sum_{v=1}^{m}\sum_{l=2}^{n-1}\left[-b_{i,l,1}^{v}(s_{i,l}^{v}(t))^{\alpha+1} - b_{i,l,2}^{v}(s_{i,l}^{v}(t))^{\beta+1} + \frac{1}{2}(s_{i,l^*}^{v})^2\right] + \sum_{i=1}^{N}\sum_{v=1}^{m}\frac{1}{2}(s_{i,n}^{v}(t))^2 + \sum_{i=1}^{N}\sum_{v=1}^{m}\sum_{l=1}^{n-1}\frac{l}{2}\bar{z}^2 \tag{6-64}$$

由式(6-63)和式(6-64)可得

$$\begin{aligned}\dot{V}_{n}(t) \leqslant & -p_1(V_1(t))^{\frac{\alpha+1}{2}} - p_2(V_1(t))^{\frac{\beta+1}{2}} - \\ & \sum_{i=1}^{N}\sum_{v=1}^{m}\sum_{l=2}^{n-1}\left[-b_{i,l,1}^{v}(s_{i,l}^{v}(t))^{\alpha+1} - b_{i,l,2}^{v}(s_{i,l}^{v}(t))^{\beta+1} + \frac{1}{2}(s_{i,l^*}^{v})^2\right] + \\ & \sum_{i=1}^{N}\sum_{v=1}^{m}\frac{1}{2}(s_{i,n}^{v}(t))^2 + \sum_{i=1}^{N}\sum_{v=1}^{m}\sum_{l=1}^{n-1}\frac{l}{2}\bar{z}^2 + \sum_{i=1}^{N}\sum_{v=1}^{m}\Big[s_{i,n}^{v}(t)(u_i^{v}(t) + \\ & \phi_{i,n,2}^{v}(t) - \delta_{i,n,2}^{v}(t)) + \frac{1}{2}(s_{i,n}^{v}(t))^2 + \frac{1}{2}(s_{i,n^*}^{v})^2 + \frac{1}{2}(s_{i,n}^{v}(t))^2 + \frac{1}{2}\bar{z}^2\Big]\end{aligned} \tag{6-65}$$

设计控制输入为

$$u_i^{v}(t) = -\frac{3}{2}s_{i,n}^{v}(t) - b_{i,n,1}^{v}(s_{i,n}^{v}(t))^{\alpha} - b_{i,n,2}^{v}(s_{i,n}^{v}(t))^{\beta} - \phi_{i,n,2}^{v}(t) + \delta_{i,n,2}^{v}(t) \tag{6-66}$$

将式(6-66)代入式(6-65)可得

$$\begin{aligned}\dot{V}_{n}(t) \leqslant & -p_1(V_1(t))^{\frac{\alpha+1}{2}} - p_2(V_1(t))^{\frac{\beta+1}{2}} - \\ & \sum_{i=1}^{N}\sum_{v=1}^{m}\sum_{l=2}^{n}\left[-b_{i,l,1}^{v}(s_{i,l}^{v}(t))^{\alpha+1} - b_{i,l,2}^{v}(s_{i,l}^{v}(t))^{\beta+1}\right] + \sum_{i=1}^{N}\sum_{v=1}^{m}\sum_{l=2}^{n}\frac{1}{2}(s_{i,l^*}^{v})^2 + \\ & \sum_{i=1}^{N}\sum_{v=1}^{m}\sum_{l=1}^{n}\frac{l}{2}\bar{z}^2 \leqslant -\mu_1(V_n(t))^{\frac{\alpha+1}{2}} - \varphi_1(V_n(t))^{\frac{\beta+1}{2}} + \xi_1\end{aligned} \tag{6-67}$$

式中

$$\mu_1 = \min\{p_1, b_{i,l,1}^{v}\}, \quad \varphi_1 = \min\{p_2, b_{i,l,2}^{v}\},$$

$$\xi_1 = \sum_{i=1}^{N}\sum_{v=1}^{m}\sum_{l=2}^{n}\frac{1}{2}(s_{i,l^*}^{v})^2 + \sum_{i=1}^{N}\sum_{v=1}^{m}\sum_{l=1}^{n}\frac{l}{2}\bar{z}^2$$

根据引理 1.6 可得,系统式(6-1)是实际固定时间稳定,收敛时间的上界表示为

$$T \leqslant T_{\max} = \frac{2}{(1-\alpha)\mu\iota} + \frac{2}{(\beta-1)\varphi\iota} \tag{6-68}$$

系统解的残差集表示为

$$\left\{\lim_{t\to T} \mid V(x) \leqslant \min\left\{\left(\frac{\xi}{(1-\iota)\mu}\right)^{\frac{2}{\alpha+1}}, \left(\frac{\xi}{(1-\iota)\varphi}\right)^{\frac{2}{\beta+1}}\right\}\right\} \tag{6-69}$$

6.2.3 分布式控制器设计

构造估计器与第5章相同，基于第5章内容可知，估计器能够在固定时间内得到邻接智能体局部目标函数的梯度信息。通过将变量$\nabla\Psi_i^v(\boldsymbol{y}_i)$和$\nabla\Psi_j^v(\boldsymbol{y}_j)$替换为$w_i^v$和$w_j^v$可以得到分布式控制算法。具体如下：

设计虚拟控制律为

$$\begin{cases} x_{i,2^*}^v(t) = -a_1\sum_{j=1}^{N} a_{ij}\,\text{sig}^{\alpha}(w_i^v - w_j^v) - \alpha_2\sum_{j=1}^{N} a_{ij}\,\text{sig}^{\beta}(w_i^v - w_j^v) - w_i^v \\ x_{i,3^*}^v(t) = -2s_{i,2}^v(t) - b_{i,2,1}^v(s_{i,2}^v(t))^{\alpha} - b_{i,2,2}^v(s_{i,2}^v(t))^{\beta} - \phi_{i,2,2}^v(t) + \delta_{i,2,2}^v(t) \\ x_{i,k+1^*}^v(t) = -2s_{i,k}^v(t) - b_{i,k,1}^v(s_{i,k}^v(t))^{\alpha} - b_{i,k,2}^v(s_{i,k}^v(t))^{\beta} - \phi_{i,k,2}^v(t) + \delta_{i,k,2}^v(t) \end{cases} \tag{6-70}$$

设计控制参数如下：

$$u_i^v(t) = -\frac{3}{2}s_{i,n}^v(t) - b_{i,n,1}^v(s_{i,n}^v(t))^{\alpha} - b_{i,n,2}^v(s_{i,n}^v(t))^{\beta} - \phi_{i,n,2}^v(t) + \delta_{i,n,2}^v(t) \tag{6-71}$$

6.3 仿真实例

考虑如下多智能体系统：

$$\begin{cases} \dot{x}_{i,1}^v(t) = x_{i,2}^v(t) + g_{i,1}^v(x_{i,1}^v(t)) + d_{i,1}^v(t) \\ \dot{x}_{i,2}^v(t) = u_i(t) + g_{i,2}^v(x_{i,1}^v(t), x_{i,2}^v(t)) + d_{i,2}^v(t), \quad i=1,\cdots,5, v=1,2 \\ y_i^v(t) = x_{i,1}^v(t) \end{cases} \tag{6-72}$$

式中

$$g_{1,1}^v = -0.5x_{1,1}^v(t), \quad g_{1,2}^v = -0.1x_{1,1}^v(t) - 0.1x_{1,2}^v(t)$$

$$g_{2,1}^v = -0.25x_{2,1}^v(t), \quad g_{2,2}^v = 0.5x_{2,1}^v(t) - 0.25x_{2,2}^v(t)$$

$$g_{3,1}^{v}=-0.1x_{3,1}^{v}(t),\quad g_{3,2}^{v}=-(x_{3,1}^{v}(t))^{2}+x_{3,1}^{v}(t)-0.25x_{3,2}^{v}(t)$$

$$g_{4,1}^{v}=0.05x_{4,1}^{v}(t),\quad g_{4,2}^{v}=-0.1(x_{4,1}^{v}(t))^{2}+x_{4,1}^{v}(t)-0.2x_{4,2}^{v}(t)$$

$$g_{5,1}^{v}=-0.1x_{5,1}^{v}(t),\quad g_{5,2}^{v}=-0.1(x_{5,1}^{v}(t))^{2}+x_{5,1}^{v}(t)+0.05(x_{5,2}^{v}(t))^{2}$$

$$d_{i,1}^{v}(t)=0.2\sin(t),\quad d_{i,2}^{v}(t)=-0.2\sin(t)$$

选取系统初始信号为

$$\boldsymbol{x}_{1,1}(0)=[-3,2]^{\mathrm{T}},\quad \boldsymbol{x}_{2,1}(0)=[-1,1]^{\mathrm{T}},\quad \boldsymbol{x}_{3,1}(0)=[3,1]^{\mathrm{T}}$$

$$\boldsymbol{x}_{4,1}(0)=[2,-2]^{\mathrm{T}},\quad \boldsymbol{x}_{5,1}(0)=[2,-3]^{\mathrm{T}}$$

给定局部目标函数为

$$\begin{cases} f_1(y_1(t))=(y_1^1(t))^2+(y_1^2(t))^2 \\ f_2(y_2(t))=(y_2^1(t)+1.5)^2+(y_2^2(t)-1.5)^2 \\ f_3(y_3(t))=2(y_3^1(t)+1)^2+2(y_3^2(t)-1)^2 \\ f_4(y_4(t))=0.01(y_4^1(t)-2)^2+0.01(y_4^1(t)-2)^4+ & -1\leqslant y_i^v(t)\leqslant 1, i=1,\cdots,5, v=1,2 \\ \qquad 0.01(y_4^2(t)+2)^4+0.01(y_4^2(t)+2)^4 \\ f_5(y_5(t))=0.1(y_5^1(t)-1.5)^2+0.1(y_5^2(t)-1.5)^4+ \\ \qquad 0.1(y_5^1(t)+1.5)^2+0.1(y_5^2(t)+1.5)^4 \end{cases} \tag{6-73}$$

根据式(6-70)和式(6-71)设计虚拟控制律和控制输入，设计参数 $a_{ij}=1, a_1=0.1, a_2=0.3, b_{i,2,1}^{v}=b_{i,2,2}^{v}=20, k_{11}=5, k_{12}=40, k_{21}=40, k_{22}=320, \alpha_1=4/5$。

图 6-1～图 6-6 为仿真结果。图 6-1 为多智能体通信拓扑图。图 6-2 和图 6-3 为通过本章所提出方法得到的系统状态 $x_{i,1}^{1}$ 及 $x_{i,1}^{2}$ 图像，可以看出每个智能体的输出都能收敛到局部目标函数最优解附近且在不等式约束范围之内。图 6-4 为本章所提出方法得到的控制输入轨迹。图 6-5 为本章所用二阶固定时间扩张状态观测器的估计误差，可以看到系统内未知非线性函数与外部干扰之和的估计误差能够快速收敛到 0 附近。图 6-6 为每个智能体局部目标函数的梯度，可以看出梯度值能够在一定时间内收敛到 0 附近，这意味着所提出的算法可以在合理的误差范围内解决固定时间资源分配问题。

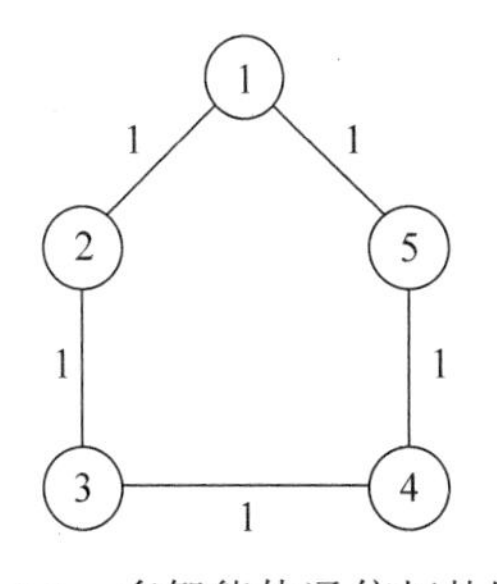

图 6-1　多智能体通信拓扑图

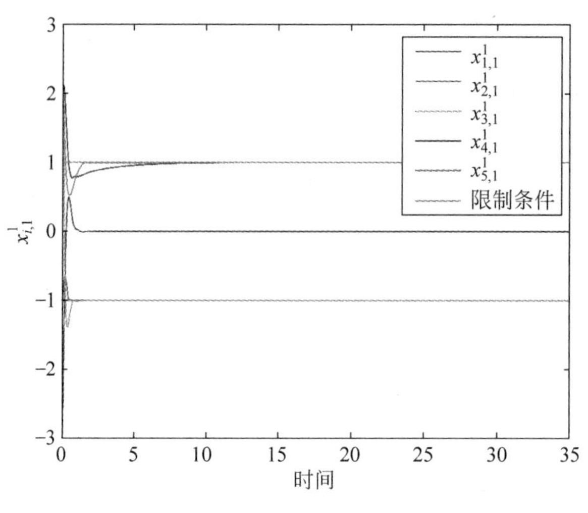

图 6-2 状态 $x_{i,1}^1$ 轨迹

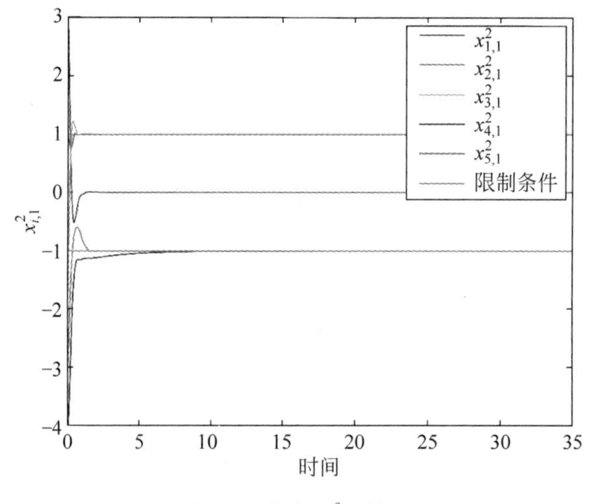

图 6-3 状态 $x_{i,1}^2$ 轨迹

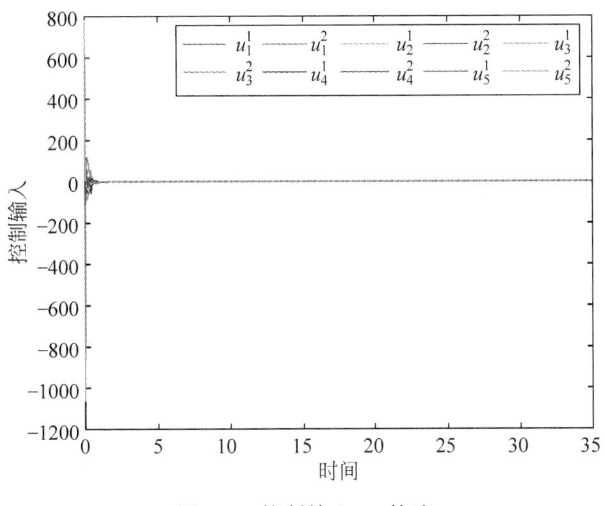

图 6-4　控制输入 u_i 轨迹

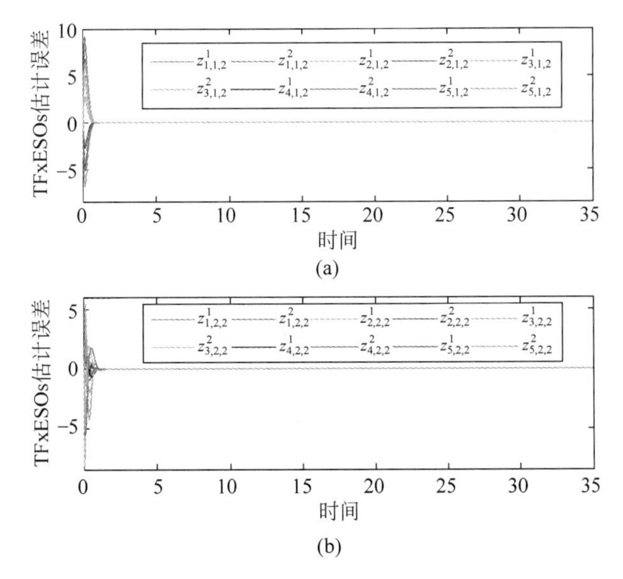

图 6-5　扩张观测器 TFxESOs 估计误差

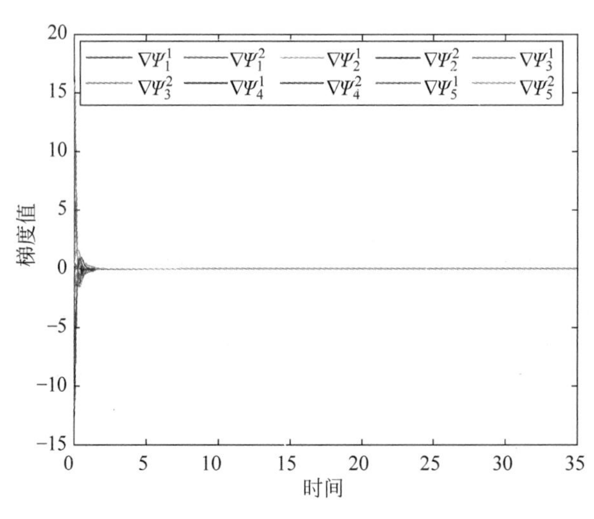

图 6-6 局部目标函数的梯度值

第7章

基于扩张观测器的固定时间多智能体系统分布式优化算法

7.1 问题描述

7.1.1 模型描述

本章考虑如下 MIMO 非线性多智能体系统：

$$\begin{cases}\dot{\boldsymbol{x}}_{i,1}(t)=\boldsymbol{x}_{i,2}(t)+\boldsymbol{g}_{i,1}(\bar{\boldsymbol{x}}_{i,1})+\boldsymbol{d}_{i,1}(t)\\ \dot{\boldsymbol{x}}_{i,l}(t)=\boldsymbol{x}_{i,l+1}(t)+\boldsymbol{g}_{i,l}(\bar{\boldsymbol{x}}_{i,l})+\boldsymbol{d}_{i,l}(t)\\ \dot{\boldsymbol{x}}_{i,n}(t)=\boldsymbol{u}_{i}(t)+\boldsymbol{g}_{i,n}(\bar{\boldsymbol{x}}_{i,n})+\boldsymbol{d}_{i,n}(t)\\ \boldsymbol{y}_{i}(t)=\boldsymbol{x}_{i,1}(t)\end{cases},\quad i=1,\cdots,N,l=1,\cdots,n-1 \tag{7-1}$$

式中：$\boldsymbol{x}_{i,1}(t),\cdots,\boldsymbol{x}_{i,n}(t)\in\mathbb{R}^m$ 为系统状态；$\bar{\boldsymbol{x}}_{i,h}=[\boldsymbol{x}_{i,1}^{\mathrm{T}}(t),\cdots,\boldsymbol{x}_{i,h}^{\mathrm{T}}(t)]^{\mathrm{T}}$ 为系统状态向量，其中 $h=1,\cdots,n$；$\boldsymbol{g}_{i,h}(\bar{\boldsymbol{x}}_{i,h})\in\mathbb{R}^m$ 为系统中未知非线性光滑函数；$\boldsymbol{d}_{i,h}(t)\in\mathbb{R}^m$ 为系统的外部干扰；$\boldsymbol{u}_i(t)\in\mathbb{R}^m$ 为系统控制输入；$\boldsymbol{y}_i\in\mathbb{R}^m$ 为系统输出。

记 $\boldsymbol{x}_{i,h}(t)=[x_{i,h}^{1}(t),\cdots,x_{i,h}^{m}(t)]^{\mathrm{T}}$，$\boldsymbol{g}_{i,h}(\bar{\boldsymbol{x}}_{i,h})=[g_{i,h}^{1}(x_{i,1}^{1}(t),\cdots,x_{i,h}^{1}(t)),\cdots,$

$g_{i,h}^m(x_{i,1}^m(t),\cdots,x_{i,h}^m(t))]^{\mathrm{T}}$，$\boldsymbol{d}_{i,h}(t)=[d_{i,h}^1(t),\cdots,d_{i,h}^m(t)]^{\mathrm{T}}$，$\boldsymbol{u}_i(t)=[u_i^1(t),\cdots,u_i^m(t)]^{\mathrm{T}}$，$\boldsymbol{y}_i=[y_i^1(t),\cdots,y_i^m(t)]^{\mathrm{T}}$

针对第 i 个多输入多输出智能体中第 v 个系统有如下系统：

$$\begin{cases}\dot{x}_{i,1}^v(t)=x_{i,2}^v(t)+g_{i,1}^v(x_{i,1}^v)+d_{i,1}^v(t)\\ \dot{x}_{i,l}^v(t)=x_{i,l+1}^v(t)+g_{i,l}^v(x_{i,1}^v,\cdots,x_{i,l}^v)+d_{i,l}^v(t)\\ \dot{x}_{i,n}^v(t)=u_i^v(t)+g_{i,n}^v(x_{i,1}^v,\cdots,x_{i,n}^v)+d_{i,n}^v(t)\\ y_i^v(t)=x_{i,1}^v(t)\end{cases},\quad i=1,\cdots,N,l=1,\cdots,n-1,v=1,\cdots,m \tag{7-2}$$

式中：u_i^v 为系统的控制输入；y_i^v 为系统的输出；$g_{i,l}^v(x_{i,1}^v(t),\cdots,x_{i,l}^v(t))$为系统中的未知非线性项。

记 $\boldsymbol{X}_{i,l}^v=(x_{i,1}^v(t),\cdots,x_{i,l}^v(t))^{\mathrm{T}}\in\mathbb{R}^l$ 为第 i 个智能体第 v 个子系统的状态向量。

假设 7.1 每个智能体都能够通过无向全连接拓扑图 G 与邻接智能体交换信息。

假设 7.2 对于 $i=1,\cdots,N,l=1,\cdots,n,v=1,\cdots,m$，系统中的外部干扰 $d_{i,l}^v(t)$及其导数 $\dot{d}_{i,l}^v(t)$是连续有界的。

7.1.2 分布式优化问题描述

与第 5 章相同，本章研究一类带有不等式约束的分布式优化问题如下：

$$\begin{cases}\min_{\boldsymbol{y}_i\in\mathbb{R}^m}\sum_{i=1}^N f_i(\boldsymbol{y}_i(t)),\quad i=1,\cdots,N\\ \text{s. t. } \boldsymbol{y}_i^{\min}\leqslant\boldsymbol{y}_i(t)\leqslant\boldsymbol{y}_i^{\max}\end{cases} \tag{7-3}$$

式中：$f_i(\boldsymbol{y}_i)$：$\mathbb{R}^m\to\mathbb{R}$ 为第 i 个智能体的局部目标函数；$\boldsymbol{y}_i^{\min}$、$\boldsymbol{y}_i^{\max}$ 分别为智能体输出的下界和上界，意味着智能体输出的大小有一个不等式关系的约束。

假设 7.3 局部目标函数 $f_i(\boldsymbol{y}_i)$是连续可导的、Γ 强凸的、$\mathbb{L}$ 李普希茨的并且有局部李普希茨梯度。

考虑到含不等式约束的分布式优化问题很难直接分析，本章通过 ε 惩罚函数方法消除不等式约束对分布式优化问题分析的影响。ε 惩罚函数的形式与第 5 章相同。通过构造 ε 惩罚函数，分布式优化问题式(7-3)可以改写为

$$\Psi(\boldsymbol{y})=\min_{\boldsymbol{y}_i\in\mathbb{R}^m}\sum_{i=1}^{N}\Psi_i(\boldsymbol{y}_i)=\sum_{i=1}^{N}(f_i(\boldsymbol{y}_i)+y_{\varepsilon i}(h_i(\boldsymbol{y}_i))),\quad i=1,\cdots,N$$

式中：$\boldsymbol{\Psi}_i(\boldsymbol{y}_i)$：$\mathbb{R}^m\to\mathbb{R}$ 为分布式优化问题的全局目标函数；$\boldsymbol{y}=[\boldsymbol{y}_1^{\mathrm{T}},\cdots,\boldsymbol{y}_N^{\mathrm{T}}]^{\mathrm{T}}$ 为多智能体系统输出的向量形式。

记 $\boldsymbol{y}_{i^*}=[y_{i^*}^1,\cdots,y_{i^*}^m]^{\mathrm{T}}$ 为第 i 个智能体的分布式优化问题式(7-3)的最优解，$\nabla\boldsymbol{\Psi}_i(\boldsymbol{y}_i)=[\nabla\Psi_i^1(\boldsymbol{y}_i),\cdots,\nabla\Psi_i^m(\boldsymbol{y}_i)]^{\mathrm{T}}\in\mathbb{R}^m$ 是局部目标函数 $\Psi_i(\boldsymbol{y}_i)$ 的梯度。考虑到 $f_i(\boldsymbol{y}_i)$ 是强凸函数，新的局部目标函数 $\Psi_i(\boldsymbol{y}_i)$ 也是强凸函数。

7.2　控制器设计

将反演控制方法引入零和微分对策中，可以拓宽基于博弈论控制的应用范围。反演控制技术以及自适应动态规划技术结合起来，将严格反馈系统转化为仿射跟踪误差系统的等价零和博弈来处理。

7.2.1　反演控制器设计及稳定性分析

定义矩阵 $\boldsymbol{M}=(\sum_{i=1}^{N}\boldsymbol{H}_i)^{-1}\in\mathbb{R}^{m\times m}$，并且矩阵 $\boldsymbol{M}$ 中的第 p 行第 q 列的元素记为 $\boldsymbol{M}^{pq}$。定义一致性误差向量 $\boldsymbol{e}_{i,1}(t)=[e_{i,1}^1(t),\cdots,e_{i,1}^m(t)]^{\mathrm{T}}$，其表达式为

$$\boldsymbol{e}_{i,1}(t)=\boldsymbol{x}_{i,1}(t)-\frac{1}{N}\sum_{j=1}^{N}\boldsymbol{x}_{j,1}(t)\tag{7-4}$$

定义第 k 步的追踪误差为

$$s_{i,k}^v(t)=x_{i,k}^v(t)-x_{i,k^*}^v(t)\tag{7-5}$$

式中：$x_{i,k^*}^v(t)$ 为虚拟控制律，设计为

$$\begin{cases}x_{i,2^*}^v(t)=B_i^v+D_i^v-\phi_{i,1,2}^v(t)-\dfrac{1}{16}e_{i,1}^v(t)\\[2mm] x_{i,3^*}^v(t)=-\dfrac{19}{2}s_{i,2}^v(t)-b_{i,2,1}^v(s_{i,2}^v(t))^{\alpha}-b_{i,2,2}^v(s_{i,2}^v(t))^{\beta}-\phi_{i,2,2}^v(t)+\delta_{i,2,2}^v(t)\\[2mm] x_{i,k+1^*}^v(t)=-2s_{i,k}^v(t)-b_{i,k,1}^v(s_{i,k}^v(t))^{\alpha}-b_{i,k,2}^v(s_{i,k}^v(t))^{\beta}-\phi_{i,k,2}^v(t)+\delta_{i,k,2}^v(t)\end{cases}\tag{7-6}$$

其中，

$$B_i^v = -b_1 \sum_{j=1}^{N} a_{ij}(x_{i,1}^v(t) - x_{j,1}^v(t))^\alpha - b_2 \sum_{j=1}^{N} a_{ij}(x_{i,1}^v(t) - x_{j,1}^v(t))^\beta \tag{7-7}$$

$$\begin{aligned} D_i^v = & -\sum_{q=1}^{m} \left\{ M^{vq} \left[d_1 \left(\sum_{i=1}^{N} \nabla \Psi_i^q(y_i(t)) \right)^\alpha + d_2 \left(\sum_{i=1}^{N} \nabla \Psi_i^q(y_i(t)) \right)^\beta \right] \right\} - \\ & \frac{1}{16} \left[\sum_{q=1}^{m} \left(\sum_{i=1}^{N} \nabla \Psi_i^q(y_i(t)) \right) \left(\sum_{i=1}^{N} H_i^{qv} \right) \right], \quad q = 1,2,\cdots,m \end{aligned} \tag{7-8}$$

设计分布式控制器为

$$u_i^v(t) = -\frac{3}{2} s_{i,n}^v(t) - b_{i,n,1}^v(s_{i,n}^v(t))^\alpha - b_{i,n,2}^v(s_{i,n}^v(t))^\beta - \phi_{i,n,2}^v(t) + \delta_{i,n,2}^v(t) \tag{7-9}$$

式中：$\phi_{i,l,2}^v(t)(l=1,\cdots,n)$为$\bar{g}_{i,l}^v(t) = g_{i,l}^v(\boldsymbol{X}_{i,l}^v) + d_{i,l}^v(t)$的估计值；$\delta_{i,l,2}^v(t)$为$\dot{x}_{i,l^*}^v(t)$的估计值；$b_1$、$b_2$、$d_1$、$d_2$、$b_{i,*,1}^v$、$b_{i,*,2}^v$为设计参数；$\alpha = r_1/r_2$，$\beta = r_3/r_2$，其中$r_1$、$r_2$、$r_3$是正奇数并且$1 < r_1 < r_2 < r_3$。

本章首先在第一部分证明提出的算法能够使多智能体系统中的每个智能体在固定时间内和合理的误差内达成一致性，然后在第二部分证明在固定时间内和合理的误差内分布式优化问题能够得到解决。

第一部分：

第1步　设计 Lyapunov 函数为

$$V_1(t) = \frac{1}{2} \sum_{i=1}^{N} \boldsymbol{e}_{i,1}^{\mathrm{T}}(t) \boldsymbol{e}_{i,1}(t)$$

对其求导可得

$$\begin{aligned} \dot{V}_1(t) &= \sum_{i=1}^{N} \boldsymbol{e}_{i,1}^{\mathrm{T}}(t) \dot{\boldsymbol{e}}_{i,1}(t) = \sum_{i=1}^{N} \boldsymbol{e}_{i,1}^{\mathrm{T}}(t) \left(\dot{\boldsymbol{x}}_{i,1}(t) - \frac{1}{N} \sum_{j=1}^{N} \dot{\boldsymbol{x}}_{j,1}(t) \right) \\ &= \sum_{i=1}^{N} \boldsymbol{e}_{i,1}^{\mathrm{T}}(t) \left(\frac{1}{N} \sum_{j=1}^{N} (\dot{\boldsymbol{x}}_{i,1}(t) - \dot{\boldsymbol{x}}_{j,1}(t)) \right) \end{aligned} \tag{7-10}$$

为了解决系统式(7-2)中的非线性部分，TFxESO 被用来估计非线性函数$g_{i,1}^v(\boldsymbol{X}_{i,1}^v)$和外部干扰$d_{i,1}^v(t)$。定义函数$\bar{g}_{i,1}^v(t) = g_{i,1}^v(\boldsymbol{X}_{i,1}^v) + d_{i,1}^v(t)$。TFxESO 的形式如下：

$$\begin{cases} z_{i,1,1}^v(t) = x_{i,1}^v(t) - \phi_{i,1,l}^v(t) \\ z_{i,1,2}^v(t) = \bar{g}_{i,1}^v(t) - \phi_{i,1,2}^v(t) \\ \dot{\phi}_{i,1,1}^v(t) = \phi_{i,1,2}^v(t) + k_{i,1,1} \operatorname{sig}^{\alpha_1}(z_{i,1,1}^v(t)) + k_{i,1,2} \operatorname{sig}^{\beta_1}(z_{i,1,1}^v(t)) + x_{i,2}^v(t) \\ \dot{\phi}_{i,1,2}^v(t) = k_{i,1,3} \operatorname{sig}^{\alpha_2}(z_{i,1,1}^v(t)) + k_{i,1,4} \operatorname{sig}^{\beta_2}(z_{i,1,1}^v(t)) \end{cases} \tag{7-11}$$

式中：$z_{i,1,1}^{v}(t)$、$z_{i,1,2}^{v}(t)$为 TFxESO 的估计误差；$\phi_{i,1,2}^{v}(t)$为 $\bar{g}_{i,1}^{v}(t)$的估计值；$k_{i,1,1}$、$k_{i,1,2}$、$k_{i,1,3}$ 和 $k_{i,1,4}$ 为设计参数；$\alpha_1\in(2/3,1)$；$\alpha_2=2\alpha_1-1$；$\beta_1=1/\alpha_1$；$\beta_2=\beta_1+1/\beta_1-1$。

定义向量

$$\boldsymbol{x}_{i,2^*}(t)=[x_{i,2^*}^{1}(t),\cdots,x_{i,2^*}^{m}(t)]^{\mathrm{T}},\quad \boldsymbol{s}_{i,2}(t)=[s_{i,2}^{1}(t),\cdots,s_{i,2}^{m}(t)]^{\mathrm{T}}$$

$$\boldsymbol{\phi}_{i,1,2}(t)=[\phi_{i,1,2}^{1}(t),\cdots,\phi_{i,1,2}^{m}(t)]^{\mathrm{T}}$$

$$\boldsymbol{z}_{i,1,1}(t)=[z_{i,1,1}^{1}(t),\cdots,z_{i,1,1}^{m}(t)]^{\mathrm{T}},\quad \boldsymbol{B}_i=[B_i^1,\cdots,B_i^m]^{\mathrm{T}},\quad \boldsymbol{D}_i=[D_i^1,\cdots,D_i^m]^{\mathrm{T}}$$

将 $\dot{\boldsymbol{x}}_{i,1}(t)=\boldsymbol{x}_{i,2^*}(t)+\boldsymbol{s}_{i,2}(t)+\boldsymbol{g}_{i,1}(\bar{\boldsymbol{x}}_{i,1})+\boldsymbol{d}_{i,1}(t)$代入式(7-10)可得

$$\begin{aligned}\dot{V}_1(t)=&\sum_{i=1}^{N}\boldsymbol{e}_{i,1}^{\mathrm{T}}(t)\left[\frac{1}{N}\sum_{j=1}^{N}(\boldsymbol{x}_{i,2*}(t)+\boldsymbol{s}_{i,2}(t)+\boldsymbol{g}_{i,1}(\bar{\boldsymbol{x}}_{i,1})+\boldsymbol{d}_{i,1}(t)-\boldsymbol{x}_{j,2*}(t)-\right.\\&\left.\boldsymbol{s}_{j,2}(t)-\boldsymbol{g}_{j,1}(\bar{\boldsymbol{x}}_{j,1})-\boldsymbol{d}_{j,1}(t))\right]\\=&\sum_{i=1}^{N}\boldsymbol{e}_{i,1}^{\mathrm{T}}(t)\left[\frac{1}{N}\sum_{j=1}^{N}(\boldsymbol{B}_i+\boldsymbol{D}_i-\boldsymbol{\phi}_{i,1,2}(t)-\frac{1}{16}\boldsymbol{e}_{i,1}(t)+\boldsymbol{s}_{i,2}(t)+\boldsymbol{g}_{i,1}(\bar{\boldsymbol{x}}_{i,1})+\right.\\&\left.\boldsymbol{d}_{i,1}(t)-\boldsymbol{B}_j-\boldsymbol{D}_j+\boldsymbol{\phi}_{j,1,2}(t)+\frac{1}{16}\boldsymbol{e}_{j,1}(t)-\boldsymbol{s}_{j,2}(t)-\boldsymbol{g}_{j,1}(\bar{\boldsymbol{x}}_{j,1})-\boldsymbol{d}_{j,1}(t))\right]\\=&\sum_{i=1}^{N}\boldsymbol{e}_{i,1}^{\mathrm{T}}(t)\left[\frac{1}{N}\sum_{j=1}^{N}\left(\boldsymbol{B}_i-\frac{1}{16}\boldsymbol{e}_{i,1}(t)+\boldsymbol{s}_{i,2}(t)+\boldsymbol{z}_{i,1,2}(t)\right)\right]+\\&\sum_{i=1}^{N}\boldsymbol{e}_{i,1}^{\mathrm{T}}(t)\left[\frac{1}{N}\sum_{j=1}^{N}\left(-\boldsymbol{B}_j+\frac{1}{16}\boldsymbol{e}_{j,1}(t)-\boldsymbol{s}_{j,2}(t)-\boldsymbol{z}_{j,1,2}(t)\right)\right]+\\&\sum_{i=1}^{N}\boldsymbol{e}_{i,1}^{\mathrm{T}}(t)\left[\frac{1}{N}\sum_{j=1}^{N}(\boldsymbol{D}_i-\boldsymbol{D}_j)\right]\end{aligned}\tag{7-12}$$

由于 $\boldsymbol{D}_i$ 为元素为 D_i^v 的列向量，因此可以得到 $\boldsymbol{D}_i$ 的表达式为

$$\begin{aligned}\boldsymbol{D}_i=&-\boldsymbol{M}\left[d_1\Big(\sum_{i=1}^{N}\nabla\boldsymbol{\Psi}_i(\boldsymbol{y}_i(t))\Big)^{\alpha}+d_2\Big(\sum_{i=1}^{N}\nabla\boldsymbol{\Psi}_i(\boldsymbol{y}_i(t))\Big)^{\beta}\right]-\\&\frac{1}{16}\Big(\sum_{i=1}^{N}\boldsymbol{H}_i\Big)\Big(\sum_{i=1}^{N}\nabla\boldsymbol{\Psi}_i(\boldsymbol{y}_i(\boldsymbol{t}))\Big)\end{aligned}\tag{7-13}$$

因为 $\sum_{i=1}^{N}\boldsymbol{e}_{i,1}^{\mathrm{T}}(t)=\boldsymbol{0}^{\mathrm{T}}$，$\boldsymbol{D}_1=\cdots=\boldsymbol{D}_N$，式(7-12) 可以改写为

$$\dot{V}_1(t)=\sum_{i=1}^{N}\boldsymbol{e}_{i,1}^{\mathrm{T}}(t)\Big(\boldsymbol{B}_i+s_{i,2}(t)-\frac{1}{16}\boldsymbol{e}_{i,1}(t)+\boldsymbol{z}_{i,1,2}(t)\Big)$$

$$=\sum_{i=1}^{N}\sum_{v=1}^{m}e_{i,1}^{v}(t)\Big(B_{i}^{v}+s_{i,2}^{v}(t)-\frac{1}{16}e_{i,1}^{v}(t)+z_{i,1,2}^{v}(t)\Big) \tag{7-14}$$

根据 Young's 不等式可得

$$e_{i,1}^{v}(t)s_{i,2}^{v}(t)\leqslant\frac{1}{32}(e_{i,1}^{v}(t))^{2}+8(s_{i,2}^{v}(t))^{2},\quad e_{i,1}^{v}(t)z_{i,1,2}^{v}(t)\leqslant\frac{1}{32}(e_{i,1}^{v}(t))^{2}+8\bar{z}^{2}$$

由式(7-14),联立以上两个不等式可得

$$\begin{aligned}\dot{V}_{1}(t)&\leqslant\sum_{i=1}^{N}\sum_{v=1}^{m}\Big(e_{i,1}^{v}(t)B_{i}^{v}+\frac{1}{32}(e_{i,1}^{v}(t))^{2}+8(s_{i,2}^{v}(t))^{2}+\frac{1}{32}(e_{i,1}^{v}(t))^{2}+8\bar{z}^{2}-\frac{1}{16}(e_{i,1}^{v}(t))^{2}\Big)\\&\leqslant\sum_{i=1}^{N}\sum_{v=1}^{m}\Big[e_{i,1}^{v}(t)\Big(-b_{1}\sum_{j=1}^{N}a_{ij}(x_{i,1}^{v}(t)-x_{j,1}^{v}(t))^{\alpha}-\\&\quad b_{2}\sum_{j=1}^{N}a_{ij}(x_{i,1}^{v}(t)-x_{j,1}^{v}(t))^{\beta}\Big)\Big]+8\sum_{i=1}^{N}\sum_{v=1}^{m}(s_{i,2}^{v}(t))^{2}+8\sum_{i=1}^{N}\sum_{v=1}^{m}\bar{z}^{2}\end{aligned} \tag{7-15}$$

然后有

$$\begin{aligned}\dot{V}_{1}(t)\leqslant&-\frac{b_{1}}{2}\sum_{v=1}^{m}\sum_{i=1}^{N}\Big[e_{i,1}^{v}(t)\sum_{j=1}^{N}a_{ij}(e_{i,1}^{v}(t)-e_{j,1}^{v}(t))^{\alpha}\Big]-\\&\frac{b_{1}}{2}\sum_{v=1}^{m}\sum_{j=1}^{N}\Big[e_{j,1}^{v}(t)\sum_{i=1}^{N}a_{ij}(e_{j,1}^{v}(t)-e_{i,1}^{v}(t))^{\alpha}\Big]-\\&\frac{b_{2}}{2}\sum_{v=1}^{m}\sum_{i=1}^{N}\Big[e_{i,1}^{v}(t)\sum_{j=1}^{N}a_{ij}(e_{i,1}^{v}(t)-e_{j,1}^{v}(t))^{\beta}\Big]-\\&\frac{b_{2}}{2}\sum_{v=1}^{m}\sum_{j=1}^{N}\Big[e_{j,1}^{v}(t)\sum_{i=1}^{N}a_{ij}(e_{j,1}^{v}(t)-e_{i,1}^{v}(t))^{\beta}\Big]+\\&8\sum_{i=1}^{N}\sum_{v=1}^{m}(s_{i,2}^{v}(t))^{2}+8\sum_{i=1}^{N}\sum_{v=1}^{m}\bar{z}^{2}\end{aligned} \tag{7-16}$$

进一步化简,可得

$$\begin{aligned}\dot{V}_{1}(t)\leqslant&-\frac{b_{1}}{2}\sum_{i=1}^{N}\sum_{j=1}^{N}\sum_{v=1}^{m}\Big[a_{i,j}^{\frac{2}{\alpha+1}}(e_{i,1}^{v}(t)-e_{j,1}^{v}(t))^{2}\Big]^{\frac{\alpha+1}{2}}-\\&\frac{b_{2}}{2}\sum_{i=1}^{N}\sum_{j=1}^{N}\sum_{v=1}^{m}\Big[a_{i,j}^{\frac{2}{\beta+1}}(e_{i,1}^{v}(t)-e_{j,1}^{v}(t))^{2}\Big]^{\frac{\beta+1}{2}}+\\&8\sum_{i=1}^{N}\sum_{v=1}^{m}(s_{i,2}^{v}(t))^{2}+8\sum_{i=1}^{N}\sum_{v=1}^{m}\bar{z}^{2}\end{aligned} \tag{7-17}$$

根据引理 1.9 可得

$$\dot{V}_1(t) \leqslant -\frac{b_1}{2}\left[\sum_{i=1}^{N}\sum_{j=1}^{N}\sum_{v=1}^{N}\alpha_{i,j}^{\frac{1}{\alpha+1}}(e_{i,1}^v(t)-e_{j,1}^v(t))^2\right]^{\frac{\alpha+1}{2}} -$$

$$\frac{b_2}{2}(mN^2)^{\frac{1-\beta}{2}}\left[\sum_{i=1}^{N}\sum_{j=1}^{N}\sum_{v=1}^{N}\alpha_{i,j}^{\frac{1}{\beta+1}}(e_{i,1}^v(t)-e_{j,1}^v(t))^2\right]^{\frac{\beta+1}{2}} +$$

$$8\sum_{i=1}^{N}\sum_{v=1}^{m}(s_{i,2}^v(t))^2 + 8\sum_{i=1}^{N}\sum_{v=1}^{m}\bar{z}^2$$

$$\leqslant -\frac{b_1}{2}[2\boldsymbol{e}_1^{\mathrm{T}}-(\boldsymbol{L}_\alpha \otimes \boldsymbol{I}_m)e_1]^{\frac{\alpha+1}{2}} -$$

$$\frac{b_2}{2}(mN^2)^{\frac{1-\beta}{2}}[2\boldsymbol{e}_1^{\mathrm{T}}(t)-(\boldsymbol{L}_\beta \otimes \boldsymbol{I}_m)\boldsymbol{e}_1(t)]^{\frac{\beta+1}{2}} + 8\sum_{i=1}^{N}\sum_{v=1}^{m}(s_{i,2}^v(t))^2 +$$

$$8\sum_{i=1}^{N}\sum_{v=1}^{m}\bar{z}^2 \tag{7-18}$$

根据引理 1.3 可知

$$\lambda_2(\boldsymbol{L}_\alpha)=\lambda_2(\boldsymbol{L}_\alpha \otimes \boldsymbol{I}_m),\quad \lambda_2(\boldsymbol{L}_\beta)=\lambda_2(\boldsymbol{L}_\beta \otimes \boldsymbol{I}_m)$$

由此可得

$$\dot{V}_1(t) \leqslant -p_1(V_1(t))^{\frac{\alpha+1}{2}} - p_2(V_1(t))^{\frac{\beta+1}{2}} + 8\sum_{i=1}^{N}\sum_{v=1}^{m}(s_{i,2}^v(t))^2 + 8\sum_{i=1}^{N}\sum_{v=1}^{m}\bar{z}^2 \tag{7-19}$$

式中

$$p_1=\frac{b_1}{2}(4\lambda_2(\boldsymbol{L}_\alpha))^{\frac{\alpha+1}{2}},\quad p_2=\frac{b_2}{2}(4\lambda_2(\boldsymbol{L}_\beta))^{\frac{\beta+1}{2}}(mN^2)^{\frac{1-\beta}{2}}$$

第 2 步　为了避免“微分爆炸”问题并且能够获得虚拟控制律的导数，根据引理 1.10 设计高增益微分追踪器，可得

$$\dot{x}_{i,2^*}^v(t)=\delta_{i,2,2}^v(t)+s_{i,2}^v(t),\quad |s_{i,2}^v(t)| \leqslant s_{i,2^*}^v \tag{7-20}$$

对第 2 步追踪误差 $s_{i,2}^v(t)$ 求导可得

$$\dot{s}_{i,2}^v(t)=\dot{x}_{i,2}^v(t)-\dot{x}_{i,2^*}^v(t)$$

$$=s_{i,3}^v(t)+x_{i,3^*}^v(t)+g_{i,2}^v(\boldsymbol{X}_{i,2}^v)+d_{i,2}^v(t)-\delta_{i,2,2}^v(t)-\zeta_{i,2}^v(t) \tag{7-21}$$

为了解决式(7-21)中的非线性函数 $g_{i,2}^v(\boldsymbol{X}_{i,2}^v)$ 及外部干扰 $d_{i,2}^v(t)$，定义 $\bar{g}_{i,2}^v(t)=g_{i,2}^v(\boldsymbol{X}_{i,2}^v)+d_{i,2}^v(t)$

设计 TFxESO 形式如下：

$$\begin{cases} z_{i,2,1}^{v}(t)=x_{i,2}^{v}(t)-\phi_{i,2,1}^{v}(t) \\ z_{i,2,2}^{v}(t)=\bar{g}_{i,2,2}^{v}(t)-\phi_{i,2,2}^{v}(t) \\ \dot{\phi}_{i,2,1}^{v}(t)=\phi_{i,2,2}^{v}(t)+k_{11}\operatorname{sig}^{\alpha_1}(z_{i,2,1}^{v}(t))+k_{12}\operatorname{sig}^{\beta_1}(z_{i,2,1}^{v}(t))+x_{i,2}^{v}(t) \\ \dot{\phi}_{i,2,2}^{v}(t)=k_{21}\operatorname{sig}^{\alpha_2}(z_{i,2,1}^{v}(t))+k_{22}\operatorname{sig}^{\beta_2}(z_{i,2,1}^{v}(t)) \end{cases} \tag{7-22}$$

设计 Lyapunov 函数形式为

$$V_2(t)=V_1(t)+\frac{1}{2}\sum_{i=1}^{N}\sum_{v=1}^{m}(s_{i,2}^{v}(t))^2$$

对 Lyapunov 函数 $V_2(t)$求导可得

$$\begin{aligned} \dot{V}_2(t) &= \dot{V}_1(t)+\sum_{i=1}^{N}\sum_{v=1}^{m}s_{i,2}^{v}(t)(x_{i,3^*}^{v}(t)+s_{i,3}^{v}(t)+g_{i,2}^{v}(\bar{x}_{i,2})+d_{i,2}^{v}(t)-\delta_{i,2,2}^{v}(t)-s_{i,2}^{v}(t)) \\ &= \dot{V}_1(t)+\sum_{i=1}^{N}\sum_{v=1}^{m}s_{i,2}^{v}(t)(x_{i,3^*}^{v}(t)+s_{i,3}^{v}(t)+\phi_{i,2,2}^{v}(t)+z_{i,2,2}^{v}(t)-\delta_{i,2,2}^{v}(t)-s_{i,2}^{v}(t)) \end{aligned} \tag{7-23}$$

根据 Young's 不等式可得

$$-s_{i,2}^{v}(t)s_{i,2}(t)\leqslant\frac{1}{2}(s_{i,2}^{v}(t))^2+\frac{1}{2}(s_{i,2^*}^{v})^2 \tag{7-24}$$

$$s_{i,2}^{v}(t)s_{i,3}^{v}(t)\leqslant\frac{1}{2}(s_{i,2}^{v}(t))^2+\frac{1}{2}(s_{i,3}^{v}(t))^2 \tag{7-25}$$

$$s_{i,2}^{v}(t)z_{i,2,2}^{v}(t)\leqslant\frac{1}{2}(s_{i,2}^{v}(t))^2+\frac{1}{2}\bar{z}^2 \tag{7-26}$$

将式(7-24)～式(7-26)代入式(7-23)可得

$$\begin{aligned} \dot{V}_2(t) \leqslant &-p_1(V_1(t))^{\frac{\alpha+1}{2}}-p_2(V_1(t))^{\frac{\beta+1}{2}}+8\sum_{i=1}^{N}\sum_{v=1}^{m}(s_{i,2}^{v}(t))^2+ \\ &8\sum_{i=1}^{N}\sum_{v=1}^{m}\bar{z}^2+\sum_{i=1}^{N}\sum_{v=1}^{m}\Big[s_{i,2}^{v}(t)(x_{i,3^*}^{v}(t)+\phi_{i,2,2}^{v}(t)-\delta_{i,2,2}^{v}(t))+\frac{1}{2}(s_{i,2}^{v}(t))^2+ \\ &\frac{1}{2}(s_{i,2^*}^{v})^2+\frac{1}{2}(s_{i,2}^{v}(t))^2+\frac{1}{2}(s_{i,3}^{v}(t))^2+\frac{1}{2}(s_{i,2}^{v}(t))^2+\frac{1}{2}\bar{z}^2\Big] \end{aligned} \tag{7-27}$$

设计虚拟控制律 $x_{i,3^*}^{v}(t)$为

$$x_{i,3^*}^{v}(t)=-\frac{19}{2}s_{i,2}^{v}(t)-b_{i,2,1}^{v}(s_{i,2}^{v}(t))^{\alpha}-b_{i,2,2}^{v}(s_{i,2}^{v}(t))^{\beta}-\phi_{i,2,2}^{v}(t)+\delta_{i,2,2}^{v}(t) \tag{7-28}$$

根据式(7-27)和式(7-28)可得

$$\dot{V}_2(t) \leqslant -p_1(V_1(t))^{\frac{\alpha+1}{2}} - p_2(V_1(t))^{\frac{\beta+1}{2}} + \sum_{i=1}^{N}\sum_{v=1}^{m}$$

$$\left[-b_{i,2,1}^{v}(s_{i,2}^{v}(t))^{\alpha+1} - b_{i,2,2}^{v}(s_{i,2}^{v}(t))^{\beta+1} + \frac{1}{2}(s_{i,2^*}^{v})^2 + \frac{1}{2}(s_{i,3}^{v}(t))^2 + \frac{17}{2}\bar{z}^2\right] \tag{7-29}$$

第 k 步 根据引理 1.10 设计高增益微分追踪器,可得

$$\dot{x}_{i,k^*}^{v}(t) = \delta_{i,k,2}^{v}(t) + s_{i,k}^{v}(t), \quad |s_{i,k}^{v}(t)| \leqslant s_{i,k^*}^{v} \tag{7-30}$$

定义第 k 步误差为

$$s_{i,k}^{v}(t) = x_{i,k}^{v}(t) - x_{i,k^*}^{v}(t)$$

对其求导可得

$$\dot{s}_{i,k}^{v}(t) = x_{i,k+1^*}^{v}(t) + s_{i,k+1}^{v}(t) + g_{i,k}^{v}(\boldsymbol{X}_{i,k}^{v}) + d_{i,k}^{v}(t) - \delta_{i,k,2}^{v}(t) - s_{i,k}^{v}(t) \tag{7-31}$$

为了解决式(7-31)中的非线性函数 $g_{i,k}^{v}(\boldsymbol{X}_{i,k}^{v})$ 及外部干扰 $d_{i,k}^{v}(t)$,定义 $\bar{g}_{i,k}^{v}(t) = g_{i,k}^{v}(\boldsymbol{X}_{i,k}^{v}) + d_{i,k}^{v}(t)$

设计 TFxESO 形式如下:

$$\begin{cases} z_{i,k,1}^{v}(t) = x_{i,k}^{v}(t) - \phi_{i,k,1}^{v}(t) \\ z_{i,k,2}^{v}(t) = \bar{g}_{i,k}^{v}(t) - \phi_{i,k,2}^{v}(t) \\ \dot{\phi}_{i,k,1}^{v}(t) = \phi_{i,k,2}^{v}(t) + k_{11}\operatorname{sig}^{\alpha_1}(z_{i,k,1}^{v}(t)) + k_{12}\operatorname{sig}^{\beta_1}(z_{i,k,1}^{v}(t)) + x_{i,k}^{v}(t) \\ \dot{\phi}_{i,k,2}^{v}(t) = k_{21}\operatorname{sig}^{\alpha_2}(z_{i,k,1}^{v}(t)) + k_{22}\operatorname{sig}^{\beta_2}(z_{i,k,1}^{v}(t)) \end{cases} \tag{7-32}$$

构造 Lyapunov 函数:

$$V_k(t) = V_{k-1}(t) + \frac{1}{2}\sum_{i=1}^{N}\sum_{v=1}^{m}(s_{i,k}^{v}(t))^2$$

由式(7-31)和式(7-32)可以得到 Lyapunov 函数的导数为

$$\dot{V}_k(t) = \dot{V}_{k-1}(t) + \sum_{i=1}^{N}\sum_{v=1}^{m} s_{i,k}^{v}(t)(x_{i,k+1^*}^{v}(t) + s_{i,k+1}^{v}(t) +$$

$$\phi_{i,k,2}^{v}(t) + z_{i,k,2}^{v}(t) - \delta_{i,k,2}^{v}(t) - s_{i,k}^{v}(t)) \tag{7-33}$$

根据 Young's 不等式可得

$$-s_{i,k}^{v}(t)s_{i,k}(t) \leqslant \frac{1}{2}(s_{i,k}^{v}(t))^2 + \frac{1}{2}(s_{i,k^*}^{v})^2 \tag{7-34}$$

$$s_{i,k}^{v}(t)s_{i,k+1}^{v}(t) \leqslant \frac{1}{2}(s_{i,k}^{v}(t))^2 + \frac{1}{2}(s_{i,k+1}^{v}(t))^2 \tag{7-35}$$

$$s_{i,k}^{v}(t)z_{i,k,2}^{v}(t) \leqslant \frac{1}{2}(s_{i,k}^{v}(t))^2 + \frac{1}{2}\bar{z}^2 \tag{7-36}$$

将式(7-34)～式(7-36)代入式(7-33)可得

$$\dot{V}_k(t) \leqslant \dot{V}_{k-1}(t) + \sum_{i=1}^{N}\sum_{v=1}^{m}\left[s_{i,k}^{v}(t)(x_{i,k+1^*}^{v}(t) + \phi_{i,k,2}^{v}(t) - \delta_{i,k,2}^{v}(t)) + \frac{1}{2}(s_{i,k}^{v}(t))^2 + \frac{1}{2}(s_{i,k^*}^{v})^2 + \frac{1}{2}(s_{i,k}^{v}(t))^2 + \frac{1}{2}(s_{i,k+1}^{v}(t))^2 + \frac{1}{2}(s_{i,k}^{v}(t))^2 + \frac{1}{2}\bar{z}^2\right] \tag{7-37}$$

由式(7-19)和式(7-29)可得

$$\dot{V}_{k-1}(t) \leqslant -p_1(V_1(t))^{\frac{\alpha+1}{2}} - p_2(V_1(t))^{\frac{\beta+1}{2}} - \sum_{i=1}^{N}\sum_{v=1}^{m}\sum_{l=2}^{k-1}\left[-b_{i,l,1}^{v}(s_{i,l}^{v}(t))^{\alpha+1} - b_{i,l,2}^{v}(s_{i,l}^{v}(t))^{\beta+1} + \frac{1}{2}(s_{i,l^*}^{v})^2\right] + \sum_{i=1}^{N}\sum_{v=1}^{m}\frac{1}{2}(s_{i,k}^{v}(t))^2 + \sum_{i=1}^{N}\sum_{v=1}^{m}\sum_{l=1}^{k-1}\frac{l}{2}\bar{z}^2 \tag{7-38}$$

由式(7-38)和式(7-37)可得

$$\begin{aligned}\dot{V}_k(t) \leqslant & -p_1(V_1(t))^{\frac{\alpha+1}{2}} - p_2(V_1(t))^{\frac{\beta+1}{2}} - \\ & \sum_{i=1}^{N}\sum_{v=1}^{m}\sum_{l=2}^{k-1}\left[-b_{i,l,1}^{v}(s_{i,l}^{v}(t))^{\alpha+1} - b_{i,l,2}^{v}(s_{i,l}^{v}(t))^{\beta+1} + \frac{1}{2}(s_{i,l^*}^{v})^2\right] + \\ & \sum_{i=1}^{N}\sum_{v=1}^{m}\sum_{l=1}^{k-1}\frac{l}{2}\bar{z}^2 + \sum_{i=1}^{N}\sum_{v=1}^{m}\frac{1}{2}(s_{i,k}^{v}(t))^2 + \sum_{i=1}^{N}\sum_{v=1}^{m}\left[s_{i,k}^{v}(t)(x_{i,k+1^*}^{v}(t) + \right. \\ & \phi_{i,k,2}^{v}(t) - \delta_{i,k,2}^{v}(t)) + \frac{1}{2}(s_{i,k}^{v}(t))^2 + \frac{1}{2}(s_{i,k^*}^{v})^2 + \frac{1}{2}(s_{i,k}^{v}(t))^2 + \\ & \left.\frac{1}{2}(s_{i,k+1}^{v}(t))^2 + \frac{1}{2}(s_{i,k}^{v}(t))^2 + \frac{1}{2}\bar{z}^2\right]\end{aligned} \tag{7-39}$$

定义虚拟控制律 $x_{i,k+1^*}^{v}(t)$ 为

$$x_{i,k+1^*}^{v}(t) = -2s_{i,k}^{v}(t) - b_{i,k,1}^{v}(s_{i,k}^{v}(t))^{\alpha} - b_{i,k,2}^{v}(s_{i,k}^{v}(t))^{\beta} - \phi_{i,k,2}^{v}(t) + \delta_{i,k,2}^{v}(t) \tag{7-40}$$

将式(7-40)代入式(7-39)可得

$$\dot{V}_k(t) \leqslant -p_1(V_1(t))^{\frac{\alpha+1}{2}} - p_2(V_1(t))^{\frac{\beta+1}{2}} - \sum_{i=1}^{N}\sum_{v=1}^{m}\sum_{l=2}^{k}\left[-b_{i,l,1}^{v}(s_{i,l}^{v}(t))^{\alpha+1} - b_{i,l,2}^{v}(s_{i,l}^{v}(t))^{\beta+1} + \frac{1}{2}(s_{i,l^*}^{v})^2\right] +$$

$$\sum_{i=1}^{N}\sum_{v=1}^{m}\sum_{l=1}^{k}\frac{l}{2}\bar{z}^2+\sum_{i=1}^{N}\sum_{v=1}^{m}\frac{1}{2}(s_{i,k+1}^{v}(t))^2 \tag{7-41}$$

第 n 步　根据引理 1.10 设计高增益微分追踪器，可得

$$\dot{x}_{i,n^*}^{v}(t)=\delta_{i,n,2}^{v}(t)+s_{i,n}^{v}(t),\quad |s_{i,n}^{v}(t)|\leqslant s_{i,n^*}^{v} \tag{7-42}$$

定义第 n 步误差为

$$s_{i,n}^{v}(t)=x_{i,n}^{v}(t)-x_{i,n^*}^{v}(t)$$

对误差 $s_{i,n}^{v}(t)$ 求导可得

$$\dot{s}_{i,n}^{v}(t)=u_i^v(t)+g_{i,n}^{v}(\boldsymbol{X}_{i,n}^{v})+d_{i,n}^{v}(t)-\delta_{i,n,2}^{v}(t)-s_{i,n}^{v}(t) \tag{7-43}$$

为了解决式(7-43)中的非线性函数 $g_{i,n}^{v}(\boldsymbol{X}_{i,n}^{v})$ 及外部干扰 $d_{i,n}^{v}(t)$，定义 $\bar{g}_{i,n}^{v}(t)=g_{i,n}^{v}(\boldsymbol{X}_{i,k}^{v})+d_{i,n}^{v}(t)$。

设计 TFxESO 形式如下：

$$\begin{cases}z_{i,n,1}^{v}(t)=x_{i,n}^{v}(t)-\phi_{i,n,1}^{v}(t)\\ z_{i,n,2}^{v}(t)=\bar{g}_{i,n}^{v}(t)-\phi_{i,n,2}^{v}(t)\\ \dot{\phi}_{i,n,1}^{v}(t)=\phi_{i,n,2}^{v}(t)+k_{11}\operatorname{sig}^{\alpha_1}(z_{i,n,1}^{v}(t))+k_{12}\operatorname{sig}^{\beta_1}(z_{i,n,1}^{v}(t))+x_{i,n}^{v}(t)\\ \dot{\phi}_{i,n,2}^{v}(t)=k_{21}\operatorname{sig}^{\alpha_2}(z_{i,n,2}^{v}(t))+k_{22}\operatorname{sig}^{\beta_2}(z_{i,n,1}^{v}(t))\end{cases} \tag{7-44}$$

构造 Lyapunov 函数：

$$V_n(t)=V_{n-1}(t)+\frac{1}{2}\sum_{i=1}^{N}\sum_{v=1}^{m}(s_{i,n}^{v}(t))^2$$

结合式(7-43)和式(7-44)，对 Lyapunov 函数求导可得

$$\dot{V}_n(t)=\dot{V}_{n-1}(t)+\sum_{i=1}^{N}\sum_{v=1}^{m}s_{i,n}^{v}(t)(u_i^v(t)+\phi_{i,n,2}^{v}(t)+z_{i,n,2}^{v}(t)-\delta_{i,n,2}^{v}(t)-s_{i,n}^{v}(t)) \tag{7-45}$$

根据 Young's 不等式可得

$$-s_{i,n}^{v}(t)s_{i,n}(t)\leqslant\frac{1}{2}(s_{i,n}^{v}(t))^2+\frac{1}{2}(s_{i,n^*}^{v})^2 \tag{7-46}$$

$$s_{i,n}^{v}(t)z_{i,n,2}^{v}(t)\leqslant\frac{1}{2}(s_{i,n}^{v}(t))^2+\frac{1}{2}\bar{z}^2 \tag{7-47}$$

将式(7-46)和式(7-47)代入式(7-45)可得

$$\dot{V}_n(t)\leqslant\dot{V}_{n-1}(t)+\sum_{i=1}^{N}\sum_{v=1}^{m}\Big[s_{i,n}^{v}(t)(u_i^v(t)+\phi_{i,n,2}^{v}(t)-\delta_{i,n,2}^{v}(t))+\frac{1}{2}(s_{i,n}^{v}(t))^2+$$

$$\frac{1}{2}(s_{i,n^*}^v)^2+\frac{1}{2}(s_{i,n}^v(t))^2+\frac{1}{2}\bar{z}^2\Bigg] \tag{7-48}$$

由式(7-19)、式(7-29)和式(7-41)可得

$$\begin{aligned}\dot{V}_{n-1}(t)\leqslant&-p_1(V_1(t))^{\frac{\alpha+1}{2}}-p_2(V_1(t))^{\frac{\beta+1}{2}}-\\&\sum_{i=1}^{N}\sum_{v=1}^{m}\sum_{l=2}^{n-1}\left[-b_{i,l,1}^v(s_{i,l}^v(t))^{\alpha+1}-b_{i,l,2}^v(s_{i,l}^v(t))^{\beta+1}+\frac{1}{2}(s_{i,l^*}^v)^2\right]+\\&\sum_{i=1}^{N}\sum_{v=1}^{m}\frac{1}{2}(s_{i,n}^v(t))^2+\sum_{i=1}^{N}\sum_{v=1}^{m}\sum_{l=1}^{n-1}\frac{l}{2}\bar{z}^2\end{aligned} \tag{7-49}$$

由式(7-48)和式(7-49)可得

$$\begin{aligned}\dot{V}_n(t)\leqslant&-p_1(V_1(t))^{\frac{\alpha+1}{2}}-p_2(V_1(t))^{\frac{\beta+1}{2}}-\\&\sum_{i=1}^{N}\sum_{v=1}^{m}\sum_{l=2}^{n-1}\left[-b_{i,l,1}^v(s_{i,l}^v(t))^{\alpha+1}-b_{i,l,2}^v(s_{i,l}^v(t))^{\beta+1}+\frac{1}{2}(s_{i,l^*}^v)^2\right]+\\&\sum_{i=1}^{N}\sum_{v=1}^{m}\frac{1}{2}(s_{i,n}^v(t))^2+\sum_{i=1}^{N}\sum_{v=1}^{m}\sum_{l=1}^{n-1}\frac{l}{2}\bar{z}^2+\sum_{i=1}^{N}\sum_{v=1}^{m}\Bigg[s_{i,n}^v(t)(u_i^v(t)+\phi_{i,n,2}^v(t)-\\&\delta_{i,n,2}^v(t))+\frac{1}{2}(s_{i,n}^v(t))^2+\frac{1}{2}(s_{i,n^*}^v)^2+\frac{1}{2}(s_{i,n}^v(t))^2+\frac{1}{2}\bar{z}^2\Bigg]\end{aligned} \tag{7-50}$$

设计控制输入为

$$u_i^v(t)=-\frac{3}{2}s_{i,n}^v(t)-b_{i,n,1}^v(s_{i,n}^v(t))^{\alpha}-b_{i,n,2}^v(s_{i,n}^v(t))^{\beta}-\phi_{i,n,2}^v(t)+\delta_{i,n,2}^v(t) \tag{7-51}$$

将式(7-51)代入式(7-50)可得

$$\begin{aligned}\dot{V}_n(t)\leqslant&-p_1(V_1(t))^{\frac{\alpha+1}{2}}-p_2(V_1(t))^{\frac{\beta+1}{2}}-\\&\sum_{i=1}^{N}\sum_{v=1}^{m}\sum_{l=2}^{n}[-b_{i,l,1}^v(s_{i,l}^v(t))^{\alpha+1}-b_{i,l,2}^v(s_{i,l}^v(t))^{\beta+1}]+\sum_{i=1}^{N}\sum_{v=1}^{m}\sum_{l=2}^{n}\frac{1}{2}(s_{i,l^*}^v(t))^2+\\&\sum_{i=1}^{N}\sum_{v=1}^{m}\sum_{l=1}^{n}\frac{l}{2}\bar{z}^2\leqslant-\mu_1(V_n(t))^{\frac{\alpha+1}{2}}-\varphi_1(V_n(t))^{\frac{\beta+1}{2}}+\xi_1\end{aligned} \tag{7-52}$$

式中：$\mu_1=\min\{p_1,b_{i,l,1}^v\}$，$\varphi_1=\min\{p_2,b_{i,l,2}^v\}$，$\xi_1=\sum_{i=1}^{N}\sum_{v=1}^{m}\sum_{l=2}^{n}\frac{1}{2}(s_{i,l^*}^v)^2+\sum_{i=1}^{N}\sum_{v=1}^{m}\sum_{l=1}^{n}\frac{l}{2}\bar{z}^2$

根据引理 1.6 可得，系统式(7-1)是实际固定时间稳定，收敛时间的上界表示为

$$T \leqslant T_{\max} = \frac{2}{(1-\alpha)\mu_1 \iota} + \frac{2}{(\beta-1)\varphi_1 \iota} \tag{7-53}$$

系统的残差集表示为

$$\left\{ \lim_{t \to T} \mid V(x) \leqslant \min\left\{ \left(\frac{\xi}{(1-\iota)\mu}\right)^{\frac{2}{\alpha+1}}, \left(\frac{\xi}{(1-\iota)\varphi}\right)^{\frac{2}{\beta+1}} \right\} \right\} \tag{7-54}$$

根据 Lyapunov 函数的定义可以得出结论：多智能体系统中智能体之间的一致性误差可以在固定时间内收敛到 0 的一个邻域内。由此可以得出以下假设。

假设 7.4 智能体之间的一致性误差是有界的，并且存在一个未知正实数 e_{i0}^v，不等式关系 $\left| B_i^v - \frac{1}{16} e_{i,1}^v(t) \right| \leqslant e_{i0}^v$ 成立。

第二部分：

由第一部分的证明可知，当 $t > T_1$ 时，智能体的输出能够达成一致并且一致性误差是有界的。

第 1 步 由于全局目标函数 $\Psi(\boldsymbol{y}(t))$ 是凸函数，基于引理 1.13，如果 y_* 满足 $\nabla \boldsymbol{\Psi}(\boldsymbol{y}_*) = 0$，那么 y_* 是分布式优化问题的最优解。构造 Lyapunov 函数如下：

$$V_1(t) = \frac{1}{2} \left(\sum_{i=1}^{N} \nabla \boldsymbol{\Psi}_i(\boldsymbol{y}_i(t)) \right)^{\mathrm{T}} \left(\sum_{i=1}^{N} \nabla \boldsymbol{\Psi}_i(\boldsymbol{y}_i(t)) \right) \tag{7-55}$$

对 Lyapunov 函数式(7-55)求导可得

$$\dot{V}_1(t) = \left(\sum_{i=1}^{N} \nabla \boldsymbol{\Psi}_i(\boldsymbol{y}_i(t)) \right)^{\mathrm{T}} \left(\sum_{i=1}^{N} \boldsymbol{H}_i \dot{\boldsymbol{y}}_i(t) \right) \tag{7-56}$$

将

$$\dot{\boldsymbol{y}}_i(t) = \boldsymbol{x}_{i,2*}(t) + \boldsymbol{s}_{i,2}(t) + \boldsymbol{g}_{i,1}(\bar{\boldsymbol{x}}_{i,1}) + \boldsymbol{d}_{i,1}(t)$$

代入式(7-56)中可得

$$\dot{V}_1(t) = \left(\sum_{i=1}^{N} \nabla \boldsymbol{\Psi}_i(\boldsymbol{y}_i(t)) \right)^{\mathrm{T}} \left[\sum_{i=1}^{N} \boldsymbol{H}_i (\boldsymbol{x}_{i,2*}(t) + \boldsymbol{s}_{i,2}(t) + \boldsymbol{g}_{i,1}(\bar{\boldsymbol{x}}_{i,1}) + \boldsymbol{d}_{i,1}(t)) \right] \tag{7-57}$$

为了解决式(7-57)中的非线性项，此处采用 TFxESO 来估计非线性函数与外部干扰之和 $\bar{\boldsymbol{g}}_{i,1}^v(t)$。TFxESO 的设计与式(7-11)相同。由此可得

$$\dot{V}_1(t) = \left(\sum_{i=1}^{N} \nabla \boldsymbol{\Psi}_i(\boldsymbol{y}_i(t)) \right)^{\mathrm{T}} \left[\sum_{i=1}^{N} \boldsymbol{H}_i (\boldsymbol{x}_{i,2*}(t) + \boldsymbol{s}_{i,2}(t) + \boldsymbol{\phi}_{i,1,2}(t) + \boldsymbol{z}_{i,1,2}(t)) \right] \tag{7-58}$$

将

$$x_{i,2^*}(t) = \boldsymbol{B}_i + \boldsymbol{D}_i - \boldsymbol{\phi}_{i,1,2}(t) - \frac{1}{16} \boldsymbol{e}_{i,1}(t)$$

代入式(7-58)可得

$$\dot{V}_1(t)=(\sum_{i=1}^{N}\nabla\boldsymbol{\Psi}_i(\boldsymbol{y}_i(t)))^{\mathrm{T}}\left[\sum_{i=1}^{N}H_i(\boldsymbol{D}_i+\boldsymbol{B}_i-\frac{1}{16}\boldsymbol{e}_{i,1}(t)+\boldsymbol{s}_{i,2}(t)+\boldsymbol{z}_{i,1,2}(t))\right] \tag{7-59}$$

为了证明过程更为清晰,将式(7-59)分为两个部分,分别为 $F_{1,1}$ 和 $F_{1,2}$。$F_{1,1}$ 的表达式为

$$F_{1,1}=(\sum_{i=1}^{N}\nabla\boldsymbol{\Psi}_i(\boldsymbol{y}_i(t)))^{\mathrm{T}}\left[\sum_{i=1}^{N}\boldsymbol{H}_i\left(\boldsymbol{B}_i-\frac{1}{16}\boldsymbol{e}_{i,1}(t)+\boldsymbol{s}_{i,2}(t)+\boldsymbol{z}_{i,1,2}(t)\right)\right] \tag{7-60}$$

然后有

$$F_{1,1}=\sum_{i=1}^{N}\sum_{v=1}^{m}\left\{\left[\sum_{q=1}^{m}(\sum_{i=1}^{N}\nabla\Psi_i^q(\boldsymbol{y}_i(t)))(\sum_{i=1}^{N}\boldsymbol{H}_i^{qv})\right]\left(B_i^v-\frac{1}{16}e_{i,1}^v(t)+s_{i,2}^v(t)+z_{i,1,2}^v(t)\right)\right\} \tag{7-61}$$

根据 Young's 不等式可得

$$\begin{aligned}&\left[\sum_{q=1}^{m}(\sum_{i=1}^{N}\nabla\Psi_i^q(\boldsymbol{y}_i(t)))(\sum_{i=1}^{N}\boldsymbol{H}_i^{qv})\right]\left(B_i^v-\frac{1}{16}e_{i,1}^v(t)\right)\\&\leqslant\frac{1}{64}\left[\sum_{q=1}^{m}(\sum_{i=1}^{N}\nabla\Psi_i^q(\boldsymbol{y}_i(t)))(\sum_{i=1}^{N}\boldsymbol{H}_i^{qv})\right]^2+16(e_{i0}^v)^2\end{aligned} \tag{7-62}$$

$$\begin{aligned}&\left[\sum_{q=1}^{m}(\sum_{i=1}^{N}\nabla\Psi_i^q(\boldsymbol{y}_i(t)))(\sum_{i=1}^{N}\boldsymbol{H}_i^{qv})\right]s_{i,2}^v(t)\\&\leqslant\frac{1}{32}\left[\sum_{q=1}^{m}(\sum_{i=1}^{N}\nabla\Psi_i^q(\boldsymbol{y}_i(t)))(\sum_{i=1}^{N}\boldsymbol{H}_i^{qv})\right]^2+8(s_{i,2}^v(t))^2\end{aligned} \tag{7-63}$$

$$\begin{aligned}&\left[\sum_{q=1}^{m}(\sum_{i=1}^{N}\nabla\Psi_i^q(\boldsymbol{y}_i(t)))(\sum_{i=1}^{N}\boldsymbol{H}_i^{qv})\right]z_{i,1,2}^v(t)\\&\leqslant\frac{1}{64}\left[\sum_{q=1}^{m}(\sum_{i=1}^{N}\nabla\Psi_i^q(\boldsymbol{y}_i(t)))(\sum_{i=1}^{N}\boldsymbol{H}_i^{qv})\right]^2+16\bar{z}^2\end{aligned} \tag{7-64}$$

将式(7-62)～式(7-64)代入式(7-61)可得

$$\begin{aligned}F_{1,1}\leqslant&\frac{1}{16}\sum_{i=1}^{N}\sum_{v=1}^{m}\left[\sum_{q=1}^{m}(\sum_{i=1}^{N}\nabla\Psi_i^q(\boldsymbol{y}_i(t)))(\sum_{i=1}^{N}\boldsymbol{H}_i^{qv})\right]^2+16\sum_{i=1}^{N}\sum_{v=1}^{m}(e_{i0}^v)^2+\\&8\sum_{i=1}^{N}\sum_{v=1}^{m}(s_{i,2}^v(t))^2+16\sum_{i=1}^{N}\sum_{v=1}^{m}\bar{z}^2\end{aligned} \tag{7-65}$$

$F_{1,2}$ 的表达式为

$$F_{1,2}=(\sum_{i=1}^{N}\nabla\boldsymbol{\Psi}_i(\boldsymbol{y}_i(t)))^{\mathrm{T}}\left[\sum_{i=1}^{N}\boldsymbol{H}_i\boldsymbol{D}_i\right] \tag{7-66}$$

由于 $\boldsymbol{D}_i$ 是元素为 D_i^v 的列向量，可得

$$F_{1,2}=\left(\sum_{i=1}^{N}\nabla\boldsymbol{\Psi}_i(\boldsymbol{y}_i(t))\right)^{\mathrm{T}}\left\{\left(\sum_{i=1}^{N}\boldsymbol{H}_i\right)(-\boldsymbol{M})\left[d_1\left(\sum_{i=1}^{N}\nabla\boldsymbol{\Psi}_i(\boldsymbol{y}_i(t))\right)^{\alpha}+d_2\left(\sum_{i=1}^{N}\nabla\boldsymbol{\Psi}_i(\boldsymbol{y}_i(t))\right)^{\beta}\right]\right\}-\frac{1}{16}\left(\sum_{i=1}^{N}\nabla\boldsymbol{\Psi}_i(\boldsymbol{y}_i(t))^{\beta}\right)\left(\sum_{i=1}^{N}\boldsymbol{H}_i\right)\left(\sum_{i=1}^{N}\boldsymbol{H}_i\right)\left(\sum_{i=1}^{N}\nabla\boldsymbol{\Psi}_i(\boldsymbol{y}_i(t))\right)\tag{7-67}$$

然后有

$$\begin{aligned}F_{1,2}&=-d_1\sum_{v=1}^{m}\left(\sum_{i=1}^{N}\nabla\Psi_i^v(\boldsymbol{y}_i(t))\right)^{\alpha+1}-d_2\sum_{v=1}^{m}\left(\sum_{i=1}^{N}\nabla\Psi_i^v(\boldsymbol{y}_i(t))\right)^{\beta+1}-\\&\quad\frac{1}{16}\sum_{i=1}^{N}\sum_{v=1}^{m}\left[\sum_{q=1}^{m}\left(\sum_{i=1}^{N}\nabla\Psi_i^q(\boldsymbol{y}_i(t))\right)\left(\sum_{i=1}^{N}\boldsymbol{H}_i^{qv}\right)\right]^2\\&=-d_1\sum_{v=1}^{m}\left[\left(\sum_{i=1}^{N}\nabla\Psi_i^v(\boldsymbol{y}_i(t))\right)^2\right]^{\frac{\alpha+1}{2}}-d_2\sum_{v=1}^{m}\left[\left(\sum_{i=1}^{N}\nabla\Psi_i^v(\boldsymbol{y}_i(t))\right)^2\right]^{\frac{\beta+1}{2}}-\\&\quad\frac{1}{16}\sum_{i=1}^{N}\sum_{v=1}^{m}\left[\sum_{q=1}^{m}\left(\sum_{i=1}^{N}\nabla\Psi_i^q(\boldsymbol{y}_i(t))\right)\left(\sum_{i=1}^{N}\boldsymbol{H}_i^{qv}\right)\right]^2\end{aligned}\tag{7-68}$$

根据式(7-65)、式(7-68)和式(7-59)可得

$$\dot V_1(t)\leqslant-d_1\sum_{v=1}^{m}\left[\left(\sum_{i=1}^{N}\nabla\Psi_i^v(\boldsymbol{y}_i(t))\right)^2\right]^{\frac{\alpha+1}{2}}-d_2\sum_{v=1}^{m}\left[\sum_{i=1}^{N}\nabla\Psi_i^v(\boldsymbol{y}_i(t))^2\right]^{\frac{\beta+1}{2}}+16\sum_{i=1}^{N}\sum_{v=1}^{m}(e_{i0}^v)^2+8\sum_{i=1}^{N}\sum_{v=1}^{m}(s_{i,2}^v(t))^2+16\sum_{i=1}^{N}\sum_{v=1}^{m}\bar z^2\tag{7-69}$$

根据引理 1.9 可得

$$\begin{aligned}\dot V_1(t)&\leqslant-d_1 2^{\frac{\alpha+1}{2}}\left[\frac{1}{2}\sum_{v=1}^{m}\left(\sum_{i=1}^{N}\nabla\Psi_i^v(\boldsymbol{y}_i(t)\right)^2\right]^{\frac{\alpha+1}{2}}-\\&\quad d_2 m^{\frac{1-\beta}{2}}2^{\frac{\beta+1}{2}}\left[\frac{1}{2}\sum_{v=1}^{m}\left(\sum_{i=1}^{N}\nabla\Psi_i^v(\boldsymbol{y}_i(t)\right)^2\right]^{\frac{\beta+1}{2}}+16\sum_{i=1}^{N}\sum_{v=1}^{m}(e_{i0}^v)^2+\\&\quad 8\sum_{i=1}^{N}\sum_{v=1}^{m}(s_{i,2}^v(t))^2+16\sum_{i=1}^{N}\sum_{v=1}^{m}\bar z^2\leqslant-p_3(V_1(t))^{\frac{\alpha+1}{2}}-\\&\quad p_4(V_1(t))^{\frac{\beta+1}{2}}+16\sum_{i=1}^{N}\sum_{v=1}^{m}(e_{i0}^v)^2+8\sum_{i=1}^{N}\sum_{v=1}^{m}(s_{i,2}^v(t))^2+16\sum_{i=1}^{N}\sum_{v=1}^{m}\bar z^2\end{aligned}\tag{7-70}$$

式中

$$p_3 = d_1 2^{\frac{\alpha+1}{2}}, \quad p_4 = d_2 m^{\frac{1-\beta}{2}} 2^{\frac{\beta+1}{2}}$$

第 2 步　为了避免“微分爆炸”问题并且能够获得虚拟控制律的导数，根据引理 1.10 设计高增益微分追踪器，可得

$$\dot{x}^v_{i,2^*}(t) = \delta^v_{i,2,2}(t) + s^v_{i,2}(t), \quad |s^v_{i,2}(t)| \leqslant s^v_{i,2^*} \tag{7-71}$$

对第 2 步追踪误差 $s^v_{i,2}(t)$ 求导可得

$$\dot{s}^v_{i,2}(t) = \dot{x}^v_{i,2}(t) - \dot{x}^v_{i,2^*}(t) = s^v_{i,3}(t) + x^v_{i,3^*}(t) + g^v_{i,2}(\boldsymbol{X}^v_{i,2}) + d^v_{i,2}(t) - \delta^v_{i,2,2}(t) - s^v_{i,2}(t) \tag{7-72}$$

为了解决式(7-72)中的非线性函数 $g^v_{i,2}(\boldsymbol{X}^v_{i,2})$ 及外部干扰 $d^v_{i,2}(t)$，定义 $\bar{g}^v_{i,2}(t) = g^v_{i,2}(\boldsymbol{X}^v_{i,2}) + d^v_{i,2}(t)$。

设计 TFxESO 形式同式(7-22)。构造 Lyapunov 函数：

$$V_2(t) = V_1(t) + \frac{1}{2}\sum_{i=1}^{N}\sum_{v=1}^{m}(s^v_{i,2}(t))^2$$

对 Lyapunov 函数 $V_2(t)$ 求导可得

$$\begin{aligned}
\dot{V}_2(t) &= \dot{V}_1(t) + \sum_{i=1}^{N}\sum_{v=1}^{m} s^v_{i,2}(t)(x^v_{i,3^*}(t) + s^v_{i,3}(t) + g^v_{i,2}(\boldsymbol{X}^v_{i,2}) + d^v_{i,2}(t) - \delta^v_{i,2,2}(t) - s^v_{i,2}(t)) \\
&= \dot{V}_1(t) + \sum_{i=1}^{N}\sum_{v=1}^{m} s^v_{i,2}(t)(x^v_{i,3^*}(t) + s^v_{i,3}(t) + \phi^v_{i,2,2}(t) + z^v_{i,2,2}(t) - \delta^v_{i,2,2}(t) - s^v_{i,2}(t))
\end{aligned} \tag{7-73}$$

由 Young's 不等式可得

$$-s^v_{i,2}(t)s^v_{i,2}(t) \leqslant \frac{1}{2}(s^v_{i,2}(t))^2 + \frac{1}{2}(s^v_{i,2^*})^2 \tag{7-74}$$

$$s^v_{i,2}(t)s^v_{i,3}(t) \leqslant \frac{1}{2}(s^v_{i,2}(t))^2 + \frac{1}{2}(s^v_{i,3}(t))^2 \tag{7-75}$$

$$s^v_{i,2}(t)z^v_{i,2,2}(t) \leqslant \frac{1}{2}(s^v_{i,2}(t))^2 + \frac{1}{2}\bar{z}^2 \tag{7-76}$$

将式(7-74)～式(7-76)代入式(7-73)可得

$$\begin{aligned}
\dot{V}_2(t) \leqslant & -p_3(V_1(t))^{\frac{\alpha+1}{2}} - p_4(V_1(t))^{\frac{\beta+1}{2}} + 8\sum_{i=1}^{N}\sum_{v=1}^{m}(s^v_{i,2}(t))^2 + 16\sum_{i=1}^{N}\sum_{v=1}^{m}(e^v_{i0})^2 + \\
& 16\sum_{i=1}^{N}\sum_{v=1}^{m}\bar{z}^2 + \sum_{i=1}^{N}\sum_{v=1}^{m}\Big[s^v_{i,2}(t)(x^v_{i,3^*}(t) + \phi^v_{i,2,2}(t) - \delta^v_{i,2,2}(t)) + \frac{1}{2}(s^v_{i,2}(t))^2 +
\end{aligned}$$

$$\frac{1}{2}(s^v_{i,2^*})^2+\frac{1}{2}(s^v_{i,2}(t))^2+\frac{1}{2}(s^v_{i,3}(t))^2+\frac{1}{2}(s^v_{i,2}(t))^2+\frac{1}{2}\bar{z}^2\Bigg] \tag{7-77}$$

设计虚拟控制律 $x^v_{i,3^*}(t)$ 如下：

$$x^v_{i,3^*}(t)=-\frac{19}{2}s^v_{i,2}(t)-b^v_{i,2,1}(s^v_{i,2}(t))^\alpha-b^v_{i,2,2}(s^v_{i,2}(t))^\beta-\phi^v_{i,2,2}(t)+\delta^v_{i,2,2}(t) \tag{7-78}$$

由式(7-78)和式(7-77)可得

$$\begin{aligned}\dot{V}_2(t)\leqslant&-p_3(V_1(t))^{\frac{\alpha+1}{2}}-p_4(V_1(t))^{\frac{\beta+1}{2}}+16\sum_{i=1}^{N}\sum_{v=1}^{m}(e^v_{i0})^2+\\&\sum_{i=1}^{N}\sum_{v=1}^{m}\Bigg[-b^v_{i,2,1}(s^v_{i,2}(t))^{\alpha+1}-b^v_{i,2,2}(s^v_{i,2}(t))^{\beta+1}+\frac{1}{2}(s^v_{i,2^*})^2+\\&\frac{1}{2}(s^v_{i,3}(t))^2+\frac{33}{2}\bar{z}^2\Bigg]\end{aligned} \tag{7-79}$$

第 k 步　根据引理 1.10 设计高增益微分追踪器，可得

$$\dot{x}^v_{i,k^*}(t)=\delta^v_{i,k,2}(t)+s^v_{i,k}(t),\quad |s^v_{i,k}(t)|\leqslant s^v_{i,k^*} \tag{7-80}$$

定义第 k 步误差为

$$s^v_{i,k}(t)=x^v_{i,k}(t)-x^v_{i,k^*}(t)$$

对其求导可得

$$\dot{s}^v_{i,k}(t)=x^v_{i,k+1^*}(t)+s^v_{i,k+1}(t)+g^v_{i,k}(\boldsymbol{X}^v_{i,k})+d^v_{i,k}(t)-\delta^v_{i,k,2}(t)-s^v_{i,k}(t) \tag{7-81}$$

为了解决式(7-81)中的非线性函数 $g^v_{i,k}(\boldsymbol{X}^v_{i,k})$ 及外部干扰 $d^v_{i,k}(t)$，定义 $\bar{g}^v_{i,k}(t)=g^v_{i,k}(\boldsymbol{X}^v_{i,k})+d^v_{i,k}(t)$。

设计 TFxESO 形式同(7-32)。构造 Lyapunov 函数：

$$V_k(t)=V_{k-1}(t)+\frac{1}{2}\sum_{i=1}^{N}\sum_{v=1}^{m}(s^v_{i,k}(t))^2$$

根据式(7-81)可以得到 Lyapunov 函数 $V_k(t)$ 的导数为

$$\begin{aligned}\dot{V}_k(t)=&\dot{V}_{k-1}(t)+\sum_{i=1}^{N}\sum_{v=1}^{m}s^v_{i,k}(t)(x^v_{i,k+1^*}(t)+s^v_{i,k+1}(t)+g^v_{i,k}(\boldsymbol{X}^v_{i,k})+\\&d^v_{i,k}(t)-\delta^v_{i,k,2}(t)-s^v_{i,k}(t))=\dot{V}_{k-1}(t)+\sum_{i=1}^{N}\sum_{v=1}^{m}s^v_{i,k}(t)(x^v_{i,k+1^*}(t)+s^v_{i,k+1}(t)+\\&\phi^v_{i,k,2}(t)+z^v_{i,k,2}(t)-\delta^v_{i,k,2}(t)-s^v_{i,k}(t))\end{aligned} \tag{7-82}$$

由 Young's 不等式可得

$$-s_{i,k}^{v}(t)s_{i,k}(t) \leqslant \frac{1}{2}(s_{i,k}^{v})^{2}(t)+\frac{1}{2}(s_{i,k^{*}}^{v})^{2} \tag{7-83}$$

$$s_{i,k}^{v}(t)s_{i,k+1}^{v}(t) \leqslant \frac{1}{2}(s_{i,k}^{v}(t))^{2}+\frac{1}{2}(s_{i,k+1}^{v}(t))^{2} \tag{7-84}$$

$$s_{i,k}^{v}(t)z_{i,k,2}^{v}(t) \leqslant \frac{1}{2}(s_{i,k}^{v}(t))^{2}+\frac{1}{2}\bar{z}^{2} \tag{7-85}$$

将式(7-83)～式(7-85)代入式(7-82)可得

$$\begin{aligned}\dot{V}_{k}(t) \leqslant{} & \dot{V}_{k-1}(t)+\sum_{i=1}^{N}\sum_{v=1}^{m}\left[s_{i,k}^{v}(t)(x_{i,k+1^{*}}^{v}(t)+\phi_{i,k,2}^{v}(t)-\delta_{i,k,2}^{v}(t))+\frac{1}{2}(s_{i,k}^{v}(t))^{2}+\right. \\ & \left.\frac{1}{2}(s_{i,k^{*}}^{v})^{2}+\frac{1}{2}(s_{i,k}^{v}(t))^{2}+\frac{1}{2}(s_{i,k+1}^{v}(t))^{2}+\frac{1}{2}(s_{i,k}^{v}(t))^{2}+\frac{1}{2}\bar{z}^{2}\right]\end{aligned} \tag{7-86}$$

根据式(7-70)和式(7-79)可得

$$\begin{aligned}\dot{V}_{k-1}(t) \leqslant{} & -p_{3}(V_{1}(t))^{\frac{\alpha+1}{2}}-p_{4}(V_{1}(t))^{\frac{\beta+1}{2}}+16\sum_{i=1}^{N}\sum_{v=1}^{m}(e_{i0}^{v})^{2}- \\ & \sum_{i=1}^{N}\sum_{v=1}^{m}\sum_{l=2}^{k-1}\left[-b_{i,l,1}^{v}(s_{i,l}^{v}(t))^{\alpha+1}-b_{i,l,2}^{v}(s_{i,l}^{v}(t))^{\beta+1}+\frac{1}{2}(s_{i,l^{*}}^{v})^{2}\right]+ \\ & \sum_{i=1}^{N}\sum_{v=1}^{m}\sum_{l=1}^{k}\frac{31+l}{2}\bar{z}^{2}+\sum_{i=1}^{N}\sum_{v=1}^{m}\frac{1}{2}(s_{i,k+1}^{v}(t))^{2}\end{aligned} \tag{7-87}$$

根据式(7-86)和式(7-87)可得

$$\begin{aligned}\dot{V}_{k}(t) \leqslant{} & -p_{3}(V_{1}(t))^{\frac{\alpha+1}{2}}-p_{4}(V_{1}(t))^{\frac{\beta+1}{2}}+16\sum_{i=1}^{N}\sum_{v=1}^{m}(e_{i0}^{v})^{2}- \\ & \sum_{i=1}^{N}\sum_{v=1}^{m}\sum_{l=2}^{k-1}\left[-b_{i,l,1}^{v}(s_{i,l}^{v}(t))^{\alpha+1}-b_{i,l,2}^{v}(s_{i,l}^{v}(t))^{\beta+1}+\frac{1}{2}(s_{i,l^{*}}^{v})^{2}\right]+ \\ & \sum_{i=1}^{N}\sum_{v=1}^{m}\sum_{l=1}^{k-1}\frac{31+l}{2}\bar{z}^{2}+\sum_{i=1}^{N}\sum_{v=1}^{m}\frac{1}{2}(s_{i,k}^{v}(t))^{2}+ \\ & \sum_{i=1}^{N}\sum_{v=1}^{m}\left[s_{i,k}^{v}(t)(x_{i,k+1^{*}}^{v}(t)+\right. \\ & \phi_{i,k,2}^{v}(t)-\delta_{i,k,2}^{v}(t))+\frac{1}{2}(s_{i,k}^{v}(t))^{2}+\frac{1}{2}(s_{i,k^{*}}^{v})^{2}+\frac{1}{2}(s_{i,k}^{v}(t))^{2}+ \\ & \left.\frac{1}{2}(s_{i,k+1}^{v}(t))^{2}+\frac{1}{2}(s_{i,k}^{v}(t))^{2}+\frac{1}{2}\bar{z}^{2}\right]\end{aligned} \tag{7-88}$$

设计虚拟控制律 $x_{i,k+1^*}^v(t)$ 形式如下：

$$x_{i,k+1^*}^v(t)=-2s_{i,k}^v(t)-b_{i,k,1}^v(s_{i,k}^v(t))^\alpha-b_{i,k,2}^v(s_{i,k}^v(t))^\beta-\phi_{i,k,2}^v(t)+\delta_{i,k,2}^v(t) \tag{7-89}$$

由式(7-89)和式(7-88)可得

$$\begin{aligned}\dot{V}_k(t)\leqslant&-p_3(V_1(t))^{\frac{\alpha+1}{2}}-p_4(V_1(t))^{\frac{\beta+1}{2}}+16\sum_{i=1}^N\sum_{v=1}^m(e_{i0}^v)^2-\\&\sum_{i=1}^N\sum_{v=1}^m\sum_{l=2}^k\left[-b_{i,l,1}^v(s_{i,l}^v(t))^{\alpha+1}-b_{i,l,2}^v(s_{i,l}^v(t))^{\beta+1}+\frac{1}{2}(s_{i,l^*}^v)^2\right]+\\&\sum_{i=1}^N\sum_{v=1}^m\frac{1}{2}(s_{i,k+1}^v(t))^2+\sum_{i=1}^N\sum_{v=1}^m\sum_{l=1}^k\frac{31+l}{2}\bar{z}^2\end{aligned} \tag{7-90}$$

第 n 步　根据引理 1.10 设计高增益微分追踪器，可得

$$\dot{x}_{i,n^*}^v(t)=\delta_{i,n,2}^v(t)+s_{i,n}^v(t),\quad |s_{i,n}^v(t)|\leqslant s_{i,n^*}^v \tag{7-91}$$

定义第 n 步误差为

$$s_{i,n}^v(t)=x_{i,n}^v(t)-x_{i,n^*}^v(t)$$

对误差 $s_{i,n}^v(t)$ 求导可得

$$\dot{s}_{i,n}^v(t)=u_i^v(t)+g_{i,n}^v(\boldsymbol{X}_{i,n}^v)+d_{i,n}^v(t)-\delta_{i,n,2}^v(t)-s_{i,n}^v(t) \tag{7-92}$$

为了解决式(7-92)中的非线性函数 $g_{i,n}^v(\boldsymbol{X}_{i,n}^v)$ 及外部干扰 $d_{i,n}^v(t)$，定义 $\bar{g}_{i,n}^v(t)=g_{i,n}^v(\boldsymbol{X}_{i,k}^v)+d_{i,n}^v(t)$

设计 TFxESO 形式同式(7-44)。构造 Lyapunov 函数：

$$V_n(t)=V_{n-1}(t)+\frac{1}{2}\sum_{i=1}^N\sum_{v=1}^m(s_{i,n}^v(t))^2$$

对 Lyapunov 函数 $V_n(t)$ 求导可得

$$\begin{aligned}\dot{V}_n(t)&=\dot{V}_{n-1}(t)+\sum_{i=1}^N\sum_{v=1}^m s_{i,n}^v(t)(u_i^v(t)+g_{i,k}^v(\boldsymbol{X}_{i,n}^v)+d_{i,n}^v(t)-\delta_{i,n,2}^v(t)-s_{i,n}^v(t))\\&=\dot{V}_{n-1}(t)+\sum_{i=1}^N\sum_{v=1}^m s_{i,n}^v(t)(u_i^v(t)+\phi_{i,n,2}^v(t)+z_{i,n,2}^v(t)-\delta_{i,n,2}^v(t)-s_{i,n}^v(t))\end{aligned} \tag{7-93}$$

根据 Young's 不等式可得

$$s_{i,n}^v(t)z_{i,n,2}^v(t)\leqslant\frac{1}{2}(s_{i,n}^v(t))^2+\frac{1}{2}\bar{z}^2 \tag{7-94}$$

$$-s_{i,n}^v(t)s_{i,n}(t)\leqslant\frac{1}{2}(s_{i,n}^v(t))^2+\frac{1}{2}(s_{i,n^*}^v)^2 \tag{7-95}$$

将式(7-94)和式(7-95)代入式(7-93)可得

$$\dot{V}_n(t) \leqslant \dot{V}_{n-1}(t) + \sum_{i=1}^{N}\sum_{v=1}^{m}\left[s_{i,n}^{v}(t)(u_i^v(t) + \phi_{i,n,2}^{v}(t) - \delta_{i,n,2}^{v}(t)) + \frac{1}{2}(s_{i,n}^{v}(t))^2 + \frac{1}{2}(s_{i,n^*}^{v})^2 + \frac{1}{2}(s_{i,n}^{v}(t))^2 + \frac{1}{2}\bar{z}^2\right] \tag{7-96}$$

由式(7-70)、式(7-79)和式(7-90)可得

$$\dot{V}_{n-1}(t) \leqslant -p_2(V_1(t))^{\frac{\alpha+1}{2}} - p_3(V_1(t))^{\frac{\beta+1}{2}} + 16\sum_{i=1}^{N}\sum_{v=1}^{m}(e_{i0}^{v})^2 + \sum_{i=1}^{N}\sum_{v=1}^{m}\sum_{l=1}^{n-1}\frac{31+l}{2}\bar{z}^2 - \sum_{i=1}^{N}\sum_{v=1}^{m}\sum_{l=2}^{n-1}\left[-b_{i,l,1}^{v}(s_{i,l}^{v}(t))^{\alpha+1} - b_{i,l,2}^{v}(s_{i,l}^{v}(t))^{\beta+1} + \frac{1}{2}(s_{i,l^*}^{v})^2\right] + \sum_{i=1}^{N}\sum_{v=1}^{m}\frac{1}{2}(s_{i,n}^{v}(t))^2 \tag{7-97}$$

由式(7-96)和式(7-97)可得

$$\begin{aligned}\dot{V}_n(t) \leqslant& -p_1(V_1(t))^{\frac{\alpha+1}{2}} - p_2(V_1(t))^{\frac{\beta+1}{2}} + 16\sum_{i=1}^{N}\sum_{v=1}^{m}(e_{i0}^{v})^2 + \sum_{i=1}^{N}\sum_{v=1}^{m}\sum_{l=1}^{n-1}\frac{31+l}{2}\bar{z}^2 - \\ &\sum_{i=1}^{N}\sum_{v=1}^{m}\sum_{l=2}^{n-1}\left[-b_{i,l,1}^{v}(s_{i,l}^{v}(t))^{\alpha+1} - b_{i,l,2}^{v}(s_{i,l}^{v}(t))^{\beta+1} + \frac{1}{2}(s_{i,l^*}^{v})^2\right] + \\ &\sum_{i=1}^{N}\sum_{v=1}^{m}\frac{1}{2}(s_{i,n}^{v}(t))^2 + \sum_{i=1}^{N}\sum_{v=1}^{m}\left[s_{i,n}^{v}(t)(u_i^v(t) + \phi_{i,n,2}^{v}(t) - \delta_{i,n,2}^{v}(t)) + \right. \\ &\left.\frac{1}{2}(s_{i,n}^{v}(t))^2 + \frac{1}{2}(s_{i,n^*}^{v})^2 + \frac{1}{2}(s_{i,n}^{v}(t))^2 + \frac{1}{2}\bar{z}^2\right]\end{aligned} \tag{7-98}$$

设计控制输入 $u_i^v(t)$形式如下：

$$u_i^v(t) = -\frac{3}{2}s_{i,n}^{v}(t) - b_{i,n,1}^{v}(s_{i,n}^{v}(t))^{\alpha} - b_{i,n,2}^{v}(s_{i,n}^{v}(t))^{\beta} - \phi_{i,n,2}^{v}(t) + \delta_{i,n,2}^{v}(t) \tag{7-99}$$

将式(7-99)代入式(7-98)可得

$$\begin{aligned}\dot{V}_n(t) \leqslant& -p_3(V_1(t))^{\frac{\alpha+1}{2}} - p_4(V_1(t))^{\frac{\beta+1}{2}} + 16\sum_{i=1}^{N}\sum_{v=1}^{m}(e_{i0}^{v})^2 - \\ &\sum_{i=1}^{N}\sum_{v=1}^{m}\sum_{l=2}^{n}[-b_{i,l,1}^{v}(s_{i,l}^{v}(t))^{\alpha+1} - b_{i,l,2}^{v}(s_{i,l}^{v}(t))^{\beta+1}] + \sum_{i=1}^{N}\sum_{v=1}^{m}\sum_{l=2}^{n}\frac{1}{2}(s_{i,i^*}^{v})^2 + \\ &\sum_{i=1}^{N}\sum_{v=1}^{m}\sum_{l=1}^{n}\frac{31+l}{2}\bar{z}^2 \leqslant -\mu_2(V_n(t))^{\frac{\alpha+1}{2}} - \varphi_2(V_n(t))^{\frac{\beta+1}{2}} + \xi_2\end{aligned} \tag{7-100}$$

式中

$$\mu_2=\min\{p_3,b_{i,l,1}^v\},\quad \varphi_2=\min\{p_4,b_{i,l,2}^v\}$$

$$\xi_2=16\sum_{i=1}^{N}\sum_{v=1}^{m}(e_{i0}^v)^2+\sum_{i=1}^{N}\sum_{v=1}^{m}\sum_{l=2}^{n}\frac{1}{2}(s_{i,l^*}^v)^2+\sum_{i=1}^{N}\sum_{v=1}^{m}\sum_{l=1}^{n}\frac{31+l}{2}\bar{z}^2$$

根据引理 1.6 可得，系统式(7-1)是实际固定时间稳定的，收敛时间的上界表示为

$$T\leqslant T_{\max}=\frac{2}{(1-\alpha)\mu_2\iota}+\frac{2}{(\beta-1)\varphi_2\iota}\tag{7-101}$$

系统的残差集表示为

$$\left\{\lim_{t\to T}\mid V(x)\leqslant\min\left\{\left(\frac{\xi}{(1-\iota)\mu}\right)^{\frac{2}{\alpha+1}},\left(\frac{\xi}{(1-\iota)\varphi}\right)^{\frac{2}{\beta+1}}\right\}\right\}\tag{7-102}$$

7.2.2　估计器设计及稳定分析

根据式(7-6)～式(7-8)可知，虚拟控制律 $x_{i,2^*}^v$ 中包含全局目标函数梯度信息 $\sum_{k=1}^{N}\nabla\boldsymbol{\Psi}_k(\boldsymbol{y}_k(t))$、全局目标函数的黑塞矩阵信息 $\sum_{k=1}^{N}\boldsymbol{H}_k$ 和所有智能体输出信息 $\sum_{k=1}^{N}\boldsymbol{x}_{k,1}(t)$。为了构造分布式控制算法，本章通过设计两个估计器来获得智能体所需信息。在给出估计器的设计前，需要以下假设。

假设 7.5　对于 $i,j=1,\cdots,N$，存在一个正实数 π_1，使得 $\|\dot{\boldsymbol{x}}_{j,1}(t)-\dot{\boldsymbol{x}}_{i,1}(t)\|<\pi_1$。

假设 7.6　对于 $i,j=1,\cdots,N$，存在一个正实数 π_1，使得 $\|\dot{\boldsymbol{h}}_j(t)-\dot{\boldsymbol{h}}_i(t)\|<\pi_2$，其中 $\boldsymbol{h}_i=[\nabla\boldsymbol{\Psi}_i(\boldsymbol{y}_i)^{\mathrm{T}},(\boldsymbol{H}_i^1)^{\mathrm{T}},\cdots,(\boldsymbol{H}_i^m)^{\mathrm{T}}]^{\mathrm{T}}$。

估计器一：假设每个智能体都包含分布式估计器来估计信息 $\frac{1}{N}\sum_{k=1}^{N}\boldsymbol{x}_{k,1}(t)$，形式为

$$\begin{cases}\boldsymbol{w}_{i1}(t)=\boldsymbol{\psi}_{i1}(t)+\boldsymbol{x}_{i,1}(t)\\ \dot{\boldsymbol{\psi}}_{i1}(t)=q_0\sum_{j=1}^{N}a_{ij}\,\mathrm{sign}(\boldsymbol{w}_{j1}(t)-\boldsymbol{w}_{i1}(t))+a_1\sum_{j=1}^{N}a_{ij}\,\mathrm{sig}^{\alpha}(\boldsymbol{w}_{j1}(t)-\boldsymbol{w}_{i1}(t))+\\ \qquad a_2\sum_{j=1}^{N}a_{ij}\,\mathrm{sig}^{\beta}(\boldsymbol{w}_{j1}(t)-\boldsymbol{w}_{i1}(t))\\ \boldsymbol{\psi}_{i1}(0)=\boldsymbol{0}_m\end{cases}\tag{7-103}$$

式中：$\boldsymbol{w}_{i1}(t)=[w_{i1}^1(t),\cdots,w_{i1}^m(t)]^{\mathrm{T}}$ 是用来估计 $\frac{1}{N}\sum_{k=1}^{N}\boldsymbol{x}_{k,1}(t)$ 的分布式估计器；q_0、a_1、a_2

为设计参数。

对 $\boldsymbol{w}_{i1}(t)$ 求导可得

$$\begin{aligned}\dot{\boldsymbol{w}}_{i1}(t)=&\dot{\boldsymbol{\psi}}_i(t)+\dot{\boldsymbol{h}}_{i1}(t)\\=&q_0\sum_{j=1}^{N}a_{ij}\operatorname{sign}(\boldsymbol{w}_{j1}(t)-\boldsymbol{w}_{i1}(t))+a_1\sum_{j=1}^{N}a_{ij}\operatorname{sig}^{\alpha}(\boldsymbol{w}_{j1}(t)-\boldsymbol{w}_{i1}(t))+\\&a_2\sum_{j=1}^{N}a_{ij}\operatorname{sig}^{\beta}(\boldsymbol{w}_{j1}(t)-\boldsymbol{w}_{i1}(t))+\dot{\boldsymbol{x}}_{i,1}(t)\end{aligned}\tag{7-104}$$

定义平均追踪误差

$$\tilde{\boldsymbol{w}}_{i1}(t)=\boldsymbol{w}_{i1}(t)-\frac{1}{N}\sum_{k=1}^{N}\boldsymbol{w}_{k1}(t)$$

构造 Lyapunov 函数：

$$V_{\tilde{w}_{i1}}(t)=\frac{1}{2}\sum_{i=1}^{N}\tilde{\boldsymbol{w}}_{i1}^{\mathrm{T}}(t)\tilde{\boldsymbol{w}}_{i1}(t)$$

对 $V_{\tilde{w}_{i1}}(t)$ 求导可得

$$\begin{aligned}\dot{V}_{\tilde{w}_{i1}}(t)=&\sum_{i=1}^{N}\tilde{\boldsymbol{w}}_{i1}^{\mathrm{T}}(t)\dot{\tilde{\boldsymbol{w}}}_{i1}(t)\\=&\sum_{i=1}^{N}\tilde{\boldsymbol{w}}_{i1}^{\mathrm{T}}(t)\left[\dot{\boldsymbol{\psi}}_{i1}(t)-\frac{1}{N}\sum_{k=1}^{N}\dot{\boldsymbol{\psi}}_{k1}(t)+\frac{1}{N}\sum_{k=1}^{N}(\dot{\boldsymbol{x}}_{i,1}(t)-\dot{\boldsymbol{x}}_{k,1}(t))\right]\end{aligned}\tag{7-105}$$

由于

$$\sum_{k=1}^{N}\sum_{j=1}^{N}(\boldsymbol{w}_{k1}(t)-\boldsymbol{w}_{j1}(t))=0$$

可得

$$\frac{1}{N}\sum_{k=1}^{N}\dot{\boldsymbol{\psi}}_{k1}(t)=0$$

则式(7-105)可以改写为

$$\begin{aligned}\dot{V}_{\tilde{w}_{i1}}(t)=&\sum_{i=1}^{N}\tilde{\boldsymbol{w}}_{i1}^{\mathrm{T}}(t)\left[\dot{\boldsymbol{\psi}}_{i1}(t)+\frac{1}{N}\sum_{k=1}^{N}(\dot{\boldsymbol{x}}_{i,1}(t)-\dot{\boldsymbol{x}}_{k,1}(t))\right]\\=&\sum_{i=1}^{N}\tilde{\boldsymbol{w}}_{i1}^{\mathrm{T}}(t)\left[a_1\sum_{j=1}^{N}a_{ij}\operatorname{sig}^{\alpha}(\boldsymbol{w}_{j1}(t)-\boldsymbol{w}_{i1}(t))+a_2\sum_{j=1}^{N}a_{ij}\operatorname{sig}^{\beta}(\boldsymbol{w}_{j1}(t)-\boldsymbol{w}_{i1}(t))+\right.\\&\left.q_0\sum_{j=1}^{N}a_{ij}\operatorname{sign}(\boldsymbol{w}_{j1}(t)-\boldsymbol{w}_{i1}(t))+\frac{1}{N}\sum_{k=1}^{N}(\dot{\boldsymbol{x}}_{i,1}(t)-\dot{\boldsymbol{x}}_{k,1}(t))\right]\end{aligned}\tag{7-106}$$

定义如下函数 F_1 和 F_2：

$$F_1=\sum_{i=1}^{N}\tilde{\boldsymbol{w}}_{i1}^{\mathrm{T}}(t)\left[a_1\sum_{j=1}^{N}a_{ij}\operatorname{sig}^{\alpha}(\boldsymbol{w}_{j1}(t)-\boldsymbol{w}_{i1}(t))+a_2\sum_{j=1}^{N}a_{ij}\operatorname{sig}^{\beta}(\boldsymbol{w}_{j1}(t)-\boldsymbol{w}_{i1}(t))\right] \tag{7-107}$$

$$F_2=\sum_{i=1}^{N}\tilde{\boldsymbol{w}}_{i1}^{\mathrm{T}}(t)\left[q_0\sum_{j=1}^{N}a_{ij}\operatorname{sign}(\boldsymbol{w}_{j1}(t)-\boldsymbol{w}_{i1}(t))+\frac{1}{N}\sum_{k=1}^{N}(\dot{\boldsymbol{x}}_{i,1}(t)-\dot{\boldsymbol{x}}_{k,1}(t))\right] \tag{7-108}$$

对于函数 F_1，有

$$\begin{aligned}F_1=&\frac{1}{2}\sum_{i=1}^{N}\left[a_1\sum_{j=1}^{N}a_{ij}\tilde{\boldsymbol{w}}_{i1}^{\mathrm{T}}(t)\operatorname{sig}^{\alpha}(\tilde{\boldsymbol{w}}_{j1}(t)-\tilde{\boldsymbol{w}}_{i1}(t))+a_2\sum_{j=1}^{N}a_{ij}\tilde{\boldsymbol{w}}_{i1}^{\mathrm{T}}(t)\operatorname{sig}^{\beta}(\tilde{\boldsymbol{w}}_{j1}(t)-\tilde{\boldsymbol{w}}_{i1}(t))\right]+\\&\frac{1}{2}\sum_{j=1}^{N}\left[a_1\sum_{i=1}^{N}a_{ij}\tilde{\boldsymbol{w}}_{j1}^{\mathrm{T}}(t)\operatorname{sig}^{\alpha}(\tilde{\boldsymbol{w}}_{i1}(t)-\tilde{\boldsymbol{w}}_{j1}(t))+a_2\sum_{i=1}^{N}a_{ij}\tilde{\boldsymbol{w}}_{j1}^{\mathrm{T}}(t)\operatorname{sig}^{\beta}(\tilde{\boldsymbol{w}}_{i1}(t)-\tilde{\boldsymbol{w}}_{j1}(t))\right]\\=&-\frac{1}{2}\sum_{i=1}^{N}\left[a_1\sum_{j=1}^{N}a_{ij}(\tilde{\boldsymbol{w}}_{i1}(t)-\tilde{\boldsymbol{w}}_{j1}(t))^{\mathrm{T}}\operatorname{sig}^{\alpha}(\tilde{\boldsymbol{w}}_{i1}(t)-\tilde{\boldsymbol{w}}_{j1}(t))+\right.\\&\left.a_2\sum_{j=1}^{N}a_{ij}(\tilde{\boldsymbol{w}}_{i1}(t)-\tilde{\boldsymbol{w}}_{j1}(t))^{\mathrm{T}}\operatorname{sig}^{\beta}(\tilde{\boldsymbol{w}}_{i1}(t)-\tilde{\boldsymbol{w}}_{j1}(t))\right]\end{aligned} \tag{7-109}$$

根据引理 1.9 可得

$$\begin{aligned}F_1\leqslant&-\frac{a_1}{2}\left(\sum_{i=1}^{N}\sum_{j=1}^{N}a_{ij}\ \|\tilde{\boldsymbol{w}}_{i1}(t)-\tilde{\boldsymbol{w}}_{j1}(t)\|^2\right)^{\frac{\alpha+1}{2}}-\\&\frac{a_2}{2}N^{1-\beta}\left(\sum_{i=1}^{N}\sum_{j=1}^{N}a_{ij}\ \|\tilde{\boldsymbol{w}}_{i1}(t)-\tilde{\boldsymbol{w}}_{j1}(t))\|^2\right)^{\frac{\beta+1}{2}}\end{aligned} \tag{7-110}$$

由于

$$\sum_{k=1}^{N}(\dot{\boldsymbol{x}}_{i,1}(t)-\dot{\boldsymbol{x}}_{k,1}(t))=\sum_{j=1}^{N}(\dot{\boldsymbol{x}}_{i,1}(t)-\dot{\boldsymbol{x}}_{j,1}(t))$$

因此，对于函数 F_2，有

$$\begin{aligned}F_2=&\frac{1}{2}q_0\sum_{i=1}^{N}\tilde{\boldsymbol{w}}_{i1}^{\mathrm{T}}(t)\left(\sum_{j=1}^{N}\operatorname{sign}(\tilde{\boldsymbol{w}}_{j1}(t)-\tilde{\boldsymbol{w}}_{i1}(t))\right)+\\&\frac{1}{2}q_0\sum_{j=1}^{N}\tilde{\boldsymbol{w}}_{j1}^{\mathrm{T}}(t)\left(\sum_{i=1}^{N}\operatorname{sign}(\tilde{\boldsymbol{w}}_{i1}(t)-\tilde{\boldsymbol{w}}_{j1}(t))\right)+\\&\frac{1}{2N}\sum_{i=1}^{N}\tilde{\boldsymbol{w}}_{i1}^{\mathrm{T}}(t)\left(\sum_{j=1}^{N}(\dot{\boldsymbol{x}}_{i,1}(t)-\dot{\boldsymbol{x}}_{j,1}(t))\right)+\\&\frac{1}{2N}\sum_{j=1}^{N}\tilde{\boldsymbol{w}}_{j1}^{\mathrm{T}}(t)\sum_{i=1}^{N}(\dot{\boldsymbol{x}}_{i,1}(t)-\dot{\boldsymbol{x}}_{j,1}(t))\end{aligned}$$

$$=-\frac{1}{2}q_0\sum_{i=1}^{N}\sum_{j=1}^{N}[(\tilde{\boldsymbol{w}}_{i1}(t)-\tilde{\boldsymbol{w}}_{j1}(t))\operatorname{sign}(\tilde{\boldsymbol{w}}_{i1}(t)-\tilde{\boldsymbol{w}}_{j1}(t))]+$$

$$\frac{1}{2N}\sum_{i=1}^{N}\sum_{j=1}^{N}[(\tilde{\boldsymbol{w}}_{i1}(\boldsymbol{t})-\tilde{\boldsymbol{w}}_{j1}(\boldsymbol{t}))(\dot{\boldsymbol{x}}_{i,1}(\boldsymbol{t})-\dot{\boldsymbol{x}}_{j,1}(t))] \tag{7-111}$$

根据假设 7.5,有 $\|\dot{\boldsymbol{x}}_{j,1}(t)-\dot{\boldsymbol{x}}_{i,1}(t)\|<\pi_1$,由此可得

$$\begin{aligned}F_2 &\leqslant -\frac{1}{2}q_0\sum_{i=1}^{N}\sum_{j=1}^{N}\|\tilde{\boldsymbol{w}}_{i1}(t)-\tilde{\boldsymbol{w}}_{j1}(t)\|+\frac{\pi}{2N}\sum_{i=1}^{N}\sum_{j=1}^{N}\|\tilde{\boldsymbol{w}}_{i1}(t)-\tilde{\boldsymbol{w}}_{j1}(t)\|\\ &\leqslant -\frac{1}{2}q_0\sum_{i=1}^{N}\sum_{j=1}^{N}\|\tilde{\boldsymbol{w}}_{i1}(t)-\tilde{\boldsymbol{w}}_{j1}(t)\|+\frac{\pi_1}{2}\max_i\sum_{j=1,j\neq i}^{N}\|\tilde{\boldsymbol{w}}_{i1}(t)-\tilde{\boldsymbol{w}}_{j1}(t)\|\\ &\leqslant\left(\frac{\pi_1(N-1)}{4}-\frac{1}{2}q_0\right)\sum_{i=1}^{N}\sum_{j=1}^{N}\|\tilde{\boldsymbol{w}}_{i1}(t)-\tilde{\boldsymbol{w}}_{j1}(t)\|\end{aligned} \tag{7-112}$$

将式(7-110)和式(7-112)代入式(7-106)可得

$$\begin{aligned}\dot{V}_{\tilde{w}_{i1}}(t) &\leqslant -\frac{a_1}{2}\left(\sum_{i=1}^{N}\sum_{j=1}^{N}a_{ij}\|\tilde{\boldsymbol{w}}_{i1}(t)\tilde{\boldsymbol{w}}_{j1}(t)\|\right)^{\frac{\alpha+1}{2}}-\\ &\quad\frac{a_2}{2}N^{1-\beta}\left(\sum_{i=1}^{N}\sum_{j=1}^{N}a_{ij}\|\tilde{\boldsymbol{w}}_{i1}(t)-\tilde{\boldsymbol{w}}_{j1}(t)\|^2\right)^{\frac{\beta+1}{2}}+\\ &\quad\left(\frac{\pi_1(N-1)}{4}-\frac{1}{2}q_0\right)\sum_{i=1}^{N}\sum_{j=1}^{N}\|\tilde{\boldsymbol{w}}_{i1}(t)-\tilde{\boldsymbol{w}}_{j1}(t)\|\\ &\leqslant -\frac{a_1}{2}[2\tilde{\boldsymbol{w}}_1^{\mathrm{T}}(\boldsymbol{L}_\alpha\otimes\boldsymbol{I}_m)\tilde{\boldsymbol{w}}_1]^{\frac{\alpha+1}{2}}-\frac{a_2}{2}N^{1-\beta}[2\tilde{\boldsymbol{w}}_1^{\mathrm{T}}(\boldsymbol{L}_\beta\otimes\boldsymbol{I}_m)\tilde{\boldsymbol{w}}_1]^{\frac{\beta+1}{2}}\end{aligned} \tag{7-113}$$

由引理 1.3 可得

$$\dot{V}_{\tilde{w}_{i1}}(t)\leqslant -\frac{a_1}{2}(4\lambda_2(\boldsymbol{L}_\alpha))^{\frac{\alpha+1}{2}}(V_{\tilde{w}_{i1}})^{\frac{\alpha+1}{2}}-\frac{a_2}{2}N^{1-\beta}(4\lambda_2(\boldsymbol{L}_\beta))^{\frac{\beta+1}{2}}(V_{\tilde{w}_{i1}})^{\frac{\beta+1}{2}} \tag{7-114}$$

根据引理 1.6,估计器一[式(7-103)]能够在固定时间内收敛,并且收敛时间不超过 T_0^1:

$$T_0^1\leqslant T_{\max}=\frac{1}{(1-\alpha)\left(\frac{a_1}{2}(4\lambda_2(\boldsymbol{L}_\alpha))^{\frac{\alpha+1}{2}}\right)}+\frac{1}{(\beta-1)\left(\frac{a_2}{2}N^{1-\beta}(4\lambda_2(\boldsymbol{L}_\beta))^{\frac{\beta+1}{2}}\right)} \tag{7-115}$$

注意,存在

$$\sum_{i=1}^{N}\tilde{\boldsymbol{w}}_{i1}^{\mathrm{T}}(t)\tilde{\boldsymbol{w}}_{i1}(t)=0$$

这意味着

$$\boldsymbol{w}_{11}(t)=\cdots=\boldsymbol{w}_{N1}(t)=\frac{1}{N}\sum_{k=1}^{N}\boldsymbol{w}_{k1}(t),\quad t>T_0^1$$

由此可得

$$\sum_{i=1}^{N}\boldsymbol{w}_{i1}(t)=\sum_{k=1}^{N}\boldsymbol{x}_{k,1}(t),\quad \boldsymbol{w}_{i1}(t)=\frac{1}{N}\sum_{k=1}^{N}\boldsymbol{x}_{k,1}(t)$$

估计器二：假设每个智能体都包含分布式估计器来估计信息$\frac{1}{N}\sum_{k=1}^{N}\nabla\boldsymbol{\Psi}_k(\boldsymbol{y}_k(t))$和$\frac{1}{N}\sum_{k=1}^{N}\boldsymbol{H}_k$，形式如下：

$$\begin{cases}\boldsymbol{w}_{i2}(t)=[\boldsymbol{w}_{i2a}^{\mathrm{T}},\boldsymbol{w}_{i2b1}^{\mathrm{T}},\cdots,\boldsymbol{w}_{i2bm}^{\mathrm{T}}]^{\mathrm{T}}=\boldsymbol{\psi}_{i2}+\boldsymbol{h}_i\\ \boldsymbol{h}_i(t)=[\nabla\boldsymbol{\Psi}_i(\boldsymbol{y}_i)^{\mathrm{T}},(\boldsymbol{H}_i^1)^{\mathrm{T}},\cdots,(\boldsymbol{H}_i^m)^{\mathrm{T}}]^{\mathrm{T}}\\ \dot{\boldsymbol{\psi}}_{i2}(t)=q_1\sum_{j=1}^{N}a_{ij}\operatorname{sign}(\boldsymbol{w}_{j1}-\boldsymbol{w}_{i1})+a_3\sum_{j=1}^{N}a_{ij}\operatorname{sig}^{\alpha}(\boldsymbol{w}_{j1}-\boldsymbol{w}_{i1})+a_4\sum_{j=1}^{N}a_{ij}\operatorname{sig}^{\beta}(\boldsymbol{w}_{j1}-\boldsymbol{w}_{i1})\\ \boldsymbol{\psi}_{i2}(0)=\begin{bmatrix}\boldsymbol{0}_m\\ \boldsymbol{0}_{m^2}\end{bmatrix}\end{cases}\tag{7-116}$$

其中：$\boldsymbol{H}_i^v$为第i个智能体的黑塞矩阵第v个列向量，$\boldsymbol{w}_{i2a}(t)=[w_{i2a}^1(t),\cdots,w_{i2a}^m(t)]^{\mathrm{T}}$和$\boldsymbol{w}_{i2b}(t)$为分布式估计器，分别用来估计$\frac{1}{N}\sum_{k=1}^{N}\nabla\boldsymbol{\Psi}_k(\boldsymbol{y}_k(t))$和$\frac{1}{N}\sum_{k=1}^{N}\boldsymbol{H}_k$。$\boldsymbol{w}_{i2bv}(t)=[\boldsymbol{w}_{i2bv}^1(t),\cdots,\boldsymbol{w}_{i2bv}^m(t)]^{\mathrm{T}}$为$\boldsymbol{w}_{i2b}(t)$的第$v$个列向量。

对式(7-116)求导可得

$$\begin{aligned}\dot{\boldsymbol{w}}_{i2}(t)&=\dot{\boldsymbol{\psi}}_{i2}(t)+\dot{\boldsymbol{h}}_i(t)\\ &=q_1\sum_{j=1}^{N}a_{ij}\operatorname{sign}(\boldsymbol{w}_{j2}(t)-\boldsymbol{w}_{i2}(t))+a_3\sum_{j=1}^{N}a_{ij}\operatorname{sig}^{\alpha}(\boldsymbol{w}_{j2}(t)-\boldsymbol{w}_{i2}(t))+\\ &\quad a_4\sum_{j=1}^{N}a_{ij}\operatorname{sig}^{\beta}(\boldsymbol{w}_{j2}(t)-\boldsymbol{w}_{i2}(t))+\dot{\boldsymbol{h}}_i(t)\end{aligned}\tag{7-117}$$

定义平均追踪误差

$$\tilde{\boldsymbol{w}}_{i2}(t)=\boldsymbol{w}_{i2}(t)-\frac{1}{N}\sum_{k=1}^{N}\boldsymbol{w}_{k2}(t)$$

构造 Lyapunov 函数：

$$V_{\tilde{w}_{i2}}(t)=\frac{1}{2}\sum_{i=1}^{N}\tilde{\boldsymbol{w}}_{i2}^{\mathrm{T}}(t)\tilde{\boldsymbol{w}}_{i2}(t)$$

对函数 $V_{\tilde{w}_{i2}}(t)$ 求导可得

$$\begin{aligned}\dot{V}_{\tilde{w}_{i2}}(t)&=\sum_{i=1}^{N}\tilde{\boldsymbol{w}}_{i2}^{\mathrm{T}}(t)\tilde{\boldsymbol{w}}_{i2}(t)\\&=\sum_{i=1}^{N}\tilde{\boldsymbol{w}}_{i2}^{\mathrm{T}}(t)\left[\dot{\boldsymbol{\psi}}_{i2}(t)-\frac{1}{N}\sum_{k=1}^{N}\dot{\boldsymbol{\psi}}_{k2}(t)+\frac{1}{N}\sum_{k=1}^{N}(\dot{\boldsymbol{h}}_{i}(t)-\dot{\boldsymbol{h}}_{k}(t))\right]\end{aligned}\tag{7-118}$$

考虑到

$$\sum_{k=1}^{N}\sum_{j=i}^{N}(\boldsymbol{w}_{k2}(t)-\boldsymbol{w}_{j2}(t))=0$$

能够得到

$$\sum_{k=1}^{N}\dot{\boldsymbol{\psi}}_{k2}(t)=0$$

因此,式(7-118)可以改写为

$$\begin{aligned}\dot{V}_{\tilde{w}_{i2}}(t)&=\sum_{i=1}^{N}\tilde{\boldsymbol{w}}_{i2}^{\mathrm{T}}(t)\left[\dot{\boldsymbol{\psi}}_{i2}(t)+\frac{1}{N}\sum_{k=1}^{N}(\dot{\boldsymbol{h}}_{i2}(t)-\dot{\boldsymbol{h}}_{k2}(t))\right]\\&=\sum_{i=1}^{N}\tilde{\boldsymbol{w}}_{i1}^{\mathrm{T}}(t)\left[a_{3}\sum_{j=1}^{N}a_{ij}\operatorname{sig}^{\alpha}(\boldsymbol{w}_{j2}(t)-\boldsymbol{w}_{i2}(t))+a_{4}\sum_{j=1}^{N}a_{ij}\operatorname{sig}^{\beta}(\boldsymbol{w}_{j2}(t)-\boldsymbol{w}_{i2}(t))+\right.\\&\qquad\left.q_{1}\sum_{j=1}^{N}a_{ij}\operatorname{sign}(\boldsymbol{w}_{j2}(t)-\boldsymbol{w}_{i2}(t))+\frac{1}{N}\sum_{k=1}^{N}(\dot{\boldsymbol{h}}_{i}(t)-\dot{\boldsymbol{h}}_{k}(t))\right]\end{aligned}\tag{7-119}$$

定义函数 F_3 和 F_4 如下:

$$F_{3}=\sum_{i=1}^{N}\tilde{\boldsymbol{w}}_{i2}^{\mathrm{T}}(t)\left[a_{3}\sum_{j=1}^{N}a_{ij}\operatorname{sig}^{\alpha}(\boldsymbol{w}_{j2}(t)-\boldsymbol{w}_{i2}(t))+a_{4}\sum_{j=1}^{N}a_{ij}\operatorname{sig}^{\beta}(\boldsymbol{w}_{j2}(t)-\boldsymbol{w}_{i2}(t))\right]\tag{7-120}$$

$$F_{4}=\sum_{i=1}^{N}\tilde{\boldsymbol{w}}_{i1}^{\mathrm{T}}(t)\left[q_{1}\sum_{j=1}^{N}a_{ij}\operatorname{sign}(\boldsymbol{w}_{j2}(t)-\boldsymbol{w}_{i2}(t))+\frac{1}{N}\sum_{k=1}^{N}(\dot{\boldsymbol{h}}_{i}(t)-\dot{\boldsymbol{h}}_{\boldsymbol{k}}(t))\right]\tag{7-121}$$

与估计器一的稳定性证明相同,此处可以得到如下不等式:

$$F_{3}\leqslant-\frac{a_{3}}{2}\left(\sum_{i=1}^{N}\sum_{j=1}^{N}a_{ij}\parallel\tilde{\boldsymbol{w}}_{i2}(t)-\tilde{\boldsymbol{w}}_{j2}(t)\parallel^{2}\right)^{\frac{\alpha+1}{2}}-\frac{a_{4}}{2}N^{1-\beta}\left(\sum_{i=1}^{N}\sum_{j=1}^{N}a_{ij}\parallel\tilde{\boldsymbol{w}}_{i2}(t)-\tilde{\boldsymbol{w}}_{j2}(t)\parallel^{2}\right)^{\frac{\beta+1}{2}}\tag{7-122}$$

$$F_{4}\leqslant\left(\frac{\pi_{2}(N-1)}{4}-\frac{1}{2}q_{1}\right)\sum_{i=1}^{N}\sum_{j=1}^{N}\parallel\tilde{\boldsymbol{w}}_{i2}(t)-\tilde{\boldsymbol{w}}_{j2}(t)\parallel\tag{7-123}$$

将式(7-122)和式(7-123)代入式(7-119)可得

$$\begin{aligned}\dot{V}_{\tilde{w}_{i2}}(t) \leqslant & -\frac{a_3}{2}\left(\sum_{i=1}^{N}\sum_{j=1}^{N}a_{ij}\|\tilde{\boldsymbol{w}}_{i2}(t)-\tilde{\boldsymbol{w}}_{j2}(t)\|^2\right)^{\frac{\alpha+1}{2}} - \\ & \frac{a_4}{2}N^{1-\beta}\left(\sum_{i=1}^{N}\sum_{j=1}^{N}a_{ij}\|\tilde{\boldsymbol{w}}_{i2}(t)-\tilde{\boldsymbol{w}}_{j2}(t)\|^2\right)^{\frac{\beta+1}{2}} + \\ & \left(\frac{\pi_2(N-1)}{4}-\frac{1}{2}q_1\right)\sum_{i=1}^{N}\sum_{j=1}^{N}\|\tilde{\boldsymbol{w}}_{i2}(t)-\tilde{\boldsymbol{w}}_{j2}(t)\| \\ \leqslant & -\frac{a_3}{2}[2\tilde{\boldsymbol{w}}_2^{\mathrm{T}}(\boldsymbol{L}_\alpha\otimes\boldsymbol{I}_m)\tilde{\boldsymbol{w}}_2]^{\frac{\alpha+1}{2}}-\frac{a_4}{2}N^{1-\beta}[2\tilde{\boldsymbol{w}}_2^{\mathrm{T}}(\boldsymbol{L}_\beta\otimes\boldsymbol{I}_m)\tilde{\boldsymbol{w}}_2]^{\frac{\beta+1}{2}}\end{aligned}\tag{7-124}$$

根据引理1.3可得

$$\dot{V}_{\tilde{w}_{i2}}(t)\leqslant-\frac{a_3}{2}(4\lambda_2(\boldsymbol{L}_\alpha))^{\frac{\alpha+1}{2}}(V_{\tilde{w}_{i2}})^{\frac{\alpha+1}{2}}-\frac{a_4}{2}N^{1-\beta}(4\lambda_2(\boldsymbol{L}_\beta))^{\frac{\beta+1}{2}}(V_{\tilde{w}_{i2}})^{\frac{\beta+1}{2}}\tag{7-125}$$

由引理1.6可得,估计器二[式(7-116)]能够在固定时间内收敛,并且收敛时间不超过 T_0^2:

$$T_0^2\leqslant T_{\max}=\frac{1}{(1-\alpha)\left(\frac{a_3}{2}(4\lambda_2(\boldsymbol{L}_\alpha))^{\frac{\alpha+1}{2}}\right)}+\frac{1}{(\beta-1)\left(\frac{a_4}{2}N^{1-\beta}(4\lambda_2(\boldsymbol{L}_\beta))^{\frac{\beta+1}{2}}\right)}\tag{7-126}$$

注意,存在

$$\sum_{i=1}^{N}\tilde{\boldsymbol{w}}_{i2}^{\mathrm{T}}(t)\tilde{\boldsymbol{w}}_{i2}(t)=0$$

这意味着

$$\boldsymbol{w}_{12}(t)=\cdots=\boldsymbol{w}_{N2}(t)=\frac{1}{N}\sum_{k=1}^{N}\boldsymbol{w}_{k2}(t),\quad t>T_0^2$$

由此可得

$$\sum_{k=1}^{N}\boldsymbol{w}_{k2}(t)=\sum_{k=1}^{N}\boldsymbol{h}_k(t),\quad [N\boldsymbol{w}_{i2a}(t),N\boldsymbol{w}_{i2b}(t)]=\left[\sum_{k=1}^{N}\nabla\boldsymbol{\Psi}_k(\boldsymbol{y}_k(t)),\sum_{k=1}^{N}\boldsymbol{H}_k\right]$$

7.2.3　分布式控制协议设计

根据7.2.2节的估计器设计,本节提出分布式控制协议。

设计虚拟控制律如下:

$$\begin{cases} x^v_{i,2^*}(t)=B^v_i+D^v_i-\phi^v_{i,1,2}(t)-\dfrac{1}{16}(x^v_{i,1}(t)-w^v_{i1}(t)) \\ x^v_{i,3^*}(t)=-\dfrac{19}{2}s^v_{i,2}(t)-b^v_{i,2,1}(s^v_{i,2}(t))^\alpha-b^v_{i,2,2}(s^v_{i,2}(t))^\beta-\phi^v_{i,2,2}(t)+\delta^v_{i,2,2}(t) \\ x^v_{i,k+1^*}(t)=-2s^v_{i,k}(t)-b^v_{i,k,1}(s^v_{i,k}(t))^\alpha-b^v_{i,k,2}(s^v_{i,k}(t))^\beta-\phi^v_{i,k,2}(t)+\delta^v_{i,k,2}(t) \end{cases} \tag{7-127}$$

式中

$$B^v_i=-b_1\sum_{j=1}^N a_{ij}\,\mathrm{sig}^\alpha(x^v_{i,1}(t)-x^v_{j,1}(t))-b_2\sum_{j=1}^N a_{ij}\,\mathrm{sig}^\beta(x^v_{i,1}(t)-x^v_{j,1}(t)) \tag{7-128}$$

$$D^v_i=-\sum_{q=1}^m((N\boldsymbol{w}_{i2b}(t))^{-1})^{vq}[d_1\mathrm{sig}^\alpha(Nw^q_{i2a}(t))+d_2\mathrm{sig}^\beta(Nw^q_{i2a}(t))]-\frac{1}{16}\sum_{q=1}^m(Nw^q_{i2a}(t))(N\boldsymbol{w}_{i2b}(t))qv,\quad q=1,\cdots,m \tag{7-129}$$

设计控制输入为

$$u^v_i(t)=-\frac{3}{2}s^v_{i,n}(t)-b^v_{i,n,1}(s^v_{i,n}(t))^\alpha-b^v_{i,n,2}(s^v_{i,n}(t))^\beta-\phi^v_{i,n,2}(t)+\delta^v_{i,n,2}(t) \tag{7-130}$$

其中：$k=1,\cdots,n-1$，b_1、b_2、d_1、d_2、$b^v_{i,*,1}$、$b^v_{i,*,2}$ 为设计参数；$\alpha=r_1/r_2$、$\beta=r_3/r_2$、r_1、r_2、r_3 为奇数并且满足不等式条件 $1<r_1<r_2<r_3$。

7.3 仿真实例

考虑如下多智能体系统：

$$\begin{cases} \dot{x}^v_{i,1}(t)=x^v_{i,2}(t)+g^v_{i,1}(x^v_{i,1}(t))+d^v_{i,1}(t) \\ \dot{x}^v_{i,2}(t)=u_i(t)+g^v_{i,2}(x^v_{i,1}(t),x^v_{i,2}(t))+d^v_{i,2}(t),\quad i=1,\cdots,5;\ v=1,2 \\ y^v_i(t)=x^v_{i,1}(t) \end{cases} \tag{7-131}$$

式中

$$g^v_{1,1}=-0.5x^v_{1,1}(t),\quad g^v_{1,2}=-0.1x^v_{1,1}(t)-0.1x^v_{1,2}(t)$$

$$g^v_{2,1}=-0.25x^v_{2,1}(t),\quad g^v_{2,2}=0.5x^v_{2,1}(t)-0.25x^v_{2,2}(t)$$

$$g_{3,1}^{v}=-0.1x_{3,1}^{v}(t),\quad g_{3,2}^{v}=-(x_{3,1}^{v}(t))^{2}+x_{3,1}^{v}(t)-0.25x_{3,2}^{v}(t)$$

$$g_{4,1}^{v}=0.05x_{4,1}^{v}(t),\quad g_{4,2}^{v}=-0.1(x_{4,1}^{v}(t))^{2}+x_{4,1}^{v}(t)-0.2x_{4,2}^{v}(t)$$

$$g_{5,1}^{v}=-0.1x_{5,1}^{v}(t),\quad g_{5,2}^{v}=-0.1(x_{5,1}^{v}(t))^{2}+x_{5,1}^{v}(t)+0.05(x_{5,2}^{v}(t))^{2}$$

$$d_{i,1}^{v}(t)=0.2\sin t,\quad d_{i,2}^{v}t=-0.2\sin t$$

选取系统初始信号为

$$\boldsymbol{x}_{1,1}(0)=[-3,2]^{\mathrm{T}},\quad \boldsymbol{x}_{2,1}(0)=[-1,1]^{\mathrm{T}},\quad \boldsymbol{x}_{3,1}(0)=[3,1]^{\mathrm{T}}$$

$$\boldsymbol{x}_{4,1}(0)=[2,-2]^{\mathrm{T}},\quad \boldsymbol{x}_{5,1}(0)=[2,-3]^{\mathrm{T}}$$

给定局部目标函数为

$$\begin{cases}f_1(\boldsymbol{y}_1(t))=0.1(y_1^1(t))^2+0.01(y_1^1(t))^4+0.1(y_1^2(t))^2+0.01(y_1^2(t))^4\\ f_2(\boldsymbol{y}_2(t))=0.1(y_2^1(t)-1)^2+0.01(y_2^1(t)-1)^4+0.1(y_2^2(t)+1)^2+0.01(y_2^2(t)+1)^4\\ f_3(\boldsymbol{y}_3(t))=0.1(y_3^1(t)-2)^2+0.01(y_3^1(t)-2)^4+0.1(y_3^2(t)+2)^2+0.01(y_3^2(t)+2)^4\\ f_4(\boldsymbol{y}_4(t))=0.1(y_4^1(t)-3)^2+0.01(y_4^1(t)-3)^4+0.1(y_4^2(t)+3)^2+0.01(y_4^2(t)+3)^4\\ f_5(\boldsymbol{y}_5(t))=0.1(y_5^1(t)-4)^2+0.01(y_5^1(t)-4)^4+0.1(y_5^2(t)+4)^2+0.01(y_5^2(t)+4)^4\end{cases}$$

$$-1\leqslant y_i^v(t)\leqslant 1,i=1,\cdots,5,v=1,2 \tag{7-132}$$

根据式(7-127)～式(7-130)设计虚拟控制律和控制输入，设计参数为

$$a_{ij}=1,\quad k_{11}=5,\quad k_{12}=40,\quad k_{21}=40,\quad k_{22}=320,\quad \alpha_1=4/5,\quad \alpha=11/23$$

$$\beta=25/23,\quad b_1=0.1,\quad b_2=1,\quad d_1=0.1,\quad d_2=0.5,\quad q_0=90,\quad a_1=a_2=50$$

$$q_1=30,\quad a_3=a_4=43,\quad b_{i,2,1}^{v}=2,\quad b_{i,2,2}^{v}=20$$

图 7-1～图 7-6 为仿真结果。图 7-1 为多智能体通信拓扑图。图 7-2 和图 7-3 为通过本章所提出方法得到的系统状态 $x_{i,1}^{1}$ 及 $x_{i,1}^{2}$ 图像，可以看出每个智能体的输出在达成一致性后收敛到全局目标函数最优解附近且在不等式约束范围之内。图 7-4 为本章所提出的方法得到的控制输入轨迹。图 7-5 为每个智能体全局目标函数的梯度，可以看出梯度值能够在一定时间内收敛到 0 附近，这意味着所提出的算法可以在合理的误差范围内解决固定时间分布式优化问题。图 7-6 为本章所用二阶固定时间扩张状态观测器的估计误差，可以看到系统内未知非线性函数与外部干扰之和的估计误差能够快速收敛到 0 附近。

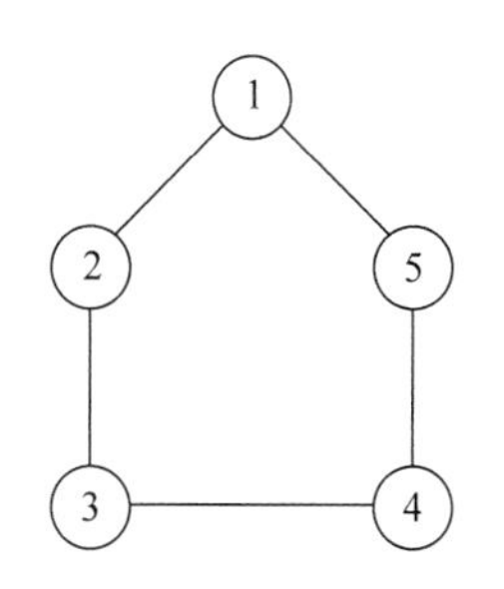

图 7-1　多智能体通信拓扑图

彩图

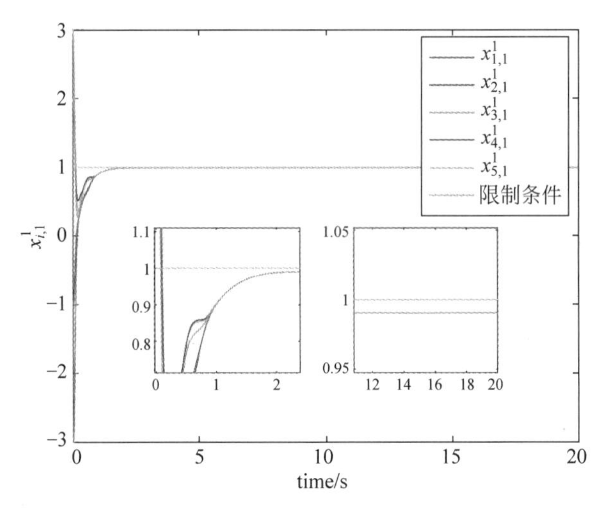

图 7-2 状态 $x_{i,1}^1$ 轨迹

彩图

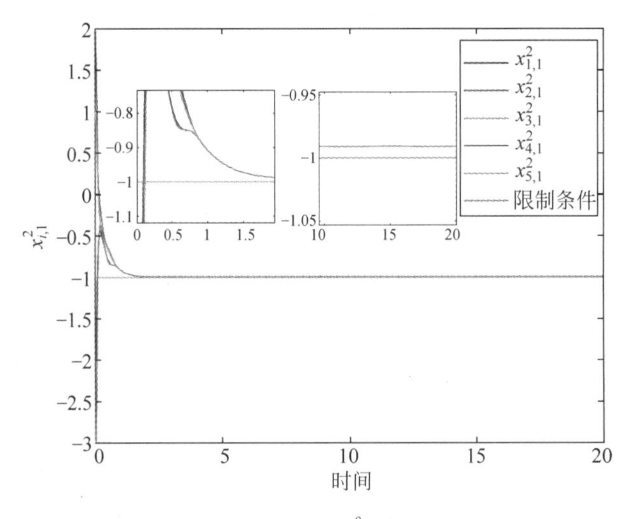

图 7-3 状态 $x_{i,1}^2$ 轨迹

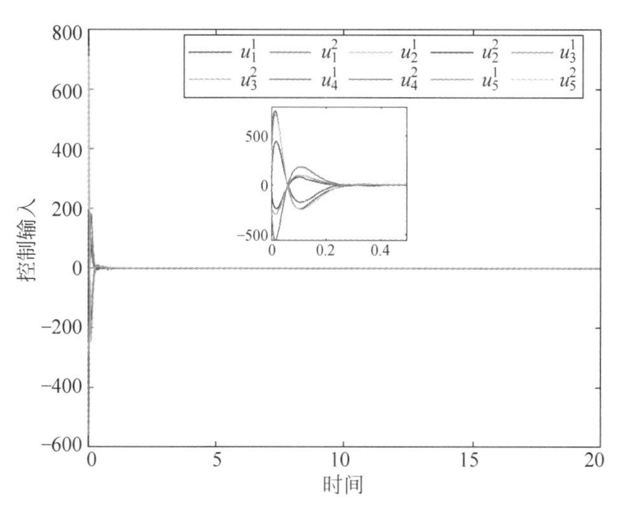

彩图

图 7-4　控制输入 u_i^v 轨迹

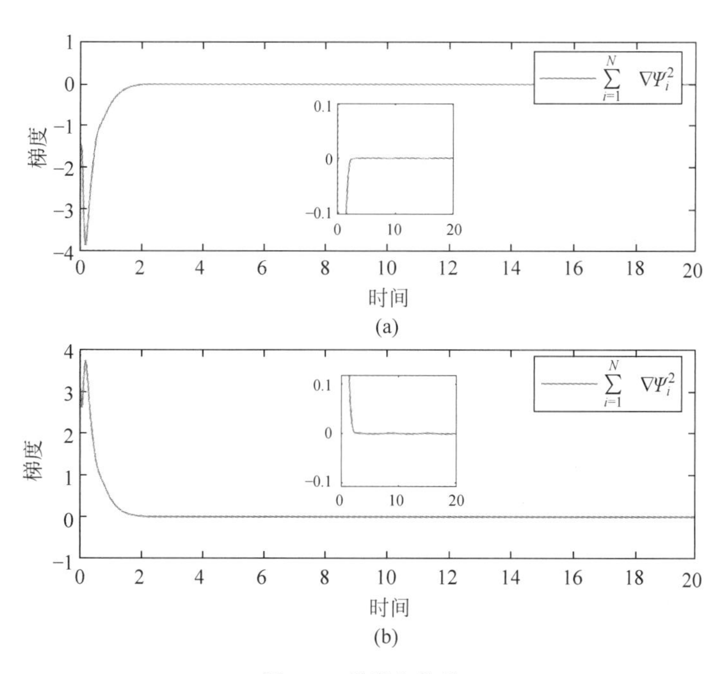

图 7-5　梯度和轨迹

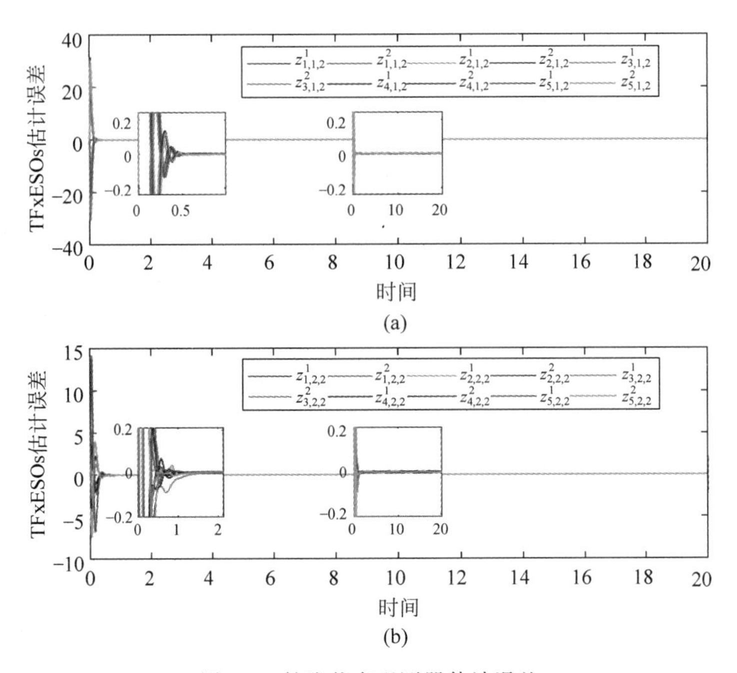

彩图

图 7-6 扩张状态观测器估计误差

参考文献

[1] Kanellakopoulos I,Kokotovic P V,Morse A S. Systematic design of adaptive controllers for feedback linearizable systems[J]. IEEE Transactions on Automatic Control,2002,36(11):1241-1253.

[2] Ye X D,Jiang J P,et al. Adaptive nonlinear design without a priori knowledge of control directions [J]. IEEE Transactions on Automatic Control,1998,43(11):1616-1998.

[3] Sun X,Yu H,Yu J,et al. Design and implementation of a novel adaptive backstepping control scheme for a PMSM with unknown load torque[J]. IET Electric Power Applications,2019,13(4):444-455.

[4] Cai J,Qian F,Yu R,et al. Adaptive backstepping control for a class of non-triangular structure nonlinear systems[J]. IEEE Access,2020,8:76092-76099.

[5] 江道根,江维,潘世华,等. 不确定非线性系统自适应反演积分滑模控制[J]. 控制工程,2021,28(09):1780-1786.

[6] 李洋,刘明雍,张小件. 基于自适应 RBF 神经网络的超空泡航行体反演控制[J]. 自动化学报,2020,46(4):10.

[7] Zheng K,Zhang Q,Hu Y,et al. Design of fuzzy system-fuzzy neural network-backstepping control for complex robot system[J]. Information Sciences,2021,546:1230-1255.

[8] 林曼菲,张天平. 具有执行器故障的不确定多智能体系统自适应动态面控制[J]. 控制理论与应用,2021,38(09):1452-1465.

[9] Wen G,Xu L,Li B. Optimized backstepping tracking control using reinforcement learning for a class of stochastic nonlinear strict-feedback systems[J]. IEEE Transactions on Neural Networks and Learning Systems,2021.

[10] Wang C,Lin Y. Multivariable adaptive backstepping control: A norm estimation approach[J]. IEEE Transactions on Automatic Control,2011,57(4):989-995.

[11] Yang W,Yu W,Zheng W X. Fault-tolerant adaptive fuzzy tracking control for nonaffine fractional-order full-state-constrained MISO systems with actuator failures[J]. IEEE Transactions on Cybernetics,2021,52(8):8439-8452.

[12] Oh K K,Park M C,Ahn H S. A survey of multi-agent formation control[J]. Automatica,2015,53:423-440.

[13] 牟之英,刘博. 异构多平台传感器管理与智能控制系统设计[J]. 指挥与控制学报,2019,5(03):221-227.

[14] 朴永杰,朱振友,陈善本. 机器人焊接柔性制造系统的多智能体协调控制[J]. 系统仿真学报,2004(11):2571-2574.

[15] 韩志军,孙少斌,张仁友,等. 装甲兵作战多智能体建模技术及其应用[J]. 火力与指挥控制,2016,41(06):1-4+14.

[16] Qin J,Ma Q,Shi Y,et al. Recent advances in consensus of multi-agent systems: A brief survey[J]. IEEE Transactions on Industrial Electronics,2016,64(6):4972-4983.

[17] 王希铭,孙金生,吴梓杏,等. 基于自适应滑模的不确定 Euler-Lagrange 多智能体系统抗扰动蜂拥控

制[J]. 控制与决策,2022,37(9): 2418-2424.

[18] Zhang Y,Liang H,Ma H,et al. Distributed adaptive consensus tracking control for nonlinear multi-agent systems with state constraints[J]. Applied Mathematics and Computation,2018,326: 15-32.

[19] Wang Y,Yuan Y,Liu J. Finite-time leader-following output consensus for multi-agent systems via extended state observer[J]. Automatica,2021,124: 109-133.

[20] Cao Y,Ren W. Distributed formation control for fractional-order systems: Dynamic interaction and absolute/relative damping[J]. Systems & Control Letters,2010,59(2-4): 232-240.

[21] Bai J,Wen G,Rahmani A,et al. Consensus for the fractional-order double-integrator multi-agent systems based on the sliding mode estimator[J]. IET Control Theory & Applications,2018,12(5): 621-628.

[22] Zhang X,Dong J. Admissible consensus of uncertain fractional-order singular multiagent systems with actuator fault[J]. Journal of Vibration and Control,2021,27(2-4): 263-276.

[23] Li Y,Hua C,Wu S,et al. Output feedback distributed containment control for high-order nonlinear multiagent systems[J]. IEEE Transactions on Cybernetics,2017,47(8): 2032-2043.

[24] Lü H,He W,Han Q L,et al. Finite-time containment control for nonlinear multi-agent systems with external disturbances[J]. Information Sciences,2020,512: 338-351.

[25] 王东,王泽华,刘洋,等. 基于事件触发的异构多智能体最优包含控制[J]. 航空学报,2020,41(S1): 162-170.

[26] Li P,Jabbari F,Sun X M. Containment control of multi-agent systems with input saturation and unknown leader inputs[J]. Automatica,2021,130: 109677.

[27] 张泽旭. 神经网络控制与 MATLAB 仿真[M]. 哈尔滨: 哈尔滨工业大学出版社,2011.

[28] Bapat R B. Graphs and matrices[M]. London: Springer,2010.

[29] Biggs N,Biggs N L,Norman B. Algebraic graph theory[M]. Cambridge: Cambridge University Press,1993.

[30] Li H,Wang L,Du H,et al. Adaptive fuzzy backstepping tracking control for strict-feedback systems with input delay[J]. IEEE Transactions on Fuzzy Systems,2016,25(3): 642-652.

[31] Farrell J A,Polycarpou M,Sharma M,et al. Command filtered backstepping[J]. IEEE Transactions on Automatic Control,2009,54(6): 1391-1395.

[32] Liu W,Lim C C,Shi P,et al. Backstepping fuzzy adaptive control for a class of quantized nonlinear systems[J]. IEEE Transactions on Fuzzy Systems,2016,25(5): 1090-1101.